国家重点基础研究发展计划（973计划）项目
"空间光学先进制造基础理论及关键技术研究"（2011CB013200）资助

光学非球面镜
制造中的面形测量技术

THE FORM ERROR MEASUREMENT
TECHNOLOGY IN
MANUFACTURING OF ASPHERIC
OPTICAL COMPONENTS

李圣怡 戴一帆 陈善勇 关朝亮 胡 皓 宋 辞 铁贵鹏 编著

国防科技大学出版社

内 容 简 介

非球面光学元件是在通常的球面光学元件上增加了曲率变化,它与球面光学元件相比具有系统光学性能好、质量轻等诸多优点。采用非球面技术设计的光学系统,可在航空、航天、国防以及高科技民用领域广泛应用。

本书首先介绍了光学非球面镜制造中的面形测量技术的基本概念与特点。然后以科研成果为基础,全面系统介绍了光学非球面镜坐标测量技术,基于子孔径拼接的干涉测量技术,基于相位恢复的非干涉测量技术,表面及亚表面质量检测与保障技术等。

本书可供从事精密和超精密机床设计和制造、光学加工工艺、光学加工测量与控制等相关研究领域的工程技术人员参考,也适合大专院校相关专业的师生阅读。

图书在版编目(CIP)数据

光学非球面镜制造中的面形测量技术/李圣怡等编著. —长沙:国防科技大学出版社,2016.8
ISBN 978 − 7 − 5673 − 0125 − 2

Ⅰ. ①光…　Ⅱ.①李…　Ⅲ. ①光学—非球面透镜—测量技术　Ⅳ. ①TH74

中国版本图书馆 CIP 数据核字(2013)第 161435 号

国防科技大学出版社出版发行
电话:(0731)84572640　邮政编码:410073
http://www.gfkdcbs.com
责任编辑:王　嘉　责任校对:梁　慧
新华书店总店北京发行所经销
国防科技大学印刷厂印装
*
开本:787 × 960　1/16　印张:22.25　字数:412 千
2016 年 8 月第 1 版第 1 次印刷　印数:1 − 800 册
ISBN 978 − 7 − 5673 − 0125 − 2
定价:58.00 元

前　言

　　光学非球面镜的曲率连续变化,为优化光学系统设计提供了更多自由度,但同时也带来了制造和检测上的难题。与传统光学制造方法不同,现代非球面镜制造的核心思想是确定性加工,通过准确测量面形误差,指导加工工具在确定的位置实现误差高点的精确定量修除,达到提高面形精度的目的。因此可以说,面形测量精度直接决定了光学加工的精度和效率。光学镜面的加工一般经历铣磨、研磨、抛光几个阶段,伴随加工精度的不断提高,测量方法不尽相同,其中铣磨阶段的面形测量以坐标测量为代表,研抛阶段则以波面干涉测量为主。不同加工阶段如何选择合适的测量方法,不同测量方法如何满足各工序的有效衔接,以及如何解决复杂面形或大口径平面和凸面的测量,都是光学制造中普遍关心的热点问题。基于衍射计算的相位恢复技术作为一种新的面形测量技术,特别适合于研抛初期的在位面形测量,进一步提高非球面相位恢复测量精度是关键。亚表面质量直接影响成像质量和激光损伤阈值等重要性能指标,如何检测评价和控制加工过程中引入的亚表面损伤,也是提高加工效率并实现表面完整性总体指标所必须解决的一个关键问题。2004 年以来,国防科技大学超精密加工团队承担了国家自然科学基金、国家重大基础研究等一系列科研项目,开展光学非球面镜制造过程中的面形测量技术研究,深入研究了高精度坐标测量技术、子孔径拼接测量方法、相位恢复在位检测技术和亚表面质量检测技术,能够很好地解决高精度非球面镜制造过程中的面形测量难题。2011 年,总结部分成果由国防工业出版社出版了《大中型光学非球面镜制造与测量新技术》一书。近年来,进一步系统整理和提炼研究工作的新进展,出版本书。本书面向非球面镜在不同阶段制造过程中的面形测量需求,着重介绍了直角坐标式和摆臂式轮廓测量、子孔径拼接干涉测量、相位恢复和亚表面质量检测与保障等几种新的方法,这些方法代表了非球面镜制造中面形测量技术的发展前沿。本书共分为五章:

　　第 1 章主要介绍大中型光学镜面制造中测量技术的基本概念与特点。大中型光学镜面在不同制造阶段,甚至在同一个制造阶段,需要用到多种测量技术来实现其面形误差、亚表面质量的检测。本章简要介绍当前应用较广泛的几种测量技术,包括坐标测量技术、各种干涉测量技术、相位恢复技术以及亚表面质量

1

检测技术，并以近年来国内外大中型光学镜面制造中测量新技术的典型实例为背景，分析测量原理及测量系统的整体结构设计和性能指标等。

第2章主要介绍光学非球面坐标测量技术。首先介绍光学非球面坐标测量技术在制造中的地位与特点，以及国内外典型的测量方案与测量系统，然后着重介绍自行开发的两种非球面坐标测量系统：大口径非球面直角坐标测量系统和大型非球面摆臂式测量系统，以及这两个系统研制中所涉及的关键技术问题。

第3章主要介绍所研究的子孔径拼接干涉测量方法及测量系统。从原理上看，子孔径拼接测量方法既可用于零位测试，也可用于非零位测试，本章主要介绍基于标准干涉仪、不需要辅助补偿镜的非零位子孔径拼接测量的关键技术问题。

第4章主要介绍针对大中型光学镜面制造中的在位检测难题，对相位恢复测量方法及测量系统所进行的研究和探讨。相位恢复是一种非干涉测量方法，硬件上它只需要 CCD 相机和简单的光学系统，利用光波场的衍射模型及算法来测量被测镜的面形误差，并且具有对环境不敏感的特点。

第5章主要介绍大中型光学镜面制造中亚表面质量检测与保障方面的部分研究成果。分别介绍光学磨削、研磨和抛光加工过程中亚表面损伤产生的机理、检测技术和表征方法，在实验研究方面重点介绍了磁流变抛光法和 HF 酸差动化学蚀刻速率测试法，以及亚表面质量保障技术。

本书主要基于国防科技大学超精密加工团队研究工作整理而成，也吸收了很多本领域的研究成果，虽然尽可能在参考文献中进行了标注，但难免会有遗漏，在这里向有关作者表示歉意。由于作者水平有限，而光学非球面镜制造过程中的面形测量技术发展很快，一些新的理论和方法因我们研究不够深入未能列入，在此表示遗憾。最后，要感谢王卓、贾立德、丁玲艳等研究室所有在职和调离的老师，以及所有毕业离去和在读的研究生，正是他们的辛勤劳动才使本书内容形成了体系，还要特别感谢学校科研部和国防科技大学出版社，正是他们的大力支持才使本书顺利出版。

作　者

2016 年 5 月

CONTENTS

目录

第 5 章　光学零件亚表面质量检测与保障技术 （269）

第 *1* 章

大中型光学镜面制造中的测量技术

1.1 绪 论

1.1.1 大中型光学镜面的需求概述

平面、球面和非球面是现代光学系统中应用最多的光学表面形式。非球面是形状上偏离球面的表面,其局部曲率在表面范围内是变化的。以光轴为 Z 轴,式(1.1)是国际上采用的回转对称非球面的数学方程

$$z = \frac{r^2/R}{1 + \sqrt{1 - (K+1)r^2/R^2}} + Ar^4 + Br^6 + Cr^8 + \cdots \qquad (1.1)$$

其中 r 为垂直光轴方向的径向坐标,R 为顶点曲率半径,K 为非球面的二次常数,$K = -e^2$,e 为偏心率。式中后面各项表示非球面的高次项,当只取右边第一项时,表示严格的二次曲面。表 1.1 给出了不同二次常数对应的曲面类型。

表 1.1 不同二次常数对应的曲面类型

二次常数	$K = 0$	$K < -1$	$K = -1$	$-1 < K < 0$	$K > 0$
曲面类型	球面	双曲面	抛物面	椭球面	扁球面

人们更熟悉的二次曲面的方程是用长短轴参数表示的形式,表 1.2 是几种二次曲面的参数方程及其关系。为了与光学设计、检验和加工的习惯一致,将坐标系原点建立在曲面顶点上。其中椭球面和双曲面的母线对应的几何图形如图 1.1 所示。

表 1.2　二次曲面的参数方程及其关系

曲面类型	方程	参数意义	参数关系
椭球面	$\dfrac{(z-a)^2}{a^2}+\dfrac{r^2}{b^2}=1$	a:长半轴, b:短半轴,	$a^2-b^2=c^2,\ a=\dfrac{R}{1-e^2},$ $c=\dfrac{eR}{1-e^2},\ e=\dfrac{c}{a},\ R=\dfrac{b^2}{a}$
双曲面	$\dfrac{(z-a)^2}{a^2}-\dfrac{r^2}{b^2}=1$	两焦点之间 距离 $2c$	$a^2+b^2=c^2,\ a=\dfrac{R}{e^2-1},$ $c=\dfrac{eR}{e^2-1},\ e=\dfrac{c}{a},\ R=\dfrac{b^2}{a}$
抛物面	$z=\dfrac{r^2}{2R}=\dfrac{r^2}{4f}$	f:焦距	$R=2f$

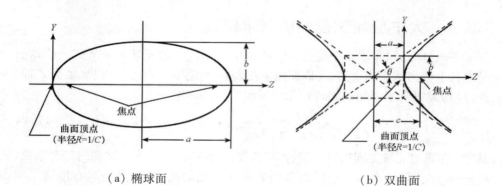

（a）椭球面　　　　　　　　　　　　　（b）双曲面

图 1.1　椭球面与双曲面的母线

　　将球面透镜和非球面透镜的成像特性及其成像质量进行比较,如图 1.2(a)所示。球面透镜对轴上无穷远点成像时的球差较大,这是因为越靠近边缘,光线的入射角越大,发生折射后在光轴上不汇聚在一点,因此成像不够清晰;而非球面透镜面形自光轴向边缘越来越平坦,可逐渐减小入射角,其最终效果是使得所有光线都能聚集到光轴上同一点,即点物成点像。图 1.2(b)是哈勃望远镜获取的两组图片,其中上图成像不清晰,因为望远镜的非球面主镜修形错误引入了很大球差,下图成像更清晰,是通过在轨修复校正了像差之后的结果。

　　由于大中型光学透镜的材料均匀性和加工检验精度很难保证,在大中型光学系统中常采用反射式设计。但是反射式光学系统存在遮光问题,而且设计的光学元件数一般应尽可能少,为了达到所需性能要求,多采用非球面反射镜。非

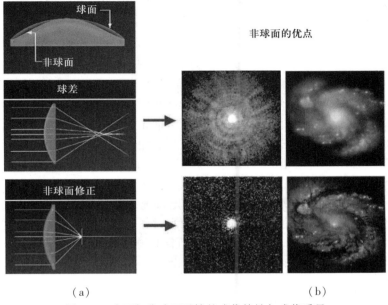

（a）　　　　　　　　　　　　　　　（b）

图 1.2　球面与非球面透镜的成像特性与成像质量

球面能够在矫正像差、改善像质、扩大视场和增大作用距离的同时有效简化系统的结构，减轻系统的质量，并使得光学系统的设计具有更大的灵活性，因而在现代光学系统中得到了越来越广泛的应用。

在高能激光光学器件、激光核聚变和空间望远镜等光学系统中，在光学性能上主要体现了强激光、高聚能或高分辨率的特点。高能激光器不仅输出能量高，还要求有相当高的功率，例如平均功率应大于 10 kW，持续时间达数秒，激光能量在数万焦以上[1]。为减小激光束的发散角，提高激光聚焦到目标上的光斑能量密度，需要把激光器输出光束扩展到较大口径发射。激光发射望远镜的面形误差会对激光束产生调制作用，从而影响远场光束质量，因此高能激光武器系统对大口径发射望远镜提出了很高的性能要求。其中低频面形误差主要影响目标上的能量集中度，而中高频误差会引起表面散射，造成能量损失，减少到达目标上的总能量。

与高能激光器相应的是高功率激光器，功率在 1×10^7 kW 以上，持续时间为纳秒甚至更短（飞秒）的脉冲，短脉冲高功率激光适用于惯性约束聚变[1]。以美国激光惯性约束聚变（Inertial Confinement Fusion，ICF）工程的"国家点火装置"（National Ignition Facility，NIF）为例，整个装置的光学系统使用 7000 多件大口径光学零件。根据其对系统光学性能的影响，NIF 中的光学元件的面形误差被划分为 3 个空间波段[2]。其中空间波长大于 33 mm 的低频面形（Figure）主要决定了聚焦性能，由 RMS 梯度（Root-Mean-Square Gradient）控制；波长在 0.12mm 和 33mm 之间的中频波度（Waviness）影响焦斑的拖尾和近场调制，由功率谱密度（Power Spectral Density，PSD）控制；波长小于 0.12 mm 的高频粗糙度（Roughness）对丝状形成有重要影响，由 RMS 粗糙度控制。

在 NIF 激光驱动器设计中，光学元件（包括光学材料和光学薄膜）的激光损伤阈值是关键的设计依据之一。从成本控制的角度看，激光装置的总体设计指标要求系统必须运行在光学材料的近损伤阈值极限，否则无论是增加激光束路，还是扩大光学元件的口径，都将大幅增加系统的造价。因此，必须最大限度地提高光学元件的抗激光损伤能力，以提升激光系统的使用性能并降低制造成本。光学元件的激光损伤阈值不仅与光学薄膜和材料缺陷有关，光学制造过程引入的亚表面损伤同样对其产生影响，并且很可能是导致元件激光破坏的根源所在。

作为太空探测和空间目标监测的关键设备，空间光学、侦察卫星上的光学有效载荷要求有 0.4～4 m 口径的天基和空基大中型高性能光学系统；地基空间目标监测需 1～4 m 以上口径的大中型望远系统，高分辨率是其主要性能要求。以空间详查相机为例，它是详查卫星的有效载荷，旨在获取地面像元分辨率优于 0.5 m 的地物照片[3]。美国早在 1990 年就发射了 KH - 11 侦察卫星的改进型（或称 KH - 12），其分辨率达到 0.1 m。根据瑞利（Rayleigh）判据，望远镜的角分辨率 $\beta = 1.22\lambda/D$，与口径 D 成反比，而卫星的高度大约在 200～300 km，为了获得高分辨率，要求相机口径至少在 0.5～1 m。而且为了增大系统的聚光本领，根本途径也是要增大望远镜的口径。这样的大口径光学系统通常希望相对口径做得比较大，以缩短镜筒，减轻系统重量，减小占用空间，从而缩减成本，同时增大相对口径（减小焦距）还可以增加系统的峰值光强。人们从发展进程的时间函数曲线预测，21 世纪大型反射式望远镜主镜的相对口径将大致分布在 1∶1.5 和 1∶1 之间[4]。除了低频面形误差会影响成像系统的分辨率，降低峰值强度外，中高频误差同样会导致像质恶化。特别是中频误差产生小角度散射，在降低峰值强度的同时，还会显著增大光斑的尺寸，使图像核变得模糊[5]。因此高分辨率成像系统还对中高频误差提出了严格要求，例如 TPF - C（Terrestrial Planet Finder Coronagraph）望远镜的次镜要求全口径内小于 5 个周期的尺度内的扰动为 6 nm RMS，5～30 个周期的尺度内的扰动为 8 nm RMS，而 30 个周期以上的尺度内的扰动为 4 nm RMS；JWST（James Webb Space Telescope）望远镜的次镜在相应尺度内的扰动分别为 34 nm RMS、12 nm RMS 和 4 nm RMS[6]。

对于空间望远镜系统中的大中型光学元件而言,制造过程中引入的亚表面损伤程度及其数量决定了镜面的屈服强度,隐藏在光学元件中的严重的亚表面结构损伤会导致光学元件在发射过程中所产生的机械应力作用下失效。即使光学元件加工后满足性能指标,但是当其暴露在太空环境(温差极大)中,亚表面裂纹会进一步扩展,导致镜面的扭曲,难以满足严格的面形和平面度要求。此外,在大口径反射镜的镀膜过程中,如果镜体存在加工引发的残余应力,镀膜过程的高温使其释放,将会导致镜体变形,降低大镜的面形精度,最终影响成像系统的分辨率并降低峰值强度。在高性能透镜系统中,亚表面损伤导致光散射,进而降低图像对比度或调制系统传递函数,此外,由于亚表面损伤中存储了光能量,会引起最终成像的不稳定。因此都需要在制造过程中尽可能准确地控制亚表面损伤并加以消除。

从上面几个典型的大中型光学系统可以看出,现代光学技术迅猛发展,对大中型光学零件提出了越来越高的要求,集中体现在以下几点:

1)光学零件的面形越来越复杂,非球面开始被大量应用;

2)非球面的口径和相对口径越来越大;

3)对非球面在全口径内的高、中、低频面形误差均提出了严格要求,接近甚至达到纳米级;

4)光学镜面亚表面质量的重要性日益凸显,必须在制造过程中进行严格控制。

1.1.2　大中型光学镜面制造中的测量概况

任何制造过程都是有误差的,被加工表面的实际形状与理想设计的名义面形存在偏差,这种偏差就是面形误差。现代光学零件检测技术必须满足非球面等复杂面形的三维全局误差测量,能够描述高、中、低频不同空间频段的误差细节,这样才能比较全面地评价精密光学零件的光学性能或用来指导加工。

大中型光学镜面的加工一般经历铣磨、研磨、抛光这样几个阶段(图1.3),其中铣磨阶段通常要求达到10 μm左右的面形精度,面形检测方法以坐标测量机(Coordinate Measurement Machine, CMM)为代表。光学镜面进入抛光阶段后,面形误差达到亚微米级,表面粗糙度也得到了显著改善,可用波面干涉仪进行高精度测量。研磨阶段的面形检测是决定抛光阶段能否收敛到高精度的关键因素,对应数十微米到亚微米级面形精度,通常还不是光学镜面,或者面形误差太大而难以实现常规的干涉测量,而通用的CMM又很难达到整个大口径上的高精度测量要求。目前在这一阶段的面形检测问题尤为突出,较为可行的方法是采用红外波长的光学测量设备,例如红外干涉仪、红外 Hartmann 传感器等,或开发大范围高精度的坐标测量机。能否衔接铣磨、研磨、抛光三个阶段之间的检测与加工,是制约大中型光学镜面推广应用的一个关键技术。

图 1.3　大中型光学镜面加工、检测的不同阶段

和铣磨加工等传统方式不同,现代大中型光学镜面制造技术的核心思想是确定性研抛。它不是依靠机床的运动精度进行创成加工的,不遵循切削加工中的机床误差复印原理,并且受装夹精度、加工力变形和热变形等众多因素的制约较小。确定性研抛通过面形测量技术建立光学镜面的三维误差模型,找出误差局部高点区域,用去除量精确可控的抛光模去除误差高点,最终实现零件精度逐步收敛的目的。可见现代大中型光学镜面制造技术的突出特点是确定性,要求对面形误差进行定量检测和修正。因此面形检测作为一种有效的反馈与评价手段,对于保证光学零件制造质量是必不可少的。理论上,只要测量精度足够高,确定性研抛技术就可加工得到相应高精度的零件。随着对大中型光学零件质量要求的不断提升,其质量标准的内涵也不断丰富,全口径、全波段(有效口径内波前的各种空间频率成分)的质量控制成为制造过程的新目标,而全口径、全波段面形误差的检测也就成为大中型光学零件检测的主要目标。

与此同时,现代光学系统中的大中型光学元件除了对生产周期、面形精度和生产成本有严格的要求外,其亚表面质量也越来越受到人们的关注。亚表面损伤的存在增大了光学元件的材料去除量,并直接降低其使用寿命、长期稳定性、镀膜质量、成像质量和激光损伤阈值等重要性能指标。如何检测评价和控制加工过程引入的亚表面损伤以提高加工效率并实现表面完整性的总体指标,也正成为光学制造业必须解决的关键问题之一。

1.2　大中型光学镜面制造中的坐标测量技术原理

大中型光学镜面在不同制造阶段,甚至在同一个制造阶段,需要应用多种测量技术,实现其面形误差以及亚表面质量的检测。本节只对当前应用较广泛的几种测量技术进行介绍,其中坐标测量技术、子孔径拼接干涉测量技术、相位恢复技术以及亚表面测量技术,是本书的重点内容,在后面章节中还将分别进行详细阐述。

光学镜面坐标测量的基本原理是点－线－面的重构过程,即根据测量得到的一系列离散点的三维坐标,重构出被测镜面全口径上的三维面形,并通过数学运算得到面形误差。因而理论上坐标测量方法可以获得被测工件的任何几何参数,通用性很强。

坐标测量技术可以分为接触式测量和非接触式测量两类,包括常见的三坐标测量机和各种专用非球面轮廓仪。接触式测头由于测量力的存在,有划伤工件表面的危险,同时在曲面测量中侧向力对测量精度会产生影响,但测量数据可靠,环境适应能力强。非接触式测量法如光学探针法避免了接触式测头由于测量力的存在而产生的问题,但数据容易受工件表面粗糙度以及环境等因素的影响。因此开发高分辨率、小测量力的接触式测头,即微力接触式测量技术以及高精度光探针检测技术成为当前一个研究热点[7-11]。

毫无疑问,干涉测量方法是当前非球面检测方法的主流。然而任何一种测量方法都有其自身的特点和应用范围,干涉检测、全息检测等光学测量方法主要是应用在非球面的最终检验中。而加工过程中的面形检测精度和效率,直接决定了镜面加工的效率和成本。尤其是研磨以及粗抛阶段,此时面形误差尚未达到光波长($\lambda = 0.6328\,\mu m$)量级,且表面粗糙度不佳,常规干涉检测存在困难。尽管 CO_2 红外干涉仪($\lambda = 10.6\,\mu m$)从理论上讲是非球面精磨粗抛阶段面形误差的理想检测方法,但是红外干涉仪存在价格昂贵、测量中光不可见而给调试带来困难等缺点[12],因此坐标测量方法目前仍是研磨与粗抛光阶段面形检测的主要手段,也是顺利衔接研磨和抛光两个阶段的检测与加工的关键技术。

随着非球面镜的广泛应用,相应的质量要求也在不断提高,随之而来的是对相应检测技术提出了新的要求,主要表现为:高效、高精度的在位测量成为当前坐标测量技术的主要目标。一方面,由于抛光的效率与研磨相比要低很多,因此提高研磨阶段的加工精度,减少镜面修抛加工量是提高加工效率的有效途径,但这就要求相应的坐标测量具有更高的检测精度。另一方面,随着镜面尺寸的不断增大,工件搬运移动将承担很大的风险同时也比较费时。由于在位测量能够避免搬运移动所带来的风险,同时保证加工坐标系与测量坐标系一致,减少精度损失,因此成为大中型光学镜面测量的基本方法。第 2 章我们将详细讨论大中型光学镜面制造中的坐标测量技术与方法。

1.3 大中型光学镜面制造中的干涉零位测量技术

1.3.1 干涉零位测量技术基本原理

干涉测量技术利用光波的干涉原理实现高精度光学镜面的面形检测。1907年 Michaelson 以其"精密的光学仪器和光谱分析与计量方面的研究"而获得诺贝尔奖,被称为是"干涉测量之父"[13],Michaelson 干涉仪也成为目前广泛应用的 Twyman-Green 波面干涉仪的原型。另一种广泛应用的波面干涉仪是 Fizeau 干涉仪,在 Newton 干涉仪的基础上改进获得。与 Twyman-Green 干涉仪的双臂构型不同,Fizeau 干涉仪的参考臂和测试臂是共光路的。无论哪一种波面干涉仪,其得以推广应用还要归功于激光器的发明。1964 年 Townes 因其在量子电子学,特别是微波激射器和激光器方面的研究工作,与苏联另外两个科学家一起荣获诺贝尔奖。激光是具有高度空间相干性和时间相干性的强光源,它的出现解决了波面干涉仪的光源问题,使其真正可用于波面测试。此前使用光谱灯作为光源,相干性差且强度太低,只能在相当有限的距离内获得干涉条纹。

传统的干涉测量技术采用静态条纹分析方法,通过比较实际干涉条纹与理想干涉条纹(通常是一组平行等距的直条纹)的形状,确定被测波面的误差。这种方法仅仅对暗条纹进行采样分析,分辨率低且要求对被测镜面人为地引入倾斜以形成清晰的干涉条纹,因而精度较低。目前静态条纹分析仍然是波面干涉仪所保留的基本功能,特别在大中型镜面测量中不适合移相时,它可以发挥重要作用。

引入相位调制技术则是现代波面干涉测量的主要特征之一,其中移相干涉测量技术是一种最常用的动态干涉图处理方法,与静态条纹分析法相比,具有抑噪性能好、精度高、实时动态等特点,是目前波面干涉仪采用的成熟方法[14]。其原理是通过有规则地平移参考反射镜(例如在一个波长范围内等距离地平移数次),使干涉场中的任意一点的光强呈正弦变化,获取不同位置处的干涉图样(帧),利用正弦函数的正交性,可以得到被测相位。移相干涉测量技术可对整个干涉图样进行高密度等精度采样,并且不需要人为引入倾斜,即使是零条纹情形也可以准确获得被测波面的误差,无论是测量精度还是自动化程度都有显著提高。

然而在测量大中型镜面时,很难机械隔离开被测镜与测试光路的支撑结构,而且长光路还存在空气扰动问题;另外空间光学用的大口径轻质镜通常须在真空低温环境下测量,振动无法避免又很难控制。传统的移相干涉仪采集 4～5 帧干涉图约需要 120～150ms,意味着振动频率必须控制在 0.5Hz 以下,而大多数地板振动在 20～200Hz 范围,所以需要隔振[15]。解决振动问题的根本措施是采用瞬时干涉仪(instantaneous interferometer),它采用偏振技术,不需要进行移相。其基本要求是分离参考光与测试光并使参考光与测试光的偏振方向正交,可同时获得 3 或 4 幅相差 90° 的干涉图(图 1.4),因而极大缩短了采样时间。瞬时干涉仪完成一次测量只需要 10μs 的时间[16]。由于不需要移相,瞬时干涉仪的另一个好处是可以通过扩束测量大中型镜面。传统的干涉仪测量大中型镜面时,如果将参考镜头放在扩束器前面,那么扩束器的面形误差会被引入到被测面形结果当中;如果将参考镜头放在扩束器后面,则必然要求对大口径的参考镜头进行移相驱动,实现起来困难。

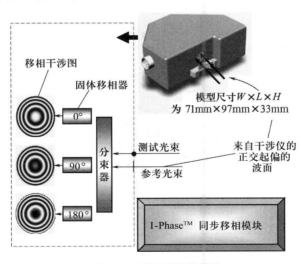

图 1.4　瞬时干涉仪模块

瞬时干涉仪发展迅速,代表性的产品有美国 ESDI(Engineering Synthesis Design Inc.)的 Intellium H2000 干涉仪、4D Technology 公司的 PhaseCam 和 FizCam。

1.3.2　大中型平面和球面的零位测试技术

用波面干涉仪进行光学镜面的干涉测量,基本要求是参考光束与测试光束相遇发生干涉,其中参考光束被干涉仪的参考平面透镜(Transmission Flat,TF)或球面透镜(Transmission Sphere,TS)反射,而测试光束由干涉仪发出后经过被测镜面反射回来。如果被测镜面是无制造误差的理想面形,那么满足零位测试(null test)条件时将会得到理想的直条纹。

目前波面测试中应用最多的 Fizeau 干涉仪和 Twyman-Green 干涉仪,通过选用参考平面透镜 TF 和不同规格的球面透镜 TS,便可以直接对平面和球面进行零位测试。其测量原理是:干涉仪光源发出的激光束一部分被参考镜头的参考面反射,成为参考光束,另一部分则透过镜头到达被测平面,成为测试光束,由被测表面反射调制后返回干涉仪,与参考光束相遇发生干涉,如图 1.5 所示。不难看出,用干涉仪直接测量平面镜的口径受到干涉仪本身口径限制,例如 Zygo GPI 系列波面干涉仪的标准口径是 4 英寸和 6 英寸,不能直接测量大于其标准口径的平面镜。大口径波面干涉仪由光束偏转器(MUX Cube)、扩束器(beam expander)、相位调制器(phase modulating receptacle)和大口径参考平面镜头组成,如图 1.6 所示。Zygo 公司的大口径波面干涉仪产品中有 12 英寸、18 英寸、24 英寸和 32 英寸四种,其中 12 英寸和 18 英寸需要相位调制器进行移相,而 24 英寸和 32 英寸不再适合机械移相,改用波长调制实现移相(wavelength shifting)。虽然大口径波面干涉仪可以直接测量大中型平面,但其可测口径仍然

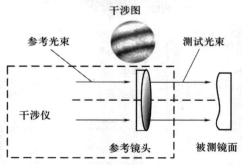

图 1.5　用波面干涉仪对平面镜进行零位测试

有限,并且造价十分昂贵。

图 1.6　Zygo GPI 系列大口径波面干涉仪

　　为了用标准口径的波面干涉仪测量大中型平面镜,常用三种方法,分别是 Ritchey-Common 方法、斜入射方法(skip-flat test)和子孔径拼接方法。Ritchey-Common 方法中被测大中型平面镜作为摆镜,将干涉仪发出的球面波测试光束反射并法向入射到标准球面镜上,这样测试光束沿原路返回干涉仪与参考光束发生干涉,如图 1.7(a)所示。这种方法的缺点是需要更大口径的标准球面镜,不过相对于平面检测而言,大口径球面的干涉检测要容易得多。其次,Ritchey-Common 法在被测平面镜的不同位置上入射角是变化的,不利于准确解算面形误差,特别是被测镜的离焦(power)误差表现为波前像散,因此离焦分量的测量很困难。斜入射方法如图 1.7(b)所示,平面测试波前倾斜入射到被测面上,通过标准平面镜反射回来。该方法的缺点是只能增大倾斜方向上的测量范围,适合于椭圆形口径的平面测量。子孔径拼接方法是利用标准口径的干涉仪依次测量被测大平面镜上的一系列子孔径,然后通过算法将各个子孔径测量数据拼接到一起,获得全口径的面形误差。这种方法本书还将在后面详细讨论。

　　用波面干涉仪直接测量球面时,需要选用合适的 TS,如图 1.8 所示。TS 将干涉仪发出的测试光束变换成球面波,法向入射到被测球面镜上后沿原路返回,进入干涉仪与参考光束发生干涉。这时决定球面镜是否能测量不再是口径的限制,而是被测镜的 R 数,即球面的曲率半径与有效口径之比。测量凹球面时,要求 TS 的 f 数(焦距与入瞳直径之比)不能大于被测镜的 R 数,否则就不能测量到球面的全口径范围,如图 1.8(b)所示。因此只要 TS 的 f 数与被测镜的 R 数匹配,用波面干涉仪可以直接测量大中型球面镜。

1.3.3　二次非球面曲面的无像差点法零位测试技术

　　对于非球面,由于干涉仪发出的测试光束只能是平面波或球面波,与被测非

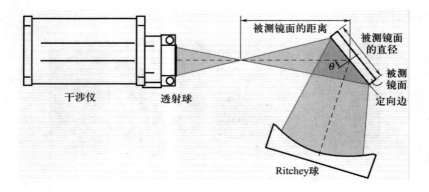

（a）Ritchey-Common 方法

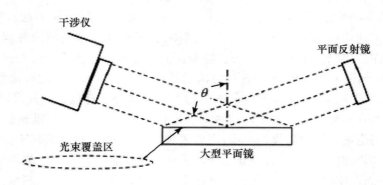

（b）斜入射方法

图 1.7　大中型平面镜测量方法

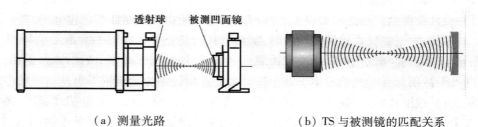

（a）测量光路　　　　　　　　（b）TS 与被测镜的匹配关系

图 1.8　波面干涉仪测量球面镜

球面波前存在相位差,不能直接进行零位测试。但是二次曲面利用其共轭点性质,借助辅助的平面或球面镜,也可以实现零位干涉测量。共轭点是一对无像差点,满足"点物成点像"的光学共轭条件,即从其中一点发出的球面波,经二次曲面反射后可以无误差地汇聚到另一个点。例如抛物面的焦点与无穷远点、椭球面的两个焦点、双曲面的两个焦点都是一对共轭点。当干涉仪发出的球面波测试光束的球心与某个共轭点重合,并借助一个曲率中心与另一个共轭点重合的平面或球面反射镜,便组成了二次曲面的无像差点法零位测试的基本光路。图1.9(a~c)分别是抛物面、椭球面和双曲面的测试光路。图1.9(a)中,干涉仪发出的球面波测试光束的汇聚中心与抛物面的焦点重合,测试光束入射到抛物面上后反射为准直光束,并垂直入射到参考平面上,之后沿着原路返回,进入干涉仪与参考光束发生干涉。图1.9(b)中,干涉仪发出的球面波测试光束的汇聚中

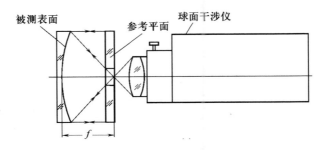

(a) 抛物面测试光路

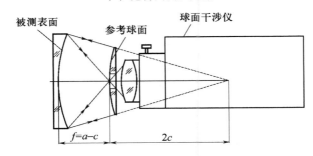

(b) 椭球面测试光路

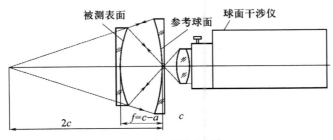

(c) 双曲面测试光路

图1.9 二次曲面的无像差点法零位测试

心与椭球面的近焦点重合,测试光束入射到椭球面上后反射并向椭球面的远焦点汇聚,入射到曲率中心与椭球面远焦点重合的参考球面上,之后沿着原路返回,进入干涉仪与参考光束发生干涉。图1.9(c)中,干涉仪发出的球面波测试光束的汇聚中心与双曲面的近焦点重合,测试光束入射到双曲面上后反射为发散的球面波,其反向延长线汇聚于双曲面的远焦点,从而入射到曲率中心与双曲面远焦点重合的参考球面上后可沿着原路返回,进入干涉仪与参考光束发生干涉。可见无像差点法零位测试中,测试光束一共在被测镜上发生两次反射,由其面形误差引入的光程差也增加一倍,因而它与仅发生一次反射的测量方法相比,测量灵敏度提高了一倍。

上述二次曲面理论上都可以进行零位测试,然而实际应用时却受到光路结构上的限制而存在不足甚至难以实现。一方面由于辅助的平面或球面反射镜存在中心遮拦,导致被测镜面的中心区域不能被测量;另一方面共轭点对距离太远也不利于零位测试。例如,图1.9(b)测试椭球面时,若其远焦点距离近焦点太远,则辅助球面镜的曲率半径太大,很难准确制造和检测。通常可以利用椭球面近似为抛物面的性质,引入额外的补偿透镜与之组成抛物面,按照抛物面的零位测试方法进行面形测量。再例如检验凸二次曲面时,经典的方法是 Hindle 检

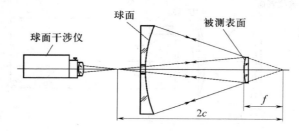

(a) 凸双曲面的 Hindle 检验

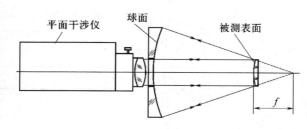

(b) 凸抛物面的 Hindle 检验

图 1.10　凸二次曲面的 Hindle 检验

验,它利用共轭点性质来实现零位测试。凸双曲面和凸抛物面的 Hindle 检验光路如图 1.10 所示,从图中不难发现,Hindle 检验的致命缺点是辅助球面镜的口径比被测镜面要大很多(通常是两倍以上),对于大中型凸非球面镜的面形测量非常不利。为此人们进行了改进,其中 Silvertooth 检验是利用一块同等口径的凹双曲面镜作为检验凸双曲面镜的样板,而该凹双曲面镜本身则可以采用图 1.9(c)所示光路进行零位测试,从而易于保证面形精度。

    椭球面是椭圆绕长轴回转形成的二次曲面,当椭圆绕其短轴回转,则形成扁球面(图 1.11)。扁球面是二次常数大于零的曲面,没有几何上的焦点,因而不能采用上述方法进行零位测试。但是扁球面在光学系统中常需要用到,例如我国 2.16m 天文望远镜便采用了凹扁球镜作为折轴中继镜[17],其面形检测通常需要借助补偿镜。需要与扁球面区别的是所谓的反转椭球面(Inversed Ellipsoid),是椭圆绕其长轴回转形成的椭球面的短轴极区部分的镜面,实际上是一种环面镜[18],在两个相互垂直的方向上曲率半径相差很大。反转椭球面有一对共轭点,原则上可以应用无像差点法进行零位测试,只是由于其双曲率特性和掠入射特点,在面形测量过程中会引入像散。

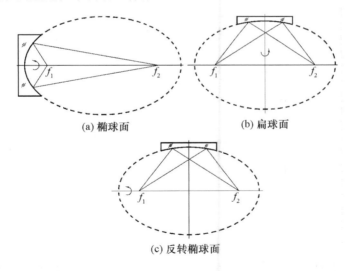

图 1.11　椭球面与扁球面

1.3.4　非球面镜的补偿检验技术

    根据光的反射定律,几何光线沿法线方向入射到曲面时,将沿原路返回。由于干涉仪发出的测试光束只能是平面波或球面波,不可能处处沿着法线方向入射到非球面上,因此非球面不能直接进行零位测试。补偿检验通过计算非球面上各环带的法线与光轴的交点位置和角度,即法线像差,使得干涉仪发出的平面波或球面波通过一个合适的补偿镜后与被测非球面匹配,即沿着其法线方向入射并且沿原路返回,再次经过补偿镜后可以变成完好的汇聚球面波返回干涉仪,实现零位测试。

作为辅助元件,补偿镜本身应是易于制造和检测的简单光学元件,例如球面的,从而易于保证高精度面形要求。补偿镜的设计通常只能消除非球面若干环带(包括边缘带)的法线像差,即各环带光线与近轴光线经过补偿镜和被测镜面后将相交于轴上同一点。其他环带的法线像差仍然存在,在实际加工时总是修到看不到误差为止,对应零位测试的无条纹理想情形[18]。因此补偿检验与上面提到的无像差点法零位测试是不同的,后者在原理上各带均不存在剩余像差。二次曲面无像差点法测试中若存在光路上的困难,通常可考虑采用补偿检验方法克服。

补偿镜分为反射式和折射式两种,其中最常用的是 Offner 补偿镜和 Dall 补偿镜[4]。Dall 补偿镜为一个平凸透镜,例如相对口径小于 1:5、二次常数小于 0 的二次曲面镜,可用一个 Dall 透镜置于镜面曲率中心之前(图 1.12)实现补偿检验[18]。

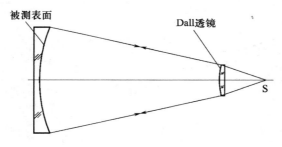

图 1.12   Dall 补偿镜检验非球面

折射式 Offner 补偿镜由一块单透镜和一块场镜组成。单透镜几乎全部补偿非球面产生的球差,场镜则把透镜成像到非球面上,从而可以有效减小其口径。例如相对口径较大的二次曲面,采用 Dall 补偿镜时剩余像差太大,可将补偿镜移到曲率中心后,在曲率中心附近引入场镜,大大降低剩余像差,如图 1.13 和图 1.14 所示分别为折射式和反射式 Offner 补偿检验光路图。

以上补偿检验称为法线像差补偿法,其原理相当于由辅助的补偿镜产生非

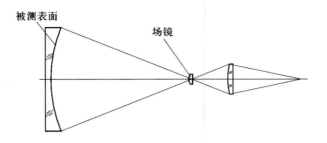

图 1.13　折射式 Offner 补偿镜检验非球面

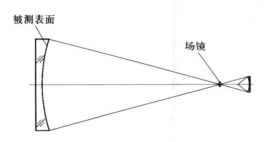

图 1.14　反射式 Offner 补偿镜检验非球面

球面样板,还有一种补偿检验被称为光学补偿法[4]。光学补偿法更多地用于凸非球面,通过在其背面加工工艺球面或平面,使光线经非球面折射后由工艺球面或平面补偿球差,成为同心光束出射(图 1.15)。从原理上看,法线像差补偿法同样不适用于大中型凸非球面,因为补偿镜的口径要求大于被测非球面。光学补偿法可以克服这个问题,不过被测非球面的质量是根据整个透镜的质量来评价的,包含了补偿面(工艺球面或平面)误差和材料均匀性等在内的综合误差。

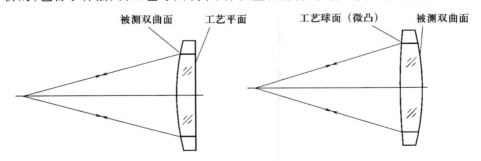

图 1.15　光学补偿法检验凸二次曲面

零位测试在非球面的干涉测量中一直占据主导地位,特别是高精度非球面的最终检验,零位测试是必不可少的。"到目前为止,要想得到高精度的检测结果,零位检验始终是必须遵守的原则,不管是用刀口法还是干涉法。"[19]

1.3.5 计算机生成全息图测试技术

1967 年 Lohmann 和 Paris[20] 提出可用二元全息图产生波面后,人们开始尝试用全息补偿器来取代传统的补偿镜,而计算机生成全息图(Computer Generated Hologram, CGH)[21] 迅速在非球面的补偿检验中占领一席之地。非球面面形检测中,标准的球面样板不能满足干涉法测试的需要,而需要一个最接近被测面的"标准非球面面形样板"。显然,这一样板是很难获得的,但是,由于 CGH 能产生实际上并不存在的物体的衍射,只要被测面的数学模型已知,就可通过 CGH 来精确地提供非球面检测中所需要的"标准样板"。因此,CGH 可以替代补偿镜来实现非球面镜面形检测,也可和补偿镜配合,常用一个单透镜补偿掉部分非球面波像差,剩余部分用 CGH 来补偿,实现用 CGH 辅助的零位检测。CGH 的应用,不仅给非球镜测量带来很多方便,而且可以实现一些原有方法难以完成的非球面镜面的高精度检测。

1. CGH 的设计与制作

建立 CGH 一般为四个步骤:a)定义所需要重构的被测波前;b)用光线追迹求出该波前传播到放置 CGH 片位置处的波前,求出其波差系数;c)用适当的编码方法对 CGH 片位置处的波前幅值和相位信息编码为一非负实函数,求出 CGH 的波差表达式 $W(x,y)$,再求出 CGH 片上条纹各点的位置坐标;d)据此制作 CGH 片。

CGH 分为幅值型和相位型两种基本形式,通常幅值型 CGH 是在玻璃板上的镀铬层刻蚀而成的二维图形,主要用作反射产生参考波前,包含了入射波前的幅值和相位信息,幅值型 CGH 的衍射效率在 10% 左右。相位型 CGH 通常是将图形刻蚀在石英玻璃上,通常用 CGH 图形掩模板,通过反应式离子刻蚀来实现图形转移,在石英玻璃上形成三维结构,它在目标波前幅值不变的情况下,只包含重构波前的相位信息,主要用来产生测量波前。相位型 CGH 光路两次通过,所以它的底板的平整度和双面平行度要求都较高,相位型 CGH 的衍射效率可达 40% 左右。幅值型和相位型也可组成幅值 – 相位混合型,如图 1.16 所示[22]。

CGH 编码方法一般采用二进制编码方法,因为二元 CGH 与灰度 CGH 比较,前者对图形产生过程中的非线性不敏感且有更好的光传效率,通过编码方法使目标波前的幅值和相位信息被编码成为二元条纹的位置与条纹宽度。在重构

光学非球面镜制造中的面形测量技术

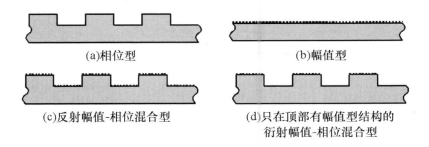

(a)相位型　　　　　　　　　　(b)幅值型

(c)反射幅值-相位混合型　　　(d)只在顶部有幅值型结构的
　　　　　　　　　　　　　　　　衍射幅值-相位混合型

图 1.16　CGH 的结构

过程中二元 CGH 图可产生多个衍射级,载频或滤波方法用于避免相邻能级互相重叠而引起的衍射波前质量下降。对于二元直线型全息图而言,线性载频方法相当于将波前倾斜,即可分离开相邻能级重叠区。线性载频加到全息图中使衍射能级在图像板上产生一个横向空间位移,只要线性载频选择适当就可使相邻能级完全分离开来。

简单的 CGH 是制作在平面基底上形成单独的检测元件,传统的制作 CGH 的方法是先将计算机绘制的原始计算全息图放大,然后通过光学缩版将其缩小到合适的尺寸,记录到光敏材料的全息干版上,经过显影、定影就可以得到实际可用的计算全息片了。随着超大规模集成电路的制板技术的发展,用电子束制作高精度的掩模板的技术可以克服一般的打印、绘图等输出设备和照相缩版设备的分辨率有限的缺点,高衍射效率的计算全息图的制作已成为现实。

近年来激光直写技术得到发展,已经可以把 CGH 制作在透镜的曲面基底上。例如,俄罗斯科学院研制的 CLWS – 300/C 激光直写装置可用于任意拓扑的计算机合成 CGH。该激光直写系统采用极坐标方式,在铬或光阻薄膜上用激光直写衍射结构,完成二元幅值掩模的制作。该装置在轴对称三维光学表面上直写衍射结构的主要技术指标有:极坐标直写空间分辨率达 1000 线/mm;激光光斑直径 $0.65\mu m$,自动聚焦误差 $\pm 0.05\mu m$;直写口径 285mm;径向坐标精度优于 $0.1\mu m$,分辨率优于 10nm;角度坐标精度 $2''$,分辨率 $\leqslant 0.25''$;纵向运动范围 25mm[23]。

① 幅值型 CGH 制作[24]

幅值型 CGH 常采用热化学直写铬板图形来制作,如图 1.17 所示。玻璃底板上镀有一层铬膜,激光束用高数值孔径透镜聚焦,照射在铬膜上,使被照射处的铬膜氧化。氧化铬与裸铬在 NaOH 和 $K_3Fe(CN)_6$ 混合液中腐蚀速度不一样。氧化铬留在玻璃板上,组成 CGH 图形。

图 1.17　幅值型 CGH 制作

回转对称图形采用极坐标式激光直写方式,一般激光光斑直径为 $1\mu m$,直写条纹密度为 500 对线/mm(line pairs/mm)。

②相位型 CGH 制作[24]

相位型 CGH 通常用光刻技术进行图形转移。掩模板可用热化学直写铬板制作的方法或用微电子掩模板制作方法来获得。如图 1.18 所示,采用汞弧灯照明,通过铬掩模板使基片上光刻胶曝光,然后显影处理,再通过反应式离子刻蚀,最后把三维图形转移到石英玻璃基片上。受光刻过程精度控制的限制,一般可达条纹密度为 250 对线/mm。

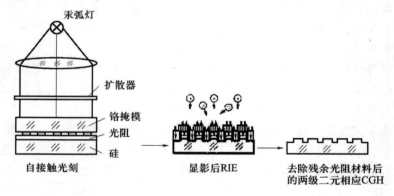

图 1.18　相位型 CGH 制作

2. CGH 测试系统

① CGH 取代传统补偿镜的测试系统

图 1.19 干涉仪测量非球镜原理图[23]。图 1.19(a)是利用零位补偿镜测量非球镜的原理图,图 1.19(b)是用 CGH 和 TS 对非球面进行检测的原理图,图 1.19(c)是用衍射 Fizeau 零镜(Diffractive Fizeau Null Lens,DFNL)对非球面进行检测的原理图。

图 1.20 所示是利用商品化的 Fizeau 干涉仪实现 DFNL 对深型非球镜测量的例子[26],镜子的 f 数可达 0.65。Fizeau 干涉仪的优点是参考光波和测试光波

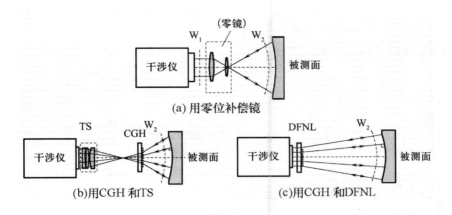

图 1.19　干涉仪非球镜测量原理图

共光路,因此由镜组及振动等引起的测量误差可以抵消。所使用 CGH 是相位 – 幅值型,该系统中的相位 – 幅值型 CGH 是用 CLWS – 300/C 激光直写装置将图形直写在底板为熔石英的铬板上,再经反应离子刻蚀和去掉铬层后形成立体三维形状。图 1.21(a)和(c)分别是中心区和边缘区 CGH 的三维图形。相位 – 幅值型 CGH 的特点是,在三维相位条纹结构的顶部还有 80nm 厚度铬层刻蚀的条纹,作为幅值型条纹区来反射参考波前。作为相位型条纹,其三维结构有约 400nm 深,它用来产生 0 级测试波前,每个相位型条纹包含 2 ~ 4 个幅值型条纹。相位 – 幅值型 CGH 可获得 30% 的衍射效率。图 1.21 (b)和(d)分别为中心区和边缘区 CGH 的剖面图。

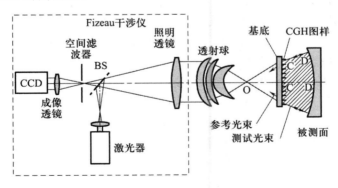

图 1.20　利用商品化的 Fizeau 干涉仪的典型 CGH 测试系统

② CGH 对传统补偿器进行标校

补偿器的标校一直是大口径非球面补偿检验的难题之一,哈勃(Hubble)望

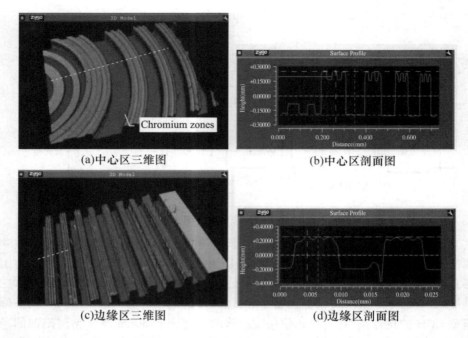

(a)中心区三维图　　　　　　　(b)中心区剖面图

(c)边缘区三维图　　　　　　　(d)边缘区剖面图

图 1.21　相位-幅值型 CGH 的三维图形

远镜主镜加工过程中,由于检测用补偿器装调存在 1.3mm 的轴向间隙误差,最终导致系统升空后成像模糊,不得不两次派宇航员升空修补,可见如何标校补偿器,提高补偿器的可靠性,已成为大口径高陡度主镜加工的关键之一。

由于 CGH 理论上可以产生任何形式的波面,因此可利用 CGH 来模拟被测量的非球面主镜。CGH 在设计时完全以主镜的参量为出发点,独立于补偿器单独设计。在补偿检验光路中,用 CGH 代替实体存在的主镜,这样就可以在近距离、小口径的情况下,对补偿器进行标校。

Burge 率先开展用 CGH 对补偿器进行标校的研究工作,并成功地对口径 3.5m 和 6.5m 主镜使用的补偿器进行了标校[27,28]。图 1.22 为 Magellan 系统中大型非球面主镜(6.5m, $f/1.25$)的测试和用 CGH 进行零镜标校的示意图[23]。该例中 CGH 的误差约为 0.035λ RMS,可以通过其他方法测到,因此可以从校准数据中剔除。

成都光电所陈强等用上述方法设计并使用电子束直写制作 CGH,实现了对口径 850mm、F/2 抛物面主镜的补偿器的标校,补偿器产生的标准非球面精度不低于 CGH 模拟的抛物面主镜面形精度,均方根(RMS)误差 0.012λ[29]。

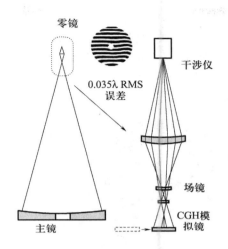

图 1.22　用 CGH 标校大型非球面主镜测量的折射补偿零镜

美国 New Solar Telescope（NST）主镜为 1.7m、f/0.7 离轴抛物镜,顶点曲率半径 7.7m,离轴量为 1.84m。用 CGH 实现主镜的零位测试系统的校准原理图如图 1.23 所示[30,31]。系统由一个 0.5m 球面反射镜（Fold sphere）零补偿器和 CGH 组合而成,球面反射镜补偿大部分像差,CGH 补偿剩余的像差并起对准作用。CGH 用三元件球镜复合的照明系统提供光源。CGH 底板选用熔石英玻璃,直径 100mm,厚 9.5mm,面形误差 0.05λ RMS。

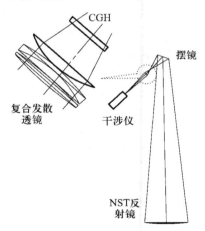

图 1.23　用 CGH 实现 NST 主镜的零镜测试系统的校准原理图

在 CGH 基板上刻画五种 CGH 图形,如图 1.24 所示,中间的 CGH 图形为主测试图形,校准 CGH 用来对准被测镜和测试波前:四角位置的四个小的圆形 CGH,用来对准球面补偿镜;四周的四个条形 CGH 图,用它来建立对准的参考标识,五种 CGH 图形性能见表 1.3。

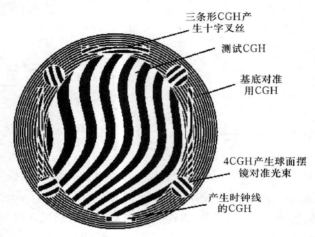

三条形CGH产生十字叉丝

测试CGH

基底对准用CGH

4CGH产生球面摆镜对准光束

产生时钟线的CGH

图 1.24 在 CGH 基板上刻画的测试 CGH 和校准 CGH 图

主测量 CGH 本身需要对准干涉仪发出的光束。外围的基底对准用 CGH 反射干涉仪发出的光波,与参考光干涉,调成零条纹(消倾斜与调焦)即可实现对准。

0.5m 球面零补偿镜轴向位置和边缘倾斜对准均要求为 $10\mu m$,主测量 CGH 的 0 级波前是一理想球形波前,其焦点作为一个参考,放置一个小球并调成零条纹;其他四个小的球面补偿镜对准用 CGH 在球面反射镜上形成另外四个参考,分别放置四个小球紧贴球面反射镜并调整横向位置,使得 CGH 产生的四个光束被原路反射回去,同时利用标准长度棒保证球面反射镜与 0 级焦点的距离,实现球面反射镜的对准。

表 1.3 五种 CGH 图形性能

CGH	条纹定义	级数	典型的条纹间隔(μm)
主测量 CGH	Zernike fringe phase	1	15 ~ 20
基底对准 CGH	Zernike fringe phase	3	6
生成十字叉丝 CGH	Zernike fringe phase	3	6
生成时钟线 CGH	Zernike fringe phase	1	24
球面补偿镜对准 CGH	Zernike fringe phase	3	10

当测试系统安装在测试塔中,由于被测镜距测试系统有 6.5m,对准问题很重要。在直径 100mm 的 CGH 四周刻有四个条形全息图,用它来建立对准的参考标识,它们把激光束聚焦在 NST 镜上两个被设计好的点处,在所限口径的衍射效应作用下产生十字叉丝和方位角标记,以帮助调整系统的位置,如图 1.25 所示。

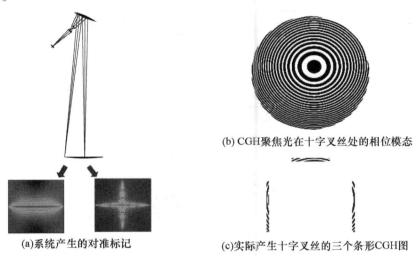

(b)CGH聚焦光在十字叉丝处的相位模态

(a)系统产生的对准标记　　　　(c)实际产生十字叉丝的三个条形CGH图

图 1.25　校准 CGH 图产生十字线和方位角标记

③ 用球面 CGH 检测大口径凸非球面

1994 年美国 Arizona 大学光学中心 Burge 应用曲面计算全息,成功检测了口径为 380mm、840mm 的凸非球面,检测结果非常理想,测试系统如图 1.26 所示[27]。后来,MMT、ARC、Sloan 及 LBT 等 6～8m 大镜的凸非球面次镜也采用 CGH 得到成功测量。

CGH 利用衍射原理,可提供非球面检测中所需要的标准样板。如果再以不复杂的单透镜补偿系统,则可满足相对口径比较大的非球面检测的需求。把 CGH 图形写在一个球面的玻璃的测试板上,测量时测试板和被测非球面很靠近,CGH 设计能产生理想的被测非球面波前,如图 1.27 所示。相干光源的光线入射测试板,其 0 级光透过测试板,以待测非球面法线方向直接入射到其表面各点上,其光波波面与待测非球面的理想波面是相同的。由被测非球面反射的测量波前,其 0 级光反射原路返回到 CGH,不受 CGH 影响,作为测试光。另一部分光经过检测镜上的 CGH 面衍射返回,取 -1 级(或 +1 级)衍射光波作为参考

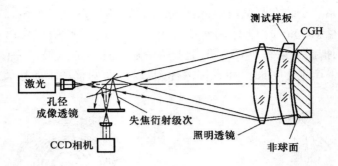

图 1.26   大型凸非球面的 CGH 测试系统

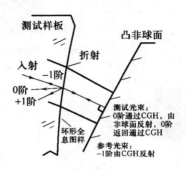

图 1.27   大型凸非球面的 CGH 测试原理

光。它与从待测面反射回的光波相干涉,干涉条纹经成像透镜成像,被 CCD 记录并得到处理。CGH 面在这不仅需要承担补偿部分球差的作用,还起到了分光元件的作用。CGH 测试板由铬 – 玻璃板制成,玻璃折射率为 $n_g = 1.5$,镀铬层厚度为 50nm,复折射率为 $n_c = 3.6 – i4.4$,全息条纹空占比为 20% ,平均宽度为 100μm,径向图形误差为 1μm,底板正反面面形误差为 0.1λ RMS。

1.4   大中型光学镜面制造中的非零位测量技术

与零位测试不同,即使被测镜面是无制造误差的理想面形,在非零位测试(Non-Null Test)条件下也不会得到理想的直条纹。例如用普通的波面干涉仪直接测量非球面时,即使非球面与理想设计的面形完全一致,仍然会得到大量致密的干涉条纹而使得干涉仪的 CCD 不能解析。非零位测试应用特殊技术解决这一问题。

1.4.1 剪切干涉测量

剪切干涉测量通过产生两束具有剪切量的测试光束,入射到被测镜面上,反射后相遇产生干涉,干涉图反映了被测镜面上具有剪切量的不同位置处的高度差,因而通过分析可获得被测镜面的斜率信息,然后对其积分求得被测镜面的面形误差。产生剪切量的方法可以是利用剪切相位板,也可以利用衍射光栅。当产生横向剪切时,对应横向剪切干涉仪,如图1.28[32]所示,而径向剪切干涉仪则产生径向剪切,如图1.29[32]所示。

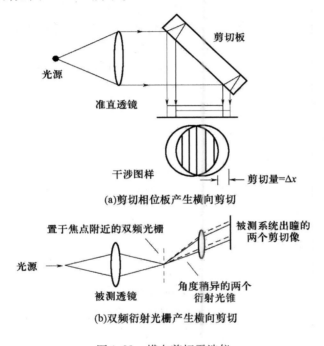

(a)剪切相位板产生横向剪切

(b)双频衍射光栅产生横向剪切

图1.28　横向剪切干涉仪

剪切干涉仪的优点是可以直接测量陡度(斜率)较大的非球面,并且测试灵敏度可以通过变化剪切量大小而改变。此外由于剪切干涉是被测波面与其剪切波面发生干涉,不需要参考光波,测量精度不再受限于参考面精度,适合于光刻物镜等超高精度波前测量;采用共光路系统也有利于抵抗外界扰动的影响,因而对照明光源的相干性和干涉装置平台的稳定性要求较低。但是剪切干涉测量的缺点同样也是明显的:

(1)需要准确知道剪切量大小和剪切方向,最终面形测量精度并不高。

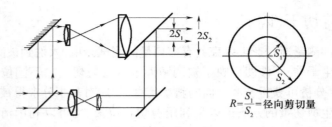

图 1.29　径向剪切干涉仪

（2）对于非回转对称非球面，必须实现 X 和 Y 两个方向上的剪切。

（3）剪切干涉测量本质上会丢失信息，给定一个波面差，并不能唯一重构该波面，因为剪切（差分）操作本身是不可逆的，剪切干涉波面重构一直是其关键问题，也是剪切干涉仪未能广泛应用于非球面定量检测的主要原因。

（4）被测相位不是直接包含在干涉图中，图样不直观，剪切干涉图的定量判读较复杂，是剪切干涉仪未被大量应用的另一个原因。

1.4.2　高分辨率 CCD 方法

用波面干涉仪不能直接测量非球面的原因之一是干涉条纹太密，CCD 不能解析。理论上每条干涉条纹至少需要 2 个以上像素，然而由于噪声等因素，通常需要 2.5 ~ 3 个像素。基于这个要求，人们自然想到提高干涉仪 CCD 的分辨率，以期直接测量非球面。但是一方面 CCD 的分辨率终究是有限的，并且代价不菲，目前商用干涉仪通常可配置的 CCD 最高分辨率为 1000×1000，能够直接测量的非球面度也不过十余微米。另一方面，由于测试光线不是法向入射被测非球面，存在较大的回程误差（retrace error），干涉图样反映的也只是被测非球面与某个最佳拟合球面的偏差，需要去除非球面度的影响，获得被测非球面相对于理想非球面的偏差。因此高分辨率 CCD 方法直接测量非球面，仅仅知道被测非球面在测试位置的非球面度是不够的，还必须知道其在探测器平面处的非球面度，通常需要进行标定并利用光线追迹（Ray Tracing）方法确定。

1.4.3　欠采样干涉测量方法

若能事先已知被测镜面的一些先验信息，例如面形误差不超过 0.25λ，或者假设斜率是连续的，则可能在每条干涉条纹小于 2 个像素的情况下恢复被测镜面。欠采样干涉测量（Sub-Nyquist Interferometry，SNI）方法假设被测波面的一阶导和二阶导均连续，从而不要求每条条纹至少 2 个像素，即可用普通分辨率的

CCD 欠采样干涉图样。1987 年 Greivenkamp[33] 提出 SNI 方法后,为大相对口径非球面的直接干涉测量提供了一个思路,Greivenkamp 指导的博士生 Gappriner[34] 将 SNI 推广到了高陡度的保形光学(conformal optics)透射波前非零位测试。而美国的 ESDI 公司也率先于 2007 年推出了 SNI 新产品——Intellium Asphere[35],解决了回程误差补偿等关键技术,可实现非球面度达 80μm 的非球面直接测量。图 1.30 是欠采样测量的 40μm 非球面度的非球面干涉图样和计算得到的面形误差。

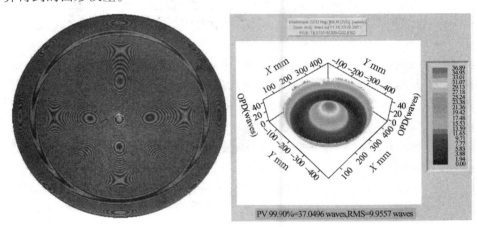

图 1.30 欠采样干涉图样和被测面形误差

1.4.4 长波干涉测量方法

当被测面形误差一定时,干涉测量的条纹数目与光源的波长成反比,因此采用长波光源的波面干涉仪,干涉条纹不会太密,可以直接测量非球面度很大的非球面,当然以损失灵敏度和精度为代价。常用长波干涉仪的光源为波长 $10.6\mu m$ 的红外激光,图 1.31 是波长 $0.633\mu m$ 的可见光和 $10.6\mu m$ 的红外激光下,获得的同一个被测面形的干涉图样[32]。显然前者条纹太密无法解析,而红外波长干涉图的条纹足够稀疏,CCD 可解析,但是其反映的是红外波长量级的误差,丢失了许多可见光波长范围内的细节误差。

1.4.5 双波长干涉测量方法

若采用波长分别为 λ_1 和 λ_2 的双波长光源,则等效波长为 $\lambda_{eq} = \lambda_1\lambda_2/|\lambda_1 - \lambda_2|$,比两个波长均要大得多,因此也可以用来直接测量非球面度大的非

（a）$\lambda = 0.633\mu m$ （b）$\lambda = 10.6\mu m$

图 1.31　两种不同波长下的干涉图样

球面。图 1.32 是使用氩离子激光器和氦氖激光器的双波长移相干涉仪的原理图[36]。

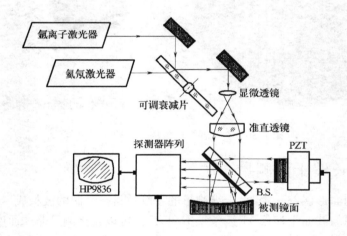

图 1.32　双波长移相干涉仪

1.4.6　子孔径拼接干涉测量方法

大中型光学镜面的子孔径测试（SubAperture Testing，SAT）基于"以小拼大"的思想。基本原理是将被测口径划分为若干更小口径的子孔径，子孔径的测量范围可以覆盖整个元件，并且各子孔径间稍有重叠；每次用标准的小口径高精度干涉仪对子孔径进行零位干涉检测，通过移动被检元件或干涉仪孔径，测得全部子孔径面形，然后采用拼接技术得到全口径的检测结果。受运动误差等的影响，直接对子孔径数据进行拼接将得到错误的全口径面形,需要应用子孔径拼接算法。由于每次仅测量一个子孔径,其非球面度大大减小而可用标准干涉仪直接测量,不需要辅助补偿镜,在提高横向分辨率的同时,也显著增大了垂直测量范围,因此 SAT 有效解决了大视场与高分辨率的矛盾,是最有希望获得大口径、大相对口径非球面镜中高频误差的方法。

从原理上看,SAT 既可用于零位测试,也可用于非零位测试。例如测量大中型平面、大中型球面或大数值孔径球面时,采用的是零位测试构型,而用球面干涉仪直接进行非球面的子孔径测试时,本质上是非零位测试。子孔径本身也不限于圆形,还可以是环带甚至任意几何形状。本书将特辟一章详细介绍 SAT 的关键问题以及子孔径拼接算法。

1.5 相位恢复技术

相位恢复技术(Phase Retrieval,PR)是一种根据光场的强度信息来反推相位分布的方法。相位恢复技术通常利用光波场的衍射模型,通过对入射光场进行衍射计算,得到输出面光场的场强分布,并以测量得到的(或特定的)场强分布为约束经过优化运算,找到符合场强约束条件的入射光场相位。相位恢复技术作为一种测量方法,可以用于波前测量(Wavefront Sensing)、波前曲率测量、光学系统的参数估计以及光学系统的光学传递函数(Optical Transfer Function,OTF)和光瞳函数(Pupil Function)测量等。

相位恢复技术在大中型光学镜镜面测量中可以发挥其结构简单,能够适应在位环境,可以定量计算分析等优点。与干涉测量相比,相位恢复测量只需要一束测试光而不需要参考光,因此一般不会受振动影响,对空气扰动也不敏感。同时测量装置简单,只需要光源和 CCD 等少量设备,应用较为灵活,可以适应各种环境条件,也容易保证较高的测量精度。因而相位恢复测量在大中型光学镜面有着良好的应用前景,可成为一种有效的大中型镜面在位检测方法。关于相位恢复测量本书将在第 4 章详细介绍其方法原理以及测量应用。

1.6 亚表面质量检测技术

光学材料是典型的硬脆材料,从原料生产到最终的表面抛光过程复杂,很难精确控制,即使对于最精密的光学零件,空穴、裂纹、划痕、残余应力和夹杂物等亚表面损伤也是不可避免的,上述亚表面损伤形式可能是材料固有的,也可能是由磨削、研磨和抛光过程引入的。光学材料加工亚表面损伤是指其近表面区域由机械加工过程产生的断裂、变形和污染等内部缺陷[37]。亚表面损伤区域可视为表面和基体间的过渡层,该层在组成、微结构和应力状态上区别于基体[38]。

对于硬脆材料亚表面损伤检测技术的研究,近十几年发展十分迅速,出现了基于力学、光学、声学、光谱学、电子束、离子束、热像、磁等的多种检测技术。通常根据是否破坏试件可将检测技术分为损伤性检测技术和无损检测技术。损伤性检测就是部分或全部破坏试件,使所要检测的损伤得以体现,再根据具体条件计算所要的测量结果[39]。常用的损伤性检测技术包括截面显微法、角度抛光法、磁流变抛光法、挠度法和恒定化学蚀刻速率法等。它们基本能满足亚表面损伤准确检测的要求。但是,损伤性检测技术会导致光学元件的破坏或失效,这对昂贵的光学系统或光学元件是尤其不利的,并且取样加工试件与实际光学元件的损伤存在差异,而最终的测量精度还取决于操作人员的经验[40]。此外,该检测技术的测量效率低。鉴于损伤性检测技术原理简单,易于实现,并且测试设备费用较为低廉,因此,在验证无损检测技术有效性和材料质量控制的研究过程中,损伤性检测仍然是不可替代的技术手段。无损检测技术利用无损伤测量技术得到物理参数与材料和介质中不均匀性之间的关系,并据此来定量地估计材料的完整性[39]。常用的无损检测技术有基于强度检测的全内反射显微术、共焦扫描激光显微术、准偏振角技术、椭圆偏振测量技术和 X 射线衍射法等[40-45]。无损检测技术相对于损伤性检测技术的测量精度低,探测深度浅,测试系统成本高,测量结果不直观,并且检测机理模型需要进一步深入研究。如何综合损伤性和无损检测技术的优势,在保证检测精度的前提下实现亚表面损伤的无损、快速和低成本检测是亚表面损伤研究的关键问题之一。关于亚表面质量检测技术本书将在第 5 章详细介绍其方法原理以及测量应用。

1.7 大中型光学镜面制造中的测量实例

1.7.1 中国 2.16m 天文望远镜反射镜测量[17]

2.16m 天文望远镜由中科院南京天文仪器研制中心、中科院北京天文台和中科院自动化所研制。主镜通光口径 2 160mm,顶点曲率半径 12 960mm,双曲面二次常数 −1.095 134 7,非球面度 21μm,采用 Offner 补偿器(两块球面透镜)结合刀口检验(图 1.33)。

次镜为凸双曲面,通光口径 720mm,顶点曲率半径 5 797.5mm,二次常数

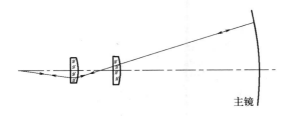

图 1.33 2.16m 天文望远镜的主镜检测光路

−5.077 526,非球面度 14μm。国际上用得较多的是 Hindle 法,优点是完全没有剩余球差。缺点是所需球面镜的口径较大,一般是被测镜的 2.2 倍左右,并且被测镜面上二次反射导致光强迅速减小,刀口阴影图的对比度不好。而采用反射补偿,将检验镜设计成椭球面,其口径约为被测镜的 1.5 倍,且被测镜上只反射一次,缺点是有剩余球差,检验镜(椭球面)也需要利用其无像差点进行检验。最后采用的检验光路如图 1.34 所示,点光源置于椭球面检验镜(顶点到近焦点的距离 2 891.575mm,到远焦点的距离 14 927.617mm)的近焦点附近(距离顶点 3 278.503 94mm),光线经其反射后向远焦点附近(距离顶点 9 332.531 3mm)汇聚,由被测双曲面镜反射回来(被测镜顶点到汇聚点距离为 5 854.031 3mm,顶点曲率半径为 5 797.5mm),由于被测镜不是球面镜,因而反射回来的波面不再是球面波,再次经过椭球面镜可补偿部分球差后汇聚到近焦点附近,从而可用刀口进行检验。1993 年完成了第二块次镜,因为当时已有 1.6m 镜坯,故采用 Hindle 检验。

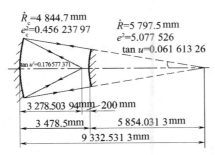

图 1.34 2.16m 天文望远镜的次镜检测光路

折轴中继镜为凹扁球镜,通光口径 406 ± 0.6mm,顶点曲率半径 5 370.702 8 ± 3mm,$e^2 = -0.258\ 5$,局部差 $\Delta N < 1/10$ 波长,非球面度 $-0.088\ 6\mu$m。扁球面不是无像差面,采用反射式补偿法,用一个小弯月透镜补偿扁球面的法线像差

（图1.35）。

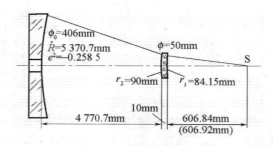

图 1.35　2.16m 天文望远镜的折轴中继镜检测光路

1.7.2　GMT 望远镜主镜测量[46-48]

GMT(Giant Magellan Telescope) 望远镜是下一代极大望远镜之一,将安装在智利北部进行天文观察。主镜口径25.3m,焦距18m,二次常数为 K = −0.998 3 (与抛物面接近的椭球面),包括 7 块 8.4m 圆形口径的分块镜(图 1.36),其中离轴子镜的非球面度达 14.5mm PV。采用 CGH 补偿器进行干涉测量,由于主镜的 36m 顶点曲率半径对于检测塔太长了,需要用一个 3.5m 球面镜在塔顶将光线偏摆并消除离轴测试引入的大量球差(图 1.37)。对于离轴子镜测量,3.5m 球面摆镜倾斜 14.2°,距离子镜中心为 23m;750mm 球面摆镜则进一步补偿高阶像差,并将干涉仪发出的经过 120mm CGH 的测试光束中继到 3.5m 球面摆镜上。CGH 和 750mm 球面摆镜的对准误差约为 10μm,3.5m 球面摆镜的对准误差约为 100μm,对准误差会导致面形测量误差。主镜中心子镜的测量要简单得

图 1.36　GMT 望远镜

多,因为中心子镜是回转对称的,且非球面度较小,3.5m 球面摆镜可补偿大部分像差,剩余像差由 50mm CGH 补偿。由于中心子镜的回转对称性,采用共轴测量光路,3.5m 球面摆镜不再倾斜,而是直接指向子镜顶点,如图 1.38 所示。为了抑制振动环境的影响,采用了 4D Technology 公司的瞬时干涉仪。

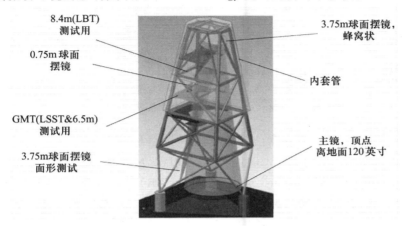

（a）GMT 检测塔

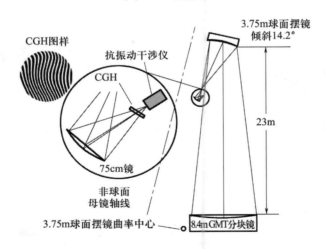

（b）CGH 补偿法测量光路

图 1.37 GMT 主镜离轴子镜的干涉测量

除了零位测试外,还需要以下测量辅助:

①基于激光跟踪仪的直接面形测量,测量低阶面形误差（图 1.39）。激光跟

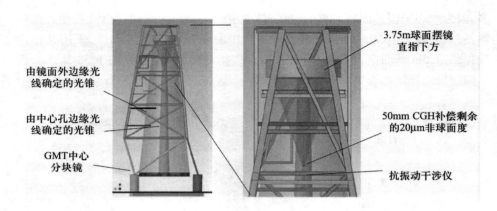

图 1.38　GMT 主镜中心子镜的干涉测量

踪仪由带角度编码器的位移干涉仪和跟踪伺服系统组成,对一个移动的球形安装面的反射镜(Sphere-Mounted Retroreflector,SMR)进行跟踪,通过测量 SMR 的径向距离及其扫描角获得其三维位置。激光跟踪仪置于顶点曲率中心附近(CoC),SMR 沿镜面扫描移动,位移干涉仪监测固定于镜面边缘的四个反射镜以

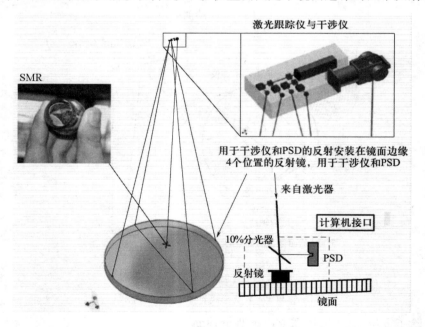

图 1.39　基于激光跟踪仪的直接面形测量

修正激光跟踪仪的运动。这种测量方法可用于成形和铣磨加工,得到顶点曲率半径和像散。

②应用扫描五棱镜的斜率测试,测量低阶面形误差和小尺度误差(图1.40)。准直细光束(50mm)通过扫描的五棱镜后,沿着与主镜光轴平行的方向入射镜面并进行扫描,位于焦点附近的探测器获得实际聚焦光斑位置,从而可计算得到被测镜面的斜率。扫描五棱镜的特性使得斜率测试对其运动误差不敏感。注意一次扫描只能获得一维方向上的斜率,为了获得整个表面的三维面形,需要对多个方向进行扫描测量,最后重构得到 Zernike 多项式表示的波面。用这种方法可测量 CGH 补偿检验中对准误差的低阶像差,例如每隔 45°的四个方向上的斜率测量可获得离焦、彗差、像散、三叶形(trefoil)像差和球差。从测量原理可知,扫描五棱镜斜率测试方法对于抛物面相当于零位测试,即理想抛物面不会产生焦斑位移。GMT 主镜是接近于抛物面的椭球面,对应 RMS 焦斑会有 183 μm 的名义位移,需要在测量结果中减去。

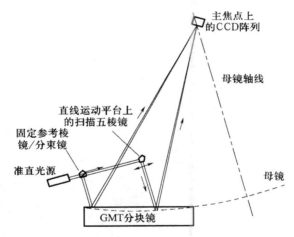

图 1.40　应用扫描五棱镜的斜率测试

③干涉仪剪切测试分离小尺度误差。如图 1.41 所示,由于各离轴子镜相对于光轴是回转对称的,当干涉仪固定而被测子镜绕光轴回转时,测得小尺度的形状变化可认为是源于子镜的非回转对称面形误差,而低阶像差如离焦、彗差、像散和三叶形像差等则在扫描五棱镜斜率测试中已经获得。当然要实现子镜绕其光轴大角度回转太困难,通过横向偏移 500mm,然后绕其几何轴线顺时针旋转 60mrad,再倾斜 14mrad,可实现子镜绕光轴回转 60mrad。

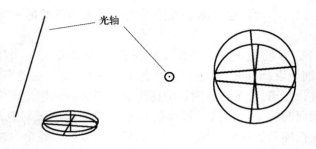

图 1.41　利用回转对称性可分离小尺度误差

1.7.3　JWST 望远镜主镜测量与像质检验[49-56]

美国航空航天局(NASA)计划用于太空探测的 JWST 空间望远镜,三大组件之一便是三反光学望远镜系统(图 1.42)。整个系统聚光面积 25m², 在 2μm 波长达到衍射极限。其中主镜由 18 块六边形铍镜拼接而成,次镜是整体式铍镜。与传统的光学制造精度主要限于低频面形误差要求不同,JWST 主镜对于中、高频面形误差都提出了明确而严格的要求。其主镜分块镜要求空间周期大于 222mm 的尺度内,面形误差小于 20nm RMS;周期在 0.080~222mm 的尺度内,面形误差小于 7nm RMS;而周期小于 0.080mm 的尺度内,表面粗糙度小于 4nm

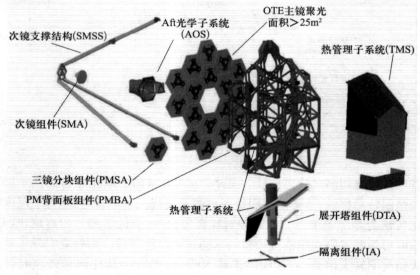

图 1.42　JWST 望远镜

RMS。目前 JWST 光学系统仍在研制过程中,主要采取 CCOS(Computer Controlled Optical Surfacing)技术进行数控抛光。铣磨初期采用 Leitz 的大型坐标测量机(图 1.43),空间分辨率为 10~0.25mm,精度优于 0.3μm;当表面粗糙度达到 10μm RMS 即进入红外子孔径扫描 Shack – Hartmann 测量(图 1.44),空间分辨率为 1mm,精度为 1μm;进入抛光阶段后使用可见光干涉仪加 CGH 补偿测量,分辨率为 2mm,精度可达 10nm。其中扫描 Shack-Hartmann 系统(SSHS)安装在可移动的龙门架上,对镜面进行红外扫描测量,将子孔径测量结果拼接到一起获得全口径上高分辨率数据,可测量中高频误差。

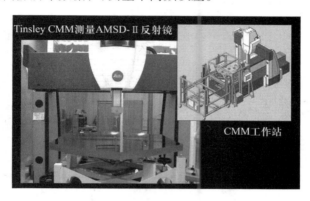

图 1.43　Leitz 的坐标测量机测量主镜的分块镜

最终像质检验在立式检测塔内进行(图 1.45)。望远镜被两个独立的系统照射,一个为曲率中心干涉仪 COCI(Center of Curvature Interferometer),一个为焦平面干涉仪 FPI(Focal Plane Interferometer)。前者实现主镜的全口径波前误差的测量,用到了零位补偿镜;后者测量整个望远镜系统在采样孔径上的波前误差,借助塔顶三块自准直平面镜将光线反射回望远镜。

值得一提的是 JWST 光学系统的测试中,还应用了 PhaseCam4010 瞬时干涉仪评估和克服振动环境的影响(图 1.46),而 Ball Aerospace Corp 则采用了 ESDI 公司的 Intellium H1000 瞬时干涉仪,NASA 也成为 ESDI 的第一家客户。

JWST 系统在空间运行时要进行实时检测,一方面掌握其系统性能,另一方面要对分块镜系统进行对齐。为了在太空中方便可靠地实现光学检测,NASA 采用了相位恢复方法来实现检测功能。其中对相位恢复检测的精度要求很高,要检测各个分块镜的对齐误差以及系统的整体像差,以便驱动能动系统进行像差补偿,最终保持望远镜整体上达到 2μm 的衍射成像指标。JWST 相位恢复像差检测和反馈控制系统,如图 1.47 所示。

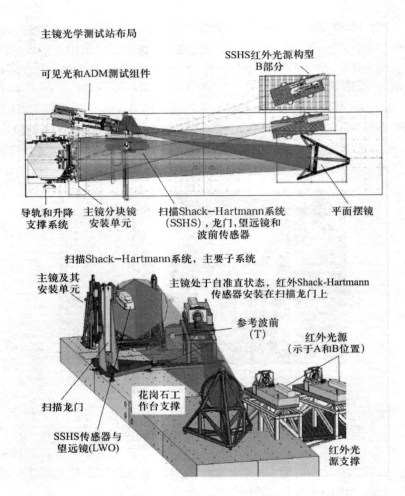

主镜光学测试站布局

SSHS红外光源构型
B部分

可见光和ADM测试组件

导轨和升降
支撑系统

主镜分块镜
安装单元

扫描Shack-Hartmann系统
(SSHS)，龙门、望远镜和
波前传感器

平面摆镜

扫描Shack-Hartmann系统，主要子系统

主镜及其
安装单元

主镜处于自准直状态，红外Shack-Hartmann
传感器安装在扫描龙门上

参考波前
(T)

红外光源
(示于A和B位置)

扫描龙门

花岗石工
作台支撑

SSHS传感器与
望远镜(LWO)

红外光
源支撑

图 1.44　JWST 主镜分块镜的红外子孔径扫描 Shack-Hartmann 测量

　　离焦图像被采集后，由相位恢复算法进行处理实现实时计算。相位恢复算法通过迭代的方式，使用多幅离焦图像，得到每个分块镜的平移误差（Piston）和面形误差。反馈能动控制系统根据误差数据控制驱动电机，动态地调整主镜和次镜的状态。为了验证系统的性能，NASA 建造了 JWST 的模型检测实验系统，如图 1.48 所示。

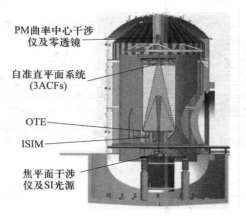

图 1.45　JWST 光学系统的最终像质检验

图 1.46　瞬时干涉仪测量 JWST 主镜

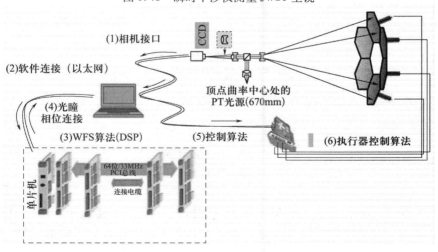

图 1.47　JWST 相位恢复测量及像差反馈控制系统

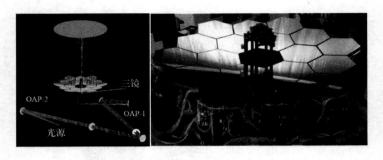

图 1.48　JWST 的模型检测实验系统

1.7.4　GTC 望远镜主镜测量[57,58]

加那列大型望远镜（Gran Telescopio Canarias,GTC）项目由西班牙、墨西哥和美国三者合作,于 1996 年立项,为地基 10.4m 分块望远镜,建于 ORM（Observatorio del Roque de los Muchachos）天文台（图 1.49）。望远镜的主镜为接近抛物面的双曲面,采用 36 个六边形分块镜;次镜则为单块整体式凸双曲面,为用于红外和可见光观察,孔径光阑设在次镜上,以使得红外观察时热发射最小;三镜为平面。具体光学参数见表 1.4。

图 1.49　GTC 望远镜

表 1.4　GTC 的光学设计参数

	主镜 M1	次镜 M2（孔径光阑）	三镜 M3
曲率半径	33 000.000mm	3 899.678mm	Infinity
二次常数	− 1.002 25	− 1.504 84	0
到下一表面的距离	14 739.41mm	10 739.41mm（到 M3）; 18 139.41mm（到像面）	7 400mm

主镜的分块子镜应尽量相同,因为其支撑是一样的,子镜大小不同会引入变形。GTC 主镜最终采用的分块方案如图 1.50 所示,共有 6 种不同形状的子镜,材料为 Schott 的 Zerodur 微晶玻璃。

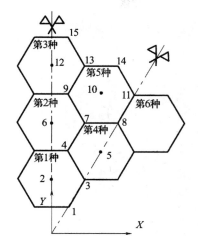

点	X/mm	Y/mm
1	469.99	814.04
2	0.00	1627.30
3	939.34	1626.99
4	469.42	2439.56
5	1407.92	2438.60
6	0.00	3250.73
7	938.09	3250.04
8	1875.31	3248.14
9	468.94	4059.59
10	1405.89	4058.15
11	2341.10	4054.91
12	0.00	4866.72
13	936.91	4865.13
14	1873.39	4863.32
15	469.27	5669.86

图 1.50　GTC 主镜的分块方案

　　每个分块子镜后面有 3 个主动支撑调整平移和倾斜,相邻分块镜之间的位置由 2 个位置传感器测量。每个分块子镜另有 6 个力矩执行器调整面形。主镜的加工由 REOSC 负责,技术路线为球面研磨—计算机控制非球面磨削—计算机控制修形(离子束),在各个阶段均应用了特殊技术避免边缘效应。

　　主镜分块子镜的检测利用补偿零镜,在立式检测塔中进行,如图 1.51 所示。与 GMT 的检测塔类似,需要两个摆镜以使 29m 高的检测塔能够适应 33m 长的主镜曲率半径。图 1.52 是检测塔中组装到一起待检的 7 块子镜。

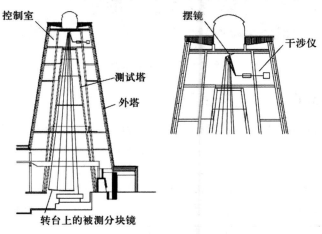

图 1.51　GTC 主镜的立式检测塔

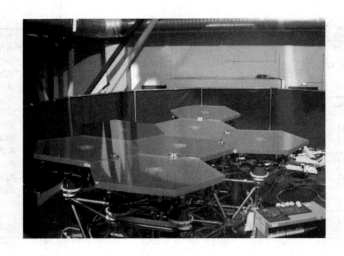

图 1.52　立式检测塔中的 7 块 GTC 主镜的分块子镜

图 1.53　MMT 次镜的摆臂式测量

1.7.5　MMT 望远镜次镜测量[59]

MMT(Multiple Mirror Telescope)望远镜为 6.5m 近红外望远镜,其自适应次镜为厚 1.8mm、口径 640mm 的微晶薄板,由 336 个音圈执行器支撑。次镜的顶点曲率半径为 1795 mm,二次常数 $K=-1.409$,非球面度为 82μm。衍射极限 1μm 要求制造精度达到 19nm RMS。采用两种方法进行面形测量,一种是接触式摆臂测量(图 1.53),测量精度为 100nm,用于非球面成形和初期抛光。摆臂式测量的原理是相对最佳拟合球面测量非球面的某一条截线,我们将在第二章

光学非球面镜制造中的面形测量技术

详细讨论它。另一种是 CGH 补偿检验,用于修形和最终面形测量。其中 CGH 制作在一个凹球面上,返回的一阶衍射生成与理想次镜面形匹配的参考面,测试光束则通过 CGH(零阶衍射)后由被测次镜反射回来。

1.7.6　SPICA 望远镜主镜与系统波前测量[60]

　　SPICA(Space Infrared telescope for Cosmology and Astrophysics)是日本第三个红外空间望远镜项目,为 Ritchey-Chretien 光学结构。其 SiC 主镜口径为 3.5m,焦距 18m。主镜在低温真空罐中(水平光路)应用一个 Zygo GPI 高分辨率干涉仪和零位补偿镜进行干涉测量(图 1.54(a))。望远镜系统的波前误差测试则通过平面反射镜自准直测量,因为反射镜口径太大(3.5m 口径),因而采用拼接技术,通过移动 1m 反射镜进行子孔径测试。如图 1.54 (b)所示,干涉仪发出的球面波测试光束先后经过次镜和主镜后变成准直光束,入射到 1m 口径的参考平面反射镜上,这 1m 口径范围内的测试光束经反射后沿着原路返回干涉仪,形成干涉。这样每次只能测量到整个望远镜系统波前的 1m 子孔径,通过平面内两个方向上移动参考平面镜,将多次子孔径测量结果拼接到一起获得全口径波前误差。其中低温真空罐外的自准直仪用来测量参考平面在平移过程中引入的倾斜,并最终用于拼接分析。

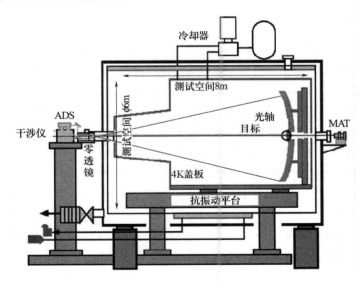

（a）主镜测量

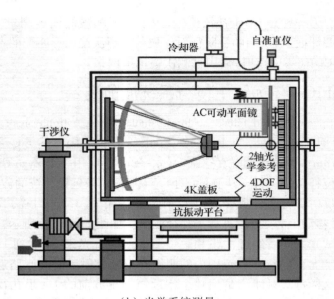

冷却器

自准直仪

AC可动平面镜

2轴光学参考

4DOF运动

干涉仪

4K盖板

抗振动平台

（b）光学系统测量

图 1.54　SPCIA 干涉测量

1.7.7　QED Technologies 公司子孔径拼接干涉测量[6,61]

为了克服大型凸非球面镜干涉测量时要求补偿镜的口径大于被测镜的缺点，并且为了获得被测镜面全口径上的高、中、低频面形误差，QED Technologies 公司提出应用子孔径拼接进行干涉测量，并针对 NASA 的两个望远镜系统中的次镜设计了大镜子孔径拼接装置样机（图 1.55）。与中小型镜面的子孔径测量装置不同，大镜子孔径拼接装置尽量将位姿调整运动集中在干涉仪上，而被测大镜只有一个绕轴线回转的运动自由度。这样做主要考虑到大镜不便于做大行程运动，但同时也对干涉仪的性能提出了更高要求。QED 公司经过实验检验，干涉仪在倾斜使用时测量不确定度的影响很小，可以忽略。

NASA 计划于 2015 年发射的 TPF - C 望远镜（图 1.56）用于探测太阳系外类地行星，工作在可见光波段（波长 $0.5 \sim 0.8~\mu m$）。为了保证成像质量，对望远镜光学系统的制造误差提出了非常高的要求。例如其次镜为离轴双曲面，在整个椭圆形口径（$890mm \times 425mm$）内小于 5 个空间周期的面形误差不得大于 8nm RMS，$5 \sim 30$ 个空间周期的面形误差不得大于 6nm RMS，而 30 个空间周期以上的面形误差不得大于 4nm RMS。次镜的非球面度为 $100\mu m$，直接测量时条纹太密不能解析，而采用子孔径拼接测量，条纹最密处为边缘 140mm 子孔径，其像散

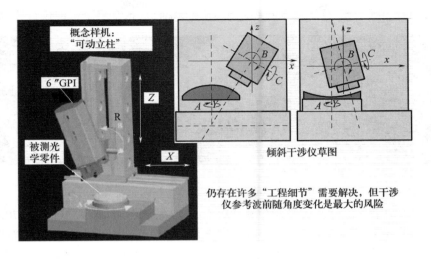

图 1.55　大型凸面镜的子孔径拼接装置样机

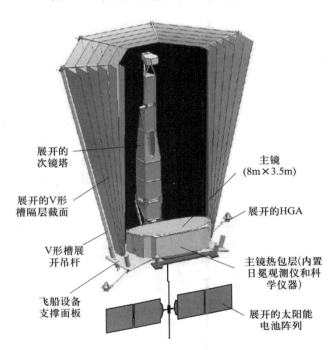

图 1.56　TPF－C 望远镜

为 25μm,如图 1.57 所示。子孔径越小,条纹越稀疏,越有利于干涉仪直接测量。

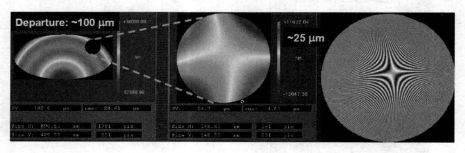

图 1.57　TPF – C 次镜的非球面度和边缘 140mm 子孔径的像散

　　另一个子孔径拼接测量对象是 JWST 的次镜,为双曲面,非球面度 170μm,边缘 140mm 处的子孔径像散为 55μm。全口径 740 mm 内小于 5 个空间周期的面形误差不得大于 34nm RMS,5 ~ 30 个空间周期的面形误差不得大于 12nm RMS,而 30 个空间周期以上的面形误差不得大于 4nm RMS。

1.7.8　大型平面镜制造中的在位检测[62,63]

　　美国 Sandia 国家实验室和 Arizona 大学在研制 1.6m 大型平面镜时,在大型研抛机上开发了扫描五棱镜测量系统和抗震 Fizeau 干涉仪两个系统,实现了大型平面镜加工的在位检测。

　　1.6m 大型平面镜为微晶玻璃材料,厚 200mm,重 1026kg。研抛阶段采用直径为 1000mm 的大口径研抛盘加工,修形阶段采用 150 ~ 400mm 直径的小工具研抛盘,根据在位测量的结果,用 CCOS 方法进行加工。测量系统安装在研抛机上,整个加工测量过程中,工件一次装夹,实现加工测量一体化。

　　1.6m 大型平面镜采用有限元方法进行支撑建模计算和优化设计,采用 36 个圆周布置的液压支撑,保证支撑变形小于 3nm RMS。支撑系统如图 1.58 所示,图 1.58(a)为 36 个支撑和工件,图 1.58 (b)为液压支撑的放大图。研抛机采用空气静压轴承的转台,液压支撑与工件之间有方形或三角形的铝板,防止对工件背面产生损坏。每个三角形铝板由三点支撑(为了观看方便,图 1.58(a)中取掉一块),而每个正方形铝板由四点支撑。图 1.58(a)中,6 个黑色的支撑柱是保护支撑,正常加工情况下它不与工件接触。

　　扫描五棱镜测量系统如图 1.59 所示。双五棱镜组成高精度的准直平面镜表面斜率测量系统,用于后期抛光和修形。双五棱镜扫描运动由激光校准测量系统测出 1.6m 长度的运动误差并在测量中加以补偿。扫描五棱镜测量系统测

（a）　　　　　　　　　　　　　　　　（b）

图 1.58　1.6m 大型平面镜支撑系统

量面形误差的离焦（Power）和其他低阶像差,测度不确定度为 9nm。图 1.60 表示沿工件 1.6m 直径截线测量结果,圆圈表示斜率测量数据点,实线为低阶 Zernike 多项式拟合结果,测量面形的离焦误差为 11nm。由于 Zernike 多项式不能表示高阶波纹度引起的大的斜率变化值,因此高阶误差还必须用 Fizeau 干涉仪来准确测出。

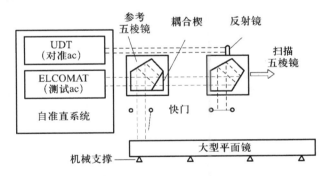

图 1.59　扫描五棱镜测量系统

　　1m 口径抗震 Fizeau 干涉仪系统如图 1.61 所示。它由 Fizeau 型的 Intellium H1000 瞬时干涉仪、摆镜、1m 照明准直镜（离轴抛物面）和 1m 标准平面镜组成,该系统也安装在研抛机的移动梁溜板上,可实现在位测量。由于系统的可测口径不超过 1m,在 1.6m 平面镜测量时采用子孔径拼接方法。一共测量 24 个子孔径,用基于极大似然估计的拼接算法来实现全口径的测量。这种方法对子孔径的测量运动进行调制,使参考面和被测面按照一定规律运动,从而通过极大似然估计算法,实现参考面误差分离的子孔径拼接。采用高达 188 阶的回转对称

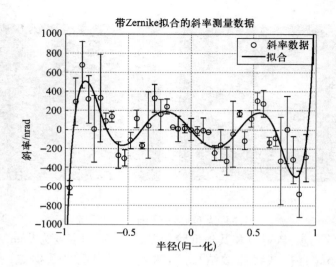

图 1.60　扫描五棱镜测量结果

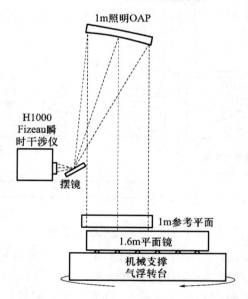

图 1.61　1m 口径抗震 Fizeau 干涉仪系统

Zernike 多项式拟合来重构表面,表面波纹度测量的不确定度为 3nm RMS。去除了离焦和像散后的测量结果如图 1.62(a)所示,面形波纹度为 6nm RMS。图 1.62(b)所示扫描五棱镜测量系统和 Fizeau 干涉仪系统测量结果的综合,最终结果为 12.5nm RMS 和 57nm PV。

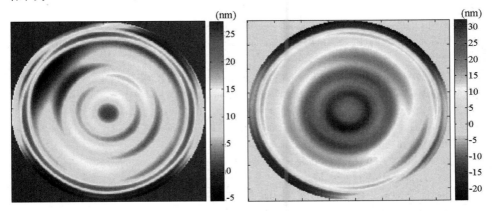

（a）1m Fizeau 干涉仪测量结果　　　（b）五棱镜测量和干涉仪测量结果的综合

图 1.62　1.6m 平面镜测量结果

参 考 文 献

[1]　苏毅, 万敏. 高能激光系统[M]. 北京:国防工业出版社, 2004.

[2]　LawsonJ K, Auerbach J M, English R E, et al. NIF optical specifications —— the importance of the RMS gradient[R]. LLNL Report UCRL – JC – 130032, 1998:7 – 12.

[3]　郝云彩. 空间详查相机光学系统研究[D]. 上海:中国科学院上海药物研究所,2000.

[4]　杨力. 先进光学制造技术[M]. 北京:科学出版社,2001.

[5]　Harvey J E, Lewotsky K L, Kotha A. Effects of surface scatter on the optical performance of X-ray synchrotron beam-line mirrors[J]. Applied Optics, 1995, 34(16):3024 – 3032.

[6]　Tricard M, Murphy P E. Subaperture stitching for large aspheric surfaces[R]. Talk for NASA Tech Day, 2005 – 08 – 16:200.

[7]　张国雄. 三坐标测量机[M]. 天津:天津大学出版社,1999.

[8]　SongJ F, Vorburger T V. Stylus profiling at high resolution and low force[J]. Applied Optics, 1991, 30(1):42 – 50.

[9]　Thalmann R, Brouwer D M, Haitjema H, et al. Novel design of a one-dimensional measurement probe[C]// Proceedings of SPIE, 2001, 4401:168 – 174.

[10]　Wills-MorenW J, Leadbeater P B. Stylus profilometry of large optics[C]// Proceedings of SPIE, 1990, 1333:183 – 194.

[11]　Weckenmann A, Estler T, Peggs G, et al. Probing system in dimensional metrology[J]. CIRP, 2003:1 – 28.

[12]　罗秋凤,王海涛,崔向群, 等. 红外移相干涉仪中移相器的非线性校正[J]. 仪器仪表学报,2001, 22(2):1 – 2.

[13] Hariharan P. Optical interferometry[R]. Reports on Progress in Physics, 1990, 54: 339 – 390.

[14] 何勇. 数字波面干涉技术及其应用研究[D]. 南京: 南京理工大学, 2002.

[15] Hayes J. Dynamic interferometry handles vibration[R]. Laser Focus World, 2002.

[16] Millerd J E, Wyant J C. Simultaneous phase-shifting Fizeau interferometer: US Patent #20050046864[P]. 2005.

[17] 苏定强. 2.16 米天文望远镜工程文集[M]. 北京: 中国科学技术出版社, 2001.

[18] 潘君骅. 光学非球面的设计、加工与检验[M]. 北京: 科学出版社, 1994.

[19] 潘君骅. 关于非球面制造技术的看法[J]. 光学技术, 1998(3): 23 – 25.

[20] Lohmann A W, Paris D P. Binary Fraunhofer holograms, generated by computer[J]. Applied Optics, 1967, 6(10): 1739 – 1748.

[21] MacGovern A J, Wyant J C. Computer generated holograms for testing Optical elements[J]. Applied optics, 1971, 10(3): 619 – 624.

[22] Reichelt S, Pruss C, Tiziani H J. Absolute interferometric test of aspheres by use of twin computer-generated holograms[J]. Applied optics, 2003, 42(22): 4468 – 4479.

[23] Poleshchuk A G. Computer generated holograms for aspheric optics testing[C]// Proceedings of SPIE, 2009, 7133: 713333 – 1—713333 – 9.

[24] Reichelt S, Daffner M, Tiziani H J, et al. Wavefront aberrations of rotationally symmetric CGHs fabricated by a polar coordinate laser plotter[J]. Journal of Modern Optics, 2002, 49(7): 1069 – 1087.

[25] Wyant J C. Precision optical testing[J]. Science, 1979, 206: 168 – 172.

[26] Poleshchuk A G, Nasyrov R K, Asfour J M. Combined computer-generated hologram for testing steep aspheric surfaces[J]. Optics Express, 2009, 17(7): 5420 – 5425.

[27] Burge J. Application of CGHs for interferometric measurement of large aspheric optics[C]// Proceedings of SPIE, 1995, 2576: 258 – 268.

[28] BurgeJ, Zehnder R, Zhao C. Optical alignment with computer generated holograms[C]// Proceedings of SPIE, 2007, 6676: 66760C – 1—66760C – 11.

[29] 陈强, 伍凡, 袁家虎, 等. 用计算全息标校补偿器的技术[J]. 光学学报, 2007, 27(12): 2175 – 2178.

[30] Zehnder R, Burge J, Zhao C. Use of computer generated holograms for alignment of complex null correctors[C]// Proceedings of SPIE, 2006, 6273: 62732S – 1—62732S – 8.

[31] Mallik P C V, Zehnder R, Burge J, et al. Absolute calibration of null correctors using dual computer-generated holograms[C]// Proceedings of SPIE, 2007, 6721: 672104 – 1—672104 – 16.

[32] www. optics. arizona. edu/jcwyant/Short_Courses. htm. 2008. 4. 6.

[33] Greivenkamp J E. Sub-nyquist interferometry[J]. Applied Optics, 1987, 26(24): 5245 – 5258.

[34] Gappinger R O. Non-null interferometer for measurement of transmitted aspheric wavefronts[D]. Arizona: University of Arizona, 2002.

[35] Szwaykowski P, Castonguay R. Measurements of aspheric surfaces. [C]//Proc. of SPIE, 2008, 7063: 706317 – 1 – 6.

[36] Cheng Y Y, Wyant J C. Two-wavelength phase shifting interferometry[J]. Applied optics, 1984, 23 (24): 4539 – 4543.

[37] Miller P E, Suratwala T I, Wong L L, et al. The distribution of subsurface damage in fused silica[C]// Proceedings of SPIE, 2005, 5991: 1 – 25.

[38] Shen J, Liu S, Yi K, et al. Subsurface damage in optical substrates[J]. Optik-International Journal for Light and Electron Optics, 2005, 116(6): 288 – 294.

[39] 张银霞. 单晶硅片超精密磨削加工表面层损伤的研究[D]. 大连: 大连理工大学, 2006.

[40] Fine K R, Garbe R, Gip T, et al. Non-destructive, real time direct measurement of subsurface damage[C]// Proceedings of SPIE, 2005, 5799: 105 – 110.

[41] Wang J, Maier R L. Quasi-Brewster angle technique for evaluating the quality of optical surfaces[C]// Proceedings of SPIE, 2004, 5375: 1286 – 1294.

[42] Fähnle O W, Wons T, Koch E, et al. iTIRM as a tool for qualifying polishing processes[J]. Applied optics, 2002, 41(19): 4036 – 4038.

[43] Robinson K C, Ghanbhari A, Kamprath T, et al. In-process, non-destructive subsurface damage measurements and correlations to both laser damage and surface roughness[C]// Proceedings of SPIE, 2007, 6671: 1 – 10.

[44] Goch G, Schmitz B, Karpuschewski B, et al. Review of non-destructive measuring methods for the assessment of surface integrity: a survey of new measuring methods for coatings, layered structures and processed surfaces[J]. Precision Engineering, 1999, 23(1): 9 – 33.

[45] 韩荣久, 裴舒, 王淑荣, 等. 微晶玻璃及其抛光[J]. 航空精密制造技术, 2000, 36(1): 7 – 12.

[46] Shectman S A. The Magellan Project[C]// Proceedings of SPIE, 2000, 4004: 47 – 56.

[47] Burge J H, Kot L B, Martin H M, et al. Alternate surface measurements for GMT primary mirror segments. Optomechanical technologies for astronomy[C]// Proceedings of SPIE, 2006, 6273: 62732T – 1—62732T – 12.

[48] Martin H M, Burge J H, Miller S M, et al. Manufacture of a 1.7 m prototype of the GMT primary mirror segments[C]// Proceedings of SPIE, 2006, 6273: 62730G – 1—62730G – 11.

[49] Cole G C, Garfield R, Peters T, et al. An overview of optical fabrication of the JWST mirror segments at Tinsley[C]// Proceedings of SPIE, 2006, 6265: 62650V – 1—62650V – 9.

[50] Atkinson C, Texter S, Hellekson R, et al. Status of the JWST optical telescope element[C]// Proceedings of SPIE, 2006, 6265: 62650T – 1—62650T – 10.

[51] McComas B, Rifelli R, Barto A, et al. Optical verification of the James Webb space telescope[C]// Astronomical Telescopes and Instrumentation, Proceedings of SPIE, 2006: 62710A – 1—62710A – 12.

[52] Hadaway J B, Eng R, Speed J, et al. Preliminary evaluation of the vibration environment within JSC Chamber A using a simultaneous phase-shifting interferometer[C]// Astronomical Telescopes and Instrumentation, Proceedings of SPIE, 2006: 62653G – 1—62653G – 12.

[53] Lowman A E, Redding D C, Basinger S A, et al. Phase retrieval camera for testing NGST optics[C]// Astronomical Telescopes and Instrumentation, Proceedings of SPIE, 2003: 329 – 335.

[54] Faust J A, Lowman A E, Redding D C, et al. NGST phase retrieval camera design and calibration details[C]// Astronomical Telescopes and Instrumentation, Proceedings of SPIE, 2003: 398 – 406.

[55] Basinger S A, Burns L A, Redding D C, et al. Wavefront sensing and control software for a segmented space telescope[C]// Astronomical Telescopes and Instrumentation, Proceedings of SPIE, 2003: 362

－369．

［56］ Dean B H, Aronstein D L, Smith J S, et al. Phase retrieval algorithm for JWST flight and testbed telescope［C］//Astronomical Telescopes and Instrumentation, Proceedings of SPIE, 2006: 626511 – 1—626511 – 17.

［57］ Castro J, Devaney N, Jochum L, et al. Status of the design and fabrication of the GTC mirrors［C］//Astronomical Telescopes and Instrumentation, Proceedings of SPIE, 2000: 24 – 33.

［58］ Alvarez P, López-Tarruella J C, Rodriguez-Espinosa J M. The GTC project: preparing the first light［C］//Astronomical Telescopes and Instrumentation. International Society for Optics and Photonics, 2006: 626708 – 1—626708 – 10.

［59］ Martin H M, Burge J H, Del Vecchio C, et al. Optical fabrication of the MMT adaptive secondary mirror［C］//Astronomical Telescopes and Instrumentation, Proceedings of SPIE, 2000: 502 – 507.

［60］ Kaneda H, Onaka T, Nakagawa T, et al. Wavefront measurement of space infrared telescopes at cryogenic temperature［C］//Optical Systems Design 2005, Proceedings of SPIE, 2005: 59650X – 1—59650X – 15.

［61］ Ford V, Levine-West M, Kissil A, et al. Terrestrial planet finder coronagraph observatory summary［J］//Proceedings of the International Astronomical Union, 2005, 1(C200): 335 – 344.

［62］ Yellowhair J, Su P, Novak M, et al. Fabrication and testing of large flats, optical manufacturing and testing VII［C］// Proceedings of SPIE, 2007, 6671: 667107.

［63］ SuP, Burge J, Sprowl R A, et al. Maximum likelihood estimation as a general method of combining sub-aperture data for interferometric testing［C］// Proceedings of SPIE, 2006, 6342: 63421X – 1 – 63421X – 6.

第 2 章
光学非球面坐标测量技术

2.1 光学非球面坐标测量技术的研究现状与发展趋势

2.1.1 光学非球面坐标测量技术的地位和特点

　　传统的机械坐标测量技术包括常见的三坐标测量机和各种专用大尺度面轮廓仪技术。坐标测量系统通常包括测头、机械运动机构和数据处理三部分。光学非球面坐标测量技术则是传统的机械坐标测量技术在光学测量中的运用。在光学非球面坐标测量中,要求有更高分辨率、精度和更小的测头测量力。测头有接触式和非接触式两类,接触式测头测量数据可靠,环境适应能力强,但由于测量力的存在,有划伤工件表面的危险,在曲面测量中侧向力也可能会对测量精度产生影响。非接触式测量多采用光学探针法来实现,避免了接触式测头由于测量力的存在而产生的问题,但容易受工件表面粗糙度以及灰尘等影响。机械运动机构部分主要是用以实现测头和被测面之间的相位运动,在光学非球面坐标测量中要求有很高的运动及定位精度。数据处理部分是分析从测量获得工件表面各点坐标值,得到准确的非球面面形误差的测量处理方法,包括定位、基准技术,运动误差补偿技术,面形拟合与误差评价技术等。

　　非球面镜的加工制造过程是加工→检测→再加工→再检测的反复过程,因此光学非球面坐标测量成为面形检测反馈与评价和保证光学零件制造质量必不可少的手段。干涉检测、全息检测等光学测量方法测量精度高,但测量范围有限,通常应用于非球面的高精度测量阶段和最终检验中。在研磨以及粗抛阶段,面形误差尚未达到光波长量级,且表面粗糙度不佳,尽管 CO_2 红外干涉仪从理论上讲可以作为阶段面形误差的理想检测方法,但是红外干涉仪针对不同尺寸、面形和加工阶段测量光路的构成也并非易事。光学坐标测量作为研磨与粗抛光阶段面形检测的主要手段,能为研磨与粗抛加工过程中的面形检测提供足够精度和高的测量效率,也是顺利衔接研磨和抛光两个阶段的检测与加工的关键技术。

光学非球面坐标方法使用方便,通用性强,是特殊面形进行测量的有效方法。对于高陡度的非球面光学零件、自由曲面光学零件和特殊非连续表面(沟、槽、孔台、折线和微小光学阵列等),干涉测量因为干涉条纹过密和测量光路构成困难等原因,还很难实施方便有效的测量。目前,光学坐标测量法由于它的通用性和灵活性,成为这类零件测量的最常用方法。当然,这类零件也对坐标测量技术提出了新的挑战,例如陡度的增加意味着所需测量的纵向高差的增加,从而产生了大测量范围与亚微米量级测量精度之间的矛盾。随着镜面陡度的增加,接触式测量中侧向力的影响将显著增加,直至测头无法正常接触工件表面,而对于光学探针而言,过高的陡度也将使得测头无法正常工作。

光学坐标测量是光学制造中实现在线或在位面形测量的重要途径。光学制造中在线或在位面形测量能同时保证加工坐标系与测量坐标系一致,减少精度损失,又可尽量避免搬运移动所带来的风险。对于大型光学零件加工而言,在线或在位测量更具有特殊的意义,而光学坐标在线或在位测量对环境的要求相对较低,较为容易实现,对制造过程中研磨以及粗抛阶段提高效率具有重要的意义。

随着精密测量技术的发展,低探测力,高灵敏度接触式测头以及各种光学探针的不断出现,测量中的划伤等问题可以得到有效解决。坐标测量的精度在不断提高,已经达到了几十纳米的精度水平,基本与计算机全息测量法的检测精度相当。坐标测量精度局限在微米量级的传统印象已经逐渐改变。坐标检测在光学镜面的测量中越来越具有吸引力。

2.1.2　光学非球面坐标检测国内外研究现状与发展趋势

早期的非球面加工过程检测通常是由通用三坐标测量机来完成的。随着光学非球面精度要求的不断提高以及在位测量要求的提出,通用三坐标测量机已经逐渐难以适应非球面的加工要求,研究专用的非球面坐标测量系统成为一个主要发展趋势。

1.　光学非球面坐标测量方法的分类[1-4,27]

坐标测量方法目前尚未见到统一且合理的分类方法。将坐标测量按照所测量的不同可分为:高差测量方法、斜率测量方法、曲率测量方法和误差分离法。

高差测量方法是指直接测量镜面沿法线或光轴方向的高度值,进而获得被测非球面面形误差的测量方法。下面介绍的比较测量法、直角坐标测量法和摆臂式测量法都属于高差测量方法。

斜率测量方法是指通过测量镜面的斜率,积分得到面形误差轮廓的间接测量方法。它的优点是对测头和工件的沿高差方向的距离误差不敏感;缺点是积分容易导致误差的累积。典型的斜率测量方法的例子如长行程轮廓仪测量法。

曲率测量方法是通过测量镜面的曲率,积分得到面形误差的间接测量方法。与高差以及斜率不同的是,曲率是工件表面自身的固有特性,不会随着外部参考的变化而变化。曲率也即斜率的微分,测量工件表面的曲率,通过二次积分获得面形轮廓的分布是曲率测量的基本原理。缺点是积分容易导致误差的累积,下面介绍的 ESAD 以及 LACS 方法都是典型的曲率测量方法。

误差分离法是利用多传感器测量工件表面误差,利用误差分离算法分离其中主要系统误差如导轨直线度误差,得到理论上无系统误差的面形测量结果。

2. 典型大型非球面坐标测量系统及测量方法

1）轮廓比较测量法[5-7]

1991 年法国 ITEK 公司完成了由 21 块直径 2m 的离轴非球面子镜拼接而成的 10m 空间望远镜加工任务。该任务采用传统的加工方法,即首先将工件研磨至最接近球面,然后抛光成光学表面,再采用干涉检测与修抛的方法加工,直至最后加工成非球面。按照常规的加工效率计算,21 个非球面镜的累计加工时间为 15 年。为此 ITEK 公司采用新的加工策略,首先将镜面加工为最接近的球面,然后研磨为相应的非球面,同时利用高精度在位坐标测量的方法检测面形误差的大小和分布,当面形误差收敛到一定程度时,再将工件抛光,进行干涉测量同时局部修抛工件面形至最终要求。利用这种方法 ITEK 公司将单个 2m 非球面镜的加工时间缩短为 6 周,面形精度达到 $\lambda/30$ RMS。

在此过程中,ITEK 公司开发的高精度在位面形测量设备,称为多测头杆式轮廓仪(multi-probe bar profilometer),如图 2.1 所示。它在 2m 测量范围内使用多个高精度 LVDT 传感器进行比较测量,测量精度为 0.15μm RMS。这种方法本质上是面形轮廓的比较测量,它在非球面镜加工之前事先加工一个与被测非球面具有同样口径和顶点曲率半径的高精度球面镜,然后调整各传感器的纵向位置,使之相对于球面镜时读数为零,再利用固定好的 LVDT 传感器测量非球面镜,测量得到的误差即为非球面与参考球面镜的偏差。由于需要事先加工一个同等尺寸、高精度的球面镜作为参考,因此对于单个非球面镜的加工而言,这种测量方法成本是比较高的。但当加工的非球面镜数量比较多时,成本又会显著降低,使得这种测量方法是可取的。

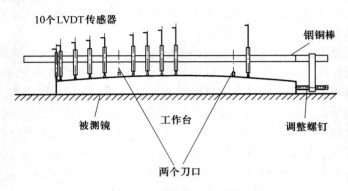

图 2.1　多测头杆式轮廓仪测量原理图

2）长行程轮廓仪测量方法[8-11]

长行程轮廓仪(Long Trace Profiler,LTP)测量法是一种得到广泛研究的测量方法。LTP 测量法最早是由美国 Brookhaven 国家实验室(Brookhaven National Laboratory,BNL)提出的,主要用于同步加速器中圆柱非球面镜面形误差和斜率误差的测量。1996 年 Peter Z. Takacs 等对 LTP 法进行了技术改进,增加使用了一个 DOVE 棱镜结构,同时增加了环境温度控制系统,使得测量环境温度在 24h 内控制在 ±0.1℃范围内,从而极大地改进了系统的稳定性和重复性,最终达到 1m 测量范围内纳米量级的测量精度。图 2.2 是 LTP 测量方法的典型结构。LTP 测量方法比较适用于较低陡度的非球面镜的测量,国内中国科技大学、清华大学等多家单位也对 LTP 方法进行了研究。

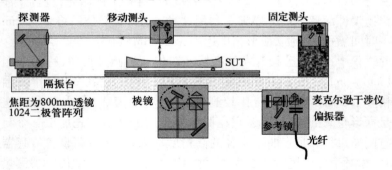

图 2.2　LTP 测量法的典型结构

3）基于曲率测量的非球面轮廓测量法

通过测量非球面的曲率间接获得面形误差分布是非球面面形误差坐标测量的另一思路。假设被测非球面轮廓为 $z(y)$，其中 z 是纵向高差，y 是横向位置。$k(y)$ 是轮廓上各点的曲率，则有

$$\frac{\mathrm{d}^2 z(y)}{\mathrm{d}y^2} = k(y)\left[1 + \left(\frac{\mathrm{d}z(y)}{\mathrm{d}y}\right)^2\right]^{\frac{3}{2}} \qquad (2.1)$$

当测量获得工件表面的曲率 $k(y)$ 后，利用式（2.1）就可以重构出工件面形 $z(y)$[12]。

1990 年，Paul Glenn 首先提出了应用曲率测量进行非球面轮廓测量的方法[13,14]。在此基础上，德国 PTB 实验室对基于曲率测量的非球面轮廓测量方法展开研究，并于 2000 年介绍了开发的基于工件表面曲率测量的非球面面形测量系统，测量原理如图 2.3 所示，主要针对的是中等大小口径，高陡度复杂曲面的检测问题。PTB 将其称为大面积曲率测量方法（Large Area Curvature Scanning，LACS）[15-20]。

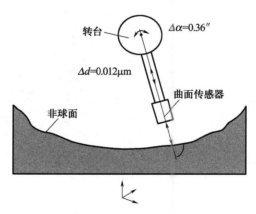

图 2.3　LACS 曲率测量原理图

2003 年，德国 PTB 实验室报道了开发的大型光学镜面曲率测量方法，主要针对口径 500mm 以上近似平面或轻度曲率的非球面镜，测量原理如图 2.4 所示。PTB 将其称为扩展剪切角度差分法（Extended Shear Angle Difference，ESAD）[21-24]。

2005 年美国国家标准局 NIST 开发了基于曲率测量的非球面轮廓精密测量系统，并将其称为几何测量机（The Geometry Measuring Machine，GEMM），测量原理与试验样机如图 2.5 所示。与 LACS 一样，GEMM 也是使用微型激光干涉仪

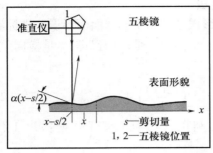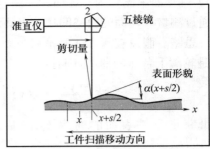

图 2.4　ESAD 测量方法原理图

作为曲率测量的传感器[25-26]，从几何观点看，基于曲率的测量方法是非常有吸引力的。

（a）GEMM 测量原理图

（b）GEMM 测量系统图

图 2.5　GEMM 测量系统

在干涉检测、三坐标检测中测量的是工件表面轮廓与外部参考基准的比较值。在干涉检测中，这个基准是由高精度参考表面产生的平面或球面波前；坐标检测的基准是导轨直线度以及校准误差等。使用干涉检测或坐标检测时，得到的是工件表面与上述外部参考误差的综合信息[25]。在基于曲率测量的轮廓测量中，被测量是表面轮廓自身特有的一个参数，它完全取决于工件表面轮廓，而与外部参考无关。这是曲率测量理论上的优点，但通过积分获得面形轮廓容易导致误差累积也是曲率测量方法需要克服的一个问题[25]。

4）大型非球面轮廓的直角坐标测量方法

在各种坐标测量方法中，最为经典的依然是直角坐标测量方法，部分文献也将其称为线性轮廓仪,基本原理如图 2.6 所示。它通过测量工件表面多条子午截线实现对非球面形的测量。在直角坐标测量中由于只有一维水平运动与测量传感器的纵向测量运动,因此运动自由度少,运动耦合误差小,容易获得较高的测量精度。但随着相对口径的增大,所需测量的纵向高差将逐渐增大。尤其是在大口径前提下,所需测量高差将很快超过传感器的测量量程,同时陡度对测量

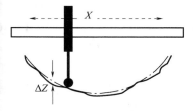

图 2.6 直角坐标测量原理图

精度也有一定影响,因此通常适用于大口径、适度相对口径非球面镜的测量。

1995 年日本佳能公司在研制的光学自由曲面超光滑表面抛光机(Canon Super-Smooth Polisher,CSSP)上开发了超精密在位坐标测量系统。系统最大测量口径 500mm,测量精度为 80nmPV 和 10nm RMS,采用多个干涉仪校准测量轴机械运动误差。同时,系统放置在洁净室中,温度为 23.3℃ ±0.05℃,湿度为 40% ±5%[28,29]。

从 1992 年开始,英国伦敦大学学院(University College London,UCL)光学科学实验室(Optical Science Laboratory,OSL)就开始了大型非球面镜坐标检测方法研究,并将其称为大型光学镜面的探针式轮廓测量法(Stylus Profilometry for Large Optics Testing,SPLOT)。2002 年 OSL 的 D. D. Walker 等介绍了研究进展情况。OSL 利用开发的专用光纤传感器、小探测力接触式测头,实现工件表面的点位式测量,测量精度为 2m 范围内 50nm RMS,系统结构如图 2.7 所示[30]。

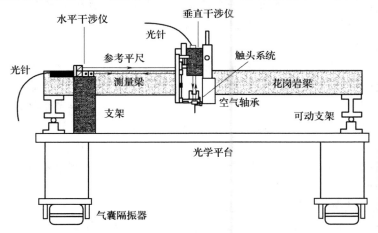

图 2.7 SPLOT 测量系统结构图

著名的欧洲 EURO50 项目使用的是 50m 口径大型拼接主镜结构,子镜为 2m 直径的离轴非球面镜,合成后主镜顶点曲率半径 85m,2m 拼接子镜测量精度要求达到 40nm RMS 的水平。EURO50 主要参研单位包括 UCL、Zeeko 公司、英国国家物理实验室(National Physical Laboratory, NPL)、QinetiQ 公司等。基于 UCL 的上述研究进展,2002 年 EURO50 项目组提出使用 SPLOT 方法作为拼接子镜加工过程中的面形检测方法,以缩短加工周期,提高加工效率。测量系统结构如图 2.8 所示,其中(a)是总体结构图,(b)是设计的专用测头结构图[31]。

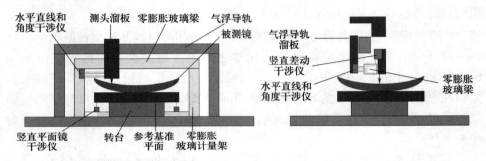

（a）直角坐标测量系统结构图　　　　　（b）测头系统结构图

图 2.8　EURO50 直角坐标测量系统

在 EURO50 测量方案中,SPLOT 方法得到了进一步的改进。系统采用专用的高精度传感器系统,最大测量高差 10mm,水平定位精度 1μm,使用液体静压主轴以减小振动的影响,同时在工件与转台之间设计了高精度的 Zerodur 平板作为测量基准平尺,使用多个激光干涉仪实时检测工件与测量系统之间的倾斜、偏摆等误差,并提出了基于大量测量数据的工件自校准算法,以减小上述误差对测量精度的影响。

国内方面,中国科学院长春光学精密机械与物理研究所、中国科学院光电技术研究所、苏州大学、浙江大学、清华大学等都对直角坐标测量方法展开了研究,并研制了相应的坐标测量实验系统[32-36]。中国科学院长春光学精密机械与物理研究所研制的双测头接触式轮廓仪测量系统,通过实时导轨误差分离技术实现高精度的面形测量,达到 1m 测量范围内优于 2μm 的测量精度;中国科学院光电技术研究所研制的大型非球面在线测量系统在 1300mm 测量范围内达到 5μm 的测量精度。

5）大型非球面镜的摆臂式轮廓测量方法

非球面即为与球面有偏离的表面,通过测量非球面与某一球面之间的偏离量实现对非球面面形的测量是摆臂式测量方法的基本原理。摆臂式测量方法也被称为极坐标测量法或倾斜轮廓仪测量法，基本原理如图 2.9 所示，它测量的是非球面沿参考球面法线方向相对参考球面的偏离量[37]。

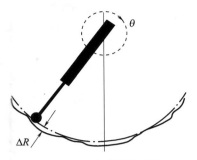

图 2.9　摆臂式测量原理

　　摆臂式测量法最早是由美国 Arizona 大学的 David S. Anderson 和 James H. Burge 于 1990 年提出的。经过十几年的发展，摆臂式测量方法最终成功应用在多种直径 1m ~ 2m 次镜在位检测过程中，测量精度达到 50nm（RMS）。图 2.10 所示为美国 Steward 天文台大镜加工实验室（Steward Observatory Mirror Laboratory, SOML）开发的摆臂式在位测量系统结构图，图 1.53 为测量 MMT 次镜的现场图[37-39]。表 2.1 为 SOML 利用图 2.10 所示的摆臂式轮廓仪完成的非球面镜检测结果。表 2.2 为相应的加工工艺过程。

表 2.1　利用摆臂式轮廓仪检测的非球面镜

镜面	毛坯	口径/m	非球面度（PV）/μm	顶点曲率半径/mm	二次项常数
Sloan 次镜	六边形熔融玻璃	1.15	109	7194	-12.11
MMTF/9	六边形熔融玻璃	1	168	2806	-1.749
MMT F/5	轻量化 Zerodur	1.7	330	5151	-2.697
MMT F/15	薄壳型	0.65	82	1784	-1.406
ARC F/8	六边形熔融玻璃	0.84	66	3167	-2.185
LBT F/15	凹型	0.88	123	1890	-0.733
LBT F/4	Zerodur	1.2	340	3690	-3.373

　　在欧洲 EURO50 项目中，UCL、NPL 国家物理实验室、Zeeko 公司也对摆臂式测量方法展开了研究，并将其作为次镜研磨抛光阶段面形误差检测的主要手段，同时作为 2m 拼接子镜的辅助检测手段。测量系统结构如图 2.11 所示，其中图 2.11（a）是系统整体结构框图，图 2.11（b）是俯视图[31]。

表 2.2　非球面镜加工过程

加工步骤	工具	测量方式	精度
毛坯加工	车削	直接测量	0.5mm
磨削至最接近球面	磨削机床	球径仪、检测平板	2.0μm
研磨至非球面	应力盘（金属衬垫）	轮廓仪	0.1μm
抛光	应力盘（沥青）	干涉仪	0.02μm

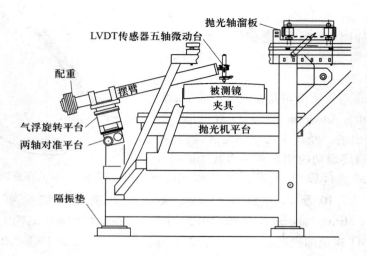

图 2.10　SOML 摆臂式测量系统结构图与现场图

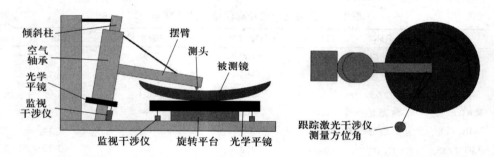

（a）EURO50 摆臂式测量系统结构图　　　（b）EURO50 摆臂式测量系统结构俯视图

图 2.11　EURO50 中的摆臂式测量原理图

2006 年,UCL、英国国家物理实验室(NPL)以及 Zeeko 公司报道了合作开展的摆臂式非球面轮廓测量技术研究的最新进展。建立的测量原理样机如图 2.12 所示,系统能够测量凹/凸非球面,最大测量口径 1m,能够测量的最小曲率半径在凹曲面时为 1.75m,凸曲面时为 1.25m,面形测量精度 20nm RMS[40,41]。

除此之外,德国 LOH 公司也对相似测量原理的非球面面形轮廓仪进行了研究,但主要是针对口径 200mm 以内的小型非球面,并形成了商用化的产品。具体性能指标有:测量口径为 10mm ~ 200mm;可以对球面和非球面进行测量;凸面形状可以从平面到超半球,凹面受限于孔径角;传感器分辨率 3nm,量程 2mm,测量力 0.02N;系统测量精度 0.06μm RMS,半径精度取决于使用的标定球面;测量方式为接触式扫描测量[42,43]。

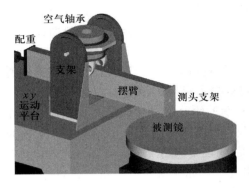

（a）摆臂式测量三维模型结构　　　　（b）摆臂式测量现场图

图 2.12　摆臂式测量系统结构图与现场图

6）大型非球面轮廓的多传感器误差分离测量方法[44,45]

大型非球面轮廓的多传感器误差分离测量方法是德国 PTB 于 2005 年提出的一种新的测量方法。一直以来，PTB 对导轨直线度误差的多传感器分离测量方法有深入研究，先后提出多种导轨直线度误差的分离测量方法。当前基于直线导轨的扫描测量方法多局限于近似平面工件的面形测量，难以实现复杂曲面的扫描测量。为此 PTB 提出复杂曲面的多传感器误差分离扫描测量方法，通过多个传感器的测量数据，利用误差分离算法分离导轨误差与被测面形误差，实现理论上无系统误差的非球面面形高精度测量。图 2.13 为 PTB 开发的测量系统原理图与结构示意图。

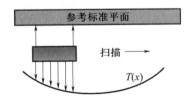
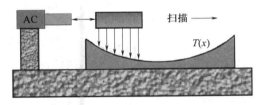

（a）多传感器误差分离测量方法原理图　　　（b）测量系统结构示意图

图 2.13　多传感器误差分离测量方法

坐标检测技术是非球面加工过程中面形误差检测的主要手段。本章将介绍我们对大型以及高陡度非球面的坐标检测问题展开的研究。

国防科技大学精密工程研究室深入研究大型以及高陡度非球面坐标测量的关键理论与技术问题[46-49,51]，本章将介绍坐标测量高精度非球面的测量理论体系，测量过程中相对位姿误差的影响和数学模型系统分析方法，基于模型参数估计的位姿误差分离与优化方法,基于多截线测量的三维面形误差分布重构方法,摆臂式测量非球面顶点曲率半径的测量算法,多段拼接的高陡度非球面镜坐标测量算法等理论问题的研究成果。

本章将介绍我们研制开发的较为实用的直角坐标测量试验系统和摆臂式测量试验系统以及我们力争解决的坐标测量技术存在的测量精度与测量效率较低,难以实现高陡度镜面的测量等关键问题的研究内容与成果。通过优化设计关键部件的结构形式以及算法研究,实验系统实现了直角坐标测量系统 $0.5\mu m$ PV,摆臂式测量优于 $1\mu m$ PV 的测量精度,验证了两系统的可行性。这两套测量系统在我们实验室的光学大镜加工中实现了坐标测量与干涉测量的顺利衔接,保证了加工工艺的顺利进行,提高了加工效率,直角坐标测量试验系统还用于高陡度非球面镜测量中。

2.2 大口径非球面直角坐标测量技术[48-49,51]

2.2.1 直角坐标测量系统的设计

1. 系统基本设计要求

我们实验室开发了集铣磨成形、研磨抛光于一体的光学非球面复合加工机床 AOCMT(Aspheric Optical Compound Machining Tool)。坐标检测系统的基本任务就是与加工机床 AOCMT 配合完成非球面镜的检测,在测量范围上,实现坐标测量(研磨、初抛阶段)与干涉检测(精抛阶段)的顺利衔接,保证加工工艺的有序进行。AOCMT 的基本加工能力为:最大加工口径 600mm,相对口径 1:1。因此测量系统的基本要求为:最大测量口径 600mm;最大测量高差 25mm;测量精度 $1\mu m$ PV;能够实现在位测量与离线测量。

2. 系统结构设计

系统整体结构形式如图 2.14 所示。系统采用全花岗岩结构,隔振垫支撑,以减小温度、振动对测量精度的影响。气浮导轨全长 1m,滑块长度 400mm,其传动方式为精密低速直流力矩电机加同步带的形式,通过 Renishaw 光栅尺实现闭环运动,横向分辨率 $1\mu m$。测量传感器为标普 LG-25 型光栅长度计,分辨率 5nm,最大测量范围 25mm,旋转台可采用气浮转台或端齿盘,端齿盘最小分度 $1°$。

系统的测量流程可以简要描述为:

(1) 将工件放置在由端齿盘、浮动支撑结构组成的工件支撑与调整平台上。

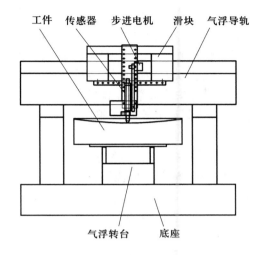

工件　传感器　步进电机　滑块　气浮导轨

气浮转台　底座

图 2.14　测量系统结构图

通过浮动支撑与调整平台,调整工件与传感器测头沿 X、Y 方向的对中误差,以及工件在 X、Y 平面内的姿态。

（2）调整完毕后,设定测量参数,进行单条截线的测量。测量过程中,传感器运动到期望的测量位置后,通过步进电机和软线将传感器测头缓慢放下,之后采集数据并将传感器测头抬起,运动到下一个测量点的位置,如此循环实现单条截线的测量。

（3）单条截线测量完成后,通过端齿盘将工件旋转一定角度,进行下一条截线的测量。最终获得工件表面多条截线的测量数据。

3. 气浮导轨误差对测量精度的影响

经过分析,可以将导轨误差因素的影响总结如表 2.3 所列。

表 2.3　气浮导轨误差对测量精度的影响

序号	误差因素	幅值	对测量结果的影响
1	沿 X 方向定位误差 δ_x	1 μm	±0.15 μm
2	沿 Y 方向的平移误差 δ_y	10 μm	忽略
3	Z 方向直线度误差 δ_z	1 μm	1 μm
4	绕 X 轴偏摆误差 ε_x	1″	0.97 μm
5	绕 Y 轴俯仰误差 ε_y	1″	±0.15 μm
6	绕 Z 轴的扭摆误差 ε_z	1″	±0.15 μm

根据表 2.3,就可以对其中的主要误差因素进行重点控制并进行合理的误差分配。从表中可以看出,气浮导轨的直线度误差是影响测量精度的主要因素。同时,在测量过程中滑块绕 X、Y、Z 轴的偏摆等误差也对测量结果产生重要影响。因此在对气浮导轨直线度误差做高精度测量与校正的基础上,还需要通过增加配重以减小滑块运动过程中绕 X 轴的偏摆误差,设计合理的导轨结构形式以减小阿贝臂长,选择合理的驱动方式与伺服控制方法等手段控制滑块运动过程中的平稳性和误差因素的影响。

我们对图 2.14 所示测量系统中的气浮导轨直线度误差进行了测量。测量中使用分辨率 5nm、行程 25mm 标普光栅传感器。将气浮导轨分为四段,各段长度分别为 $l_1 = 200$mm, $l_2 = 200$mm, $l_3 = 200$mm, $l_4 = 100$mm, 重叠区域长均为 50mm,采样步长 1mm。每段导轨直线度用直径 200mm,精度 $\lambda/10$ ($\lambda = 0.633\mu$m) 标准平晶直接测量。

图 2.15 是 4 段导轨直线度误差的测量结果,图 2.16 是相应的拼接结果,图 2.17 是在不同时间多次重复测量并拼接出的导轨直线度误差轮廓。从上述结果可以看出,导轨直线度误差在长时间内具有良好的稳定性和重复性,从而为用对导轨直线度误差补偿的方法进行非球面形的高精度测量奠定了基础。

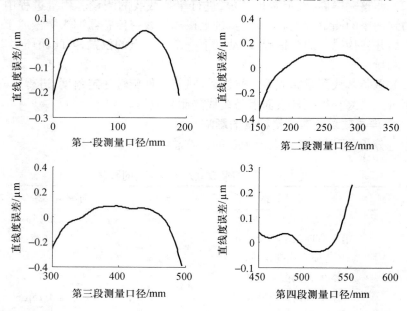

图 2.15　分段导轨测量结果

4. 曲面测量中测量力对接触式传感器测量精度的影响分析

在超精密测量中,由于接触式测头测量数据可靠、受环境因素影响小,因此得到了广泛应用。然而由于测量力的存在,使得在曲面测量中测头产生侧向力的影响。常见接触式传感器测头结构如图 2.18 所示[50,51],其中轴承通常有直线轴承和气浮轴承两种结构形式。前述测量系统中使用的是直线轴承形式接触式传感器。

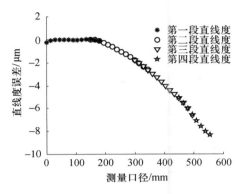

图 2.16　拼接测量结果

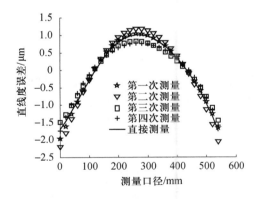

图 2.17　4 次测量结果与直接测量结果比较

假设测量过程中测量力为 F_y,工件表面测量点的倾斜角度为 ϕ,工件表面与测头之间的摩擦系数为 μ,法向接触力为 N,摩擦力为 μN,测头半径为 r,两轴承的长度分别为 l_1 和 l_2,测头中心与轴承端面的距离分别为 a 和 b,测量力 F_y 距离测头中心长为 c,测杆长度为 L。轴承与测杆之间作用力为 f_{x1} 和 f_{x2},由作用力产生的绕测头中心的力矩分别为 M_1 和 M_2。则由于测量力的存在使得测头在测量

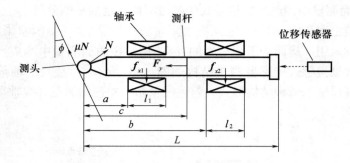

图 2.18 接触式传感器的结构示意图

过程中产生的误差因素主要是测杆的倾斜与测杆的滑动,如图 2.19 所示。

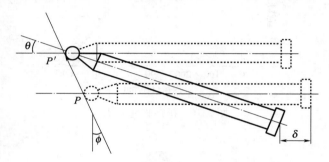

图 2.19 测头倾斜和滑动示意图

假设测量过程中测头与工件的接触点从 P 点滑动到 P' 点,滑动距离为 $PP' = p$,同时测杆倾斜角度为 θ。则在测量方向上产生的测量误差 δ 为

$$\delta = p\sin\phi + L(1 - \cos\theta) \tag{2.2}$$

为了简化模型,忽略轴承与测杆之间的摩擦,则可以得到下列平衡方程:

$$\begin{cases} -f_{x1} - f_{x2} + N\sin\phi + \mu N\cos\phi = 0 \\ F_y - N\cos\phi + \mu N\sin\phi = 0 \\ M_1 + M_2 + r\mu N + cF\sin\theta = 0 \end{cases} \tag{2.3}$$

为了进一步得到滑动距离 p,不妨设轴承的接触弹性系数为 k_{x1} 和 k_{x2},并且有:

$$\begin{cases} k_{x1} = \rho_1 l_1 \\ k_{x2} = \rho_2 l_2 \end{cases} \tag{2.4}$$

式中 ρ_1,ρ_2 为轴承单位长度上的弹性系数。

则 f_{x1},f_{x2} 和 M_1,M_2 可以分别表示为

$$
\begin{cases}
\boldsymbol{f}_{x1} = \displaystyle\int_{a}^{a+l_1} \rho_1 (p\cos\phi - y\sin\theta)\mathrm{d}y = k_{x1}\left[p\cos\phi - \left(a + \frac{l_1}{2}\right)\sin\theta\right] \\[2mm]
\boldsymbol{f}_{x2} = \displaystyle\int_{b}^{b+l_2} \rho_2 (p\cos\phi - y\sin\theta)\mathrm{d}y = k_{x2}\left[p\cos\phi - \left(b + \frac{l_2}{2}\right)\sin\theta\right] \\[2mm]
\boldsymbol{M}_1 = \displaystyle\int_{a}^{a+l_2} \rho_1 (p\cos\phi - y\sin\theta)y\mathrm{d}y = k_{x1}\left[p\cos\phi\left(a + \frac{l_1}{2}\right) - \left(a^2 + al_1 + \frac{l_1^2}{3}\right)\sin\theta\right] \\[2mm]
\boldsymbol{M}_2 = \displaystyle\int_{b}^{b+l_2} \rho_2 (p\cos\phi - y\sin\theta)y\mathrm{d}y = k_{x2}\left[p\cos\phi\left(b + \frac{l_2}{2}\right) - \left(b^2 + bl_2 + \frac{l_2^2}{3}\right)\sin\theta\right]
\end{cases}
\tag{2.5}
$$

将式(2.5)代入式(2.3)可以得到倾斜角度 θ 和滑动距离 p 为

$$
\begin{cases}
\theta = \dfrac{\{A(\sin\phi + \mu\cos\phi) + \mu(k_{x1} + k_{x2})r\}\boldsymbol{F}_y}{\{(k_{x1} + k_{x2})B - A^2\}(\cos\phi - \mu\sin\phi)} \\[4mm]
p = \dfrac{\{B(\sin\phi + \mu\cos\phi) + \mu Ar\}\boldsymbol{F}_y}{\{(k_{x1} + k_{x2})B - A^2\}(\cos\phi - \mu\sin\phi)\cos\phi}
\end{cases}
\tag{2.6}
$$

式中 A,B 为中间变量:

$$
\begin{cases}
A = k_{x1}\left(a + \dfrac{l_1}{2}\right) + k_{x2}\left(b + \dfrac{l_2}{2}\right) \\[4mm]
B = k_{x1}\left(a^2 + al_1 + \dfrac{l_1^2}{3}\right) + k_{x2}\left(b^2 + bl_2 + \dfrac{l_2^2}{3}\right)
\end{cases}
\tag{2.7}
$$

通常情况下,可以假设 $k_{x1} = k_{x2} = k_x$, $l_1 = l_2 = l$,则可以简化得到:

$$
\begin{cases}
\theta = C\xi\Phi \\[2mm]
p = D\xi\dfrac{\Phi}{\cos\phi}a
\end{cases}
\tag{2.8}
$$

式中 C,D,ξ,Φ 为中间变量:

$$
\begin{cases}
C = \dfrac{\dfrac{b}{a} + \dfrac{l}{a} + 1}{\left(\dfrac{b}{a} - 1\right)^2 + \dfrac{1}{3}\left(\dfrac{l}{a}\right)^2} \\[6mm]
D = \dfrac{\left(\dfrac{b}{a}\right)^2 + 1 + \dfrac{l}{a}\left(\dfrac{b}{a} + 1\right) + \dfrac{2}{3}\left(\dfrac{l}{a}\right)^2}{\left(\dfrac{b}{a} - 1\right)^2 + \dfrac{1}{3}\left(\dfrac{l}{a}\right)^2} \\[6mm]
\xi = \dfrac{\boldsymbol{F}_y}{k_x a} \\[4mm]
\Phi = \dfrac{\sin\phi + \cos\phi}{\cos\phi - \mu\sin\phi}
\end{cases}
\tag{2.9}
$$

测头产生的测量误差 δ 可以表示为：

$$\delta \approx \left[D\Phi\xi\tan\phi + \frac{1}{2}\frac{L}{a}(C\xi\Phi)^2 \right]a \tag{2.10}$$

从式(2.10)可以看出，第一项是由于测头滑动引起，第二项是由测杆倾斜引起。在高精度测量传感器中通常设计的轴承弹性系数 k_x 都尽可能大，同时控制测量力的大小，因此可以认为 $\xi \ll 1$。从而测量误差主要是由测头滑动引起的。同时还可以看到，测量误差的大小不仅与工件表面参数 ϕ 以及摩擦系数 μ 有关，还与测量力的大小以及测头的设计尺寸等参数有关，因此是一个综合误差因素。

5. 温度对测量结果的影响

在任何一个高精度测量系统中环境误差都是影响测量精度的重要因素。温度的变化会引起测量系统以及被测工件的变形从而对测量精度产生影响。在直角坐标测量系统中虽然系统整体采用大理石结构，测量过程中温度仍然会对测量结果产生一定的影响。

图2.20是通过将测量系统稳定在一点测量标准平晶的方法，得到的200min内温度变化曲线以及相应的测量误差变化曲线。从中可以看出，环境温度变化范围约为1℃，测量误差随温度的变化约为 $1\mu m/℃$，同时存在一定的滞后。在现有条件下，500mm 口径镜面单条截线测量时间通常为 5 ~ 10min，具体测量时间由工件尺寸、测量运动速度、采样频率等因素决定，因此温度对测量精度的影响基本控制在 $0.1\mu m$ 左右。

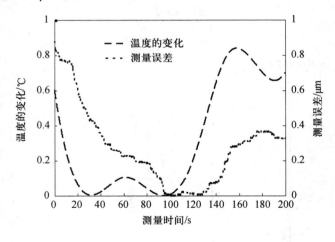

图2.20 温度对测量结果的影响

导轨的长时间稳定性是系统高精度的前提。通过在不同时间对导轨直线度的多次测量可以得到导轨直线度误差的分散性在 $\pm 0.2\,\mu m$ 范围内。除此之外，传感器自身的测量噪声也是影响测量精度的重要因素。根据实测，传感器测量噪声约为 $\pm 0.1\,\mu m$。

通过上述分析，我们可以将影响直角坐标测量不确定度的主要误差因素总结为表 2.4 形式。根据不确定度传播律公式，我们可以计算得到测量结果的合成标准不确定度 $u_c(z)$ 为式（2.11）。

表 2.4 直角坐标测量不确定度影响因素

影 响 因 素	幅值
温度	$0.1\,\mu m$
直线度误差	$0.2\,\mu m$
传感器测量噪声	$0.1\,\mu m$
测头补偿残留误差	$0.05\,\mu m$
相对位姿误差修正残留误差	$0.2\,\mu m$

$$u_c^2(z) = \sum_{i=1}^{N} (c_i u(x_i))^2 \qquad (2.11)$$

式中 $u(x_i)$ 为影响因素 x_i 的不确定度；

c_i 为灵敏系数；

N 为影响因素个数。

将表 2.4 的数据代入式（2.11），则可以得到合成标准不确定度 $u_c(z) = 0.32\,\mu m$，取包含因子 $K = 2$，置信概率为 95%，则扩展不确定度 $U = Ku_c(z) = 0.64\,\mu m$。

图 2.21 所示是 500mm 口径，1:3 抛物面镜研抛过程中的一次典型测量结

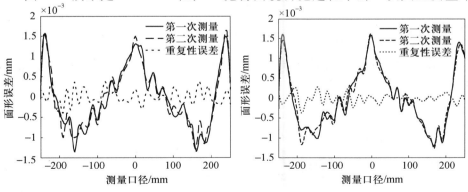

（a）截线 1 的两次重复测量结果　　　　（b）截线 2 的两次重复测量结果

图 2.21 直角坐标测量重复误差实测结果

果,图中(a)、(b)是对应两截线的两次重复测量结果,其中重复性测量误差就集中反映了系统随机误差因素主要是受环境误差因素影响。

2.2.2 大型非球面镜直角坐标测量原理

将三维面形的检测转化为二维截线的测量,通过测量多条子午截线实现非球面形的三维面形误差检测是直角坐标测量法的基本原理。能够在得到面形误差的同时得到顶点曲率半径、二次项常数等参数误差是直角坐标测量方法的优点,测量原理如图2.22所示。

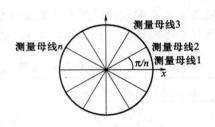

图 2.22 测量原理示意图

在柱面坐标系(ρ,θ,z)下,二次非球面方程可以表达为式(2.12)。[52]

$$
\begin{cases}
z = \dfrac{c\rho^2}{1 + \sqrt{1 - (k+1)c^2\rho^2}} \\
\rho^2 = x^2 + y^2
\end{cases}
\tag{2.12}
$$

式中c为近轴曲率,且$c = 1/R$,R为顶点曲率半径;

$k = -e^2$,e为曲面的偏心率。

假设测量母线数为n,对应于一条测量母线的测量数据为

$$
\begin{cases}
\boldsymbol{\rho}_j = [\rho_{1j},\rho_{2j},\rho_{3j},\cdots,\rho_{mj}]^{\mathrm{T}} \\
\boldsymbol{z}_j = [z_{1j},z_{2j},z_{3j},\cdots,z_{mj}]^{\mathrm{T}} \\
j = 1,\cdots,n
\end{cases}
\tag{2.13}
$$

式中m为测量点数目;

ρ为测量横坐标值。

如图2.23所示,由于测量得到的是测头中心点A的坐标,而实际接触点为B,因此需要对测头的半径进行补偿。

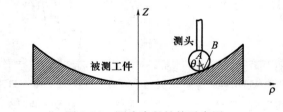

图 2.23 测头半径补偿示意图

假设测头半径为 r，非球面测量点 ρ_{ij} 处的切线斜率角度为 θ_{ij}，则有

$$\tan\theta_{ij} = \frac{z_{(i+1)j} - z_{ij}}{\rho_{(i+1)j} - \rho_{ij}}$$

补偿后的数据为

$$\begin{cases} \rho_{ij}^c = \rho_{ij} + r \times \sin\theta_{ij} \\ z_{ij}^c = z_{ij} - r \times \cos\theta_{ij} \\ i = 1, \cdots, m \\ j = 1, \cdots, n \end{cases} \quad (2.14)$$

将补偿后的数据插值细化，组合成三维面形数据 $[X, Y, Z^M]$，则有

$$\begin{cases} X = \boldsymbol{\rho} \times \left[1, \cos\left(\frac{\pi}{n}\right), \cos\left(\frac{2\pi}{n}\right), \cdots, \cos\left(\frac{(n-1)\pi}{n}\right) \right] \\ Y = \boldsymbol{\rho} \times \left[0, \sin\left(\frac{\pi}{n}\right), \sin\left(\frac{2\pi}{n}\right), \cdots, \sin\left(\frac{(n-1)\pi}{n}\right) \right] \\ Z^M = (z_{ij})_{m \times n} \\ \boldsymbol{\rho} = [\rho_1, \rho_2, \rho_3, \cdots, \rho_m]^T \end{cases} \quad (2.15)$$

其中 $\boldsymbol{\rho}$ 是经过插值处理并统一后的测量点坐标值。

由式(2.1)得理想面形三维数据为 $[X, Y, Z^N]$，则利用非线性最小二乘方法使得：

$$F(R, k) = \frac{1}{2} \parallel Z^M - Z^N(R, k) \parallel_2^2$$

$$= \frac{1}{2} \sum_{(x,y) \in D} [Z^M(x, y) - Z^N(x, y, R, k)]^2 = \min_{(x,y) \in D} F \quad (2.16)$$

得到的 R、k 即为被测非球面的实际顶点曲率半径与二次项系数值，其中 D 为测量区域。

将三维测量数据与理想值相比较，并利用 Zernike 多项式拟合得到被测非球面的面形误差：

$$W(x, y) = Z^M(x, y) - Z^N(x, y) = \sum_{K=1}^{36} a_K Z_K(x, y)$$

$$= K_x x + K_y y + K_d(x^2 + y^2) + W_0(x, y) \quad (2.17)$$

式中 $Z_K(x, y)$ 为直角坐标系下前 36 项 Zernike 多项式基；

a_K 为相应的系数；

K_x、K_y 和 K_d 分别为 X、Y 方向上的倾斜系数和离焦系数；

$W_0(x, y)$ 为消掉倾斜、离焦后的被测非球面面形误差。

2.2.3 基于多截线测量的光学非球面面形误差分析与评定

在实际的测量系统中由于工件安装不精确使得被测工件表面坐标系与测量坐标系之间总是不可能完全重合,从而在测量结果中引入了位姿误差的影响。包括,被测工件的中心与转台回转中心之间的偏离;测量截线与回转中心之间的偏差;镜子轴线与测量仪旋转平台平面的不垂直误差;实际镜面曲率半径的偏差等都会影响测量结果。另外,对应于不同的测量截线工件都具有不同的位姿误差。

传统的单条截线测量方法是在测量前花费大量时间来调整镜面,尽可能使镜子中心位置与测头中心相一致,然后对测量结果作去倾斜处理。然而这种处理方法对镜面的放置有极高的要求,同时由于镜子中心与测头中心不可能严格一致,限制了测量精度的进一步提高,因此已经不能适应高精度非球面的检测要求。

传统的多条测量截线处理方法是通过测量工件表面的多条截线以检查轮廓的对称性,即测量工件表面多条截线,求和取平均,得到镜面的回转对称误差,忽略其中非回转对称误差的影响。例如在 Taylor Hobson PGI1250 以前的产品中都是通过测量多个截线以检查轮廓的对称性[53];德国著名的非球面制造企业 LOH 公司也是测量多条截线取平均得到回转对称误差的大小[42]。

坐标测量的基本任务是完成非球面加工过程中精磨、抛光前期阶段的面形检测。尽可能地提高坐标测量的精度并扩展坐标测量的使用范围是提高大型非球面加工效率的重要步骤。面形误差的大小和三维空间分布是指导计算机控制光学非球表面成形(CCOS)的 CAD/CAM 数据来源。这就要求坐标检测方法需要进一步地具有恢复三维面形误差的能力,尤其是低频三维局部面形误差需要准确地恢复。

2007 年 Taylor Hobson 公司推出了其最新的非球面面形轮廓测量产品 PGI1260,其中就集成了非球面镜三维面形误差测量功能,通过测量工件表面的多条截线实现对三维面形的测量。其推荐子午截线测量数目为 6 条,30°等间隔,但截线测量数目不设上限。三维面形的测量时间由镜面本身的尺寸,扫描测量速度和所需测量的截线数目决定。截线测量完成后将测量数据输入到专用数据处理软件包中,通过一系列复杂的数据处理,将多条截线重构为三维面形误差,最后输出三维面形误差分布结果以及相应的误差 PV 值、RMS 值和参数 R、K 的误差[53]。

我们在分析建立测量过程中位姿误差因素影响模型的基础上,利用模型参数估计的方法得到了位姿误差的最优估计,并进一步利用多条截线测量数据恢复得到了合理的三维面形误差分布,为CCOS加工提供了可靠的数据来源。

1. 坐标测量中位姿误差的建模与仿真

针对位姿误差的影响,我们提出了基于模型参数估计的位姿误差分离优化方法,得到位姿误差最小二乘意义下的最优估计,消除其对测量结果的影响,提高测量精度。

基于模型参数估计的误差分离技术主要包含两项内容:①准确地建立关于被测面形和位姿误差关系的数学模型;②精确地估计出位姿误差的大小和方向并从测量结果中分离出去。建立准确的位姿误差数学模型是进行位姿误差分离的第一步[54,55]。

1)位姿误差分析

空间三维坐标系下最多存在6个自由度上的位姿误差。(e_x, e_y, e_z)和$(\alpha_x, \alpha_y, \alpha_z)$分别是沿$X$、$Y$、$Z$轴的平移误差和绕$X$、$Y$、$Z$轴的角度误差。对于回转对称二次非球面而言,$\alpha_z = 0$,同时不妨假设测量坐标系的原点总是在工件表面上,简化后的模型如图2.24所示,其中$OXYZ$为工件坐标系,$O_1X_1Y_1Z_1$为测量坐标系。

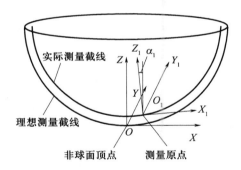

图2.24 位姿误差模型图

(1)测量坐标系原点沿X轴方向平移误差e_x。

理想条件下二次非球面子午截线后测量截线方程:

$$z(x) = \frac{cx^2}{1 + \sqrt{1 - (1+k)c^2x^2}} \tag{2.18}$$

存在误差e_x后截线方程为

$$Z_x(x, e_x) = \frac{c(x + e_x)^2}{1 + \sqrt{1 - (1+k)c^2(x + e_x)^2}} \tag{2.19}$$

由此引起的测量误差为

$$\delta Z_x = Z_x(x,e_x) - Z(x) = \frac{R - \sqrt{R^2 - (1+k)(x+e_x)^2}}{1+k} -$$

$$\frac{R - \sqrt{R^2 - (1+k)x^2}}{1+k} \approx \frac{2xe_x + e_x^2}{2\sqrt{R^2 - (1+k)x^2}} \qquad (2.20)$$

（2）测量坐标系原点沿 Y 轴方向平移误差 e_y。

理想条件下，在投影平面 XY 内多条测量母线相交于 O 点。然而在实际的测量系统中，测量截线总是难以通过工件中心，同时工件中心与回转中心之间是不重合的，从而形成对中误差，如图 2.25 所示。

假设回转中心点为 O_2，工件中心点为 O，偏心量为 $\delta = |O_2 - O|$，测量截线为 AB，与回转中心 O_2 之间的距离为 a，测量时工件转动方向为逆时针转动。则对中误差可以表示为（2.21）式，其中 n 是测量截线的数目。

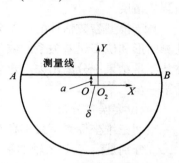

图 2.25　对中误差示意图

$$e_y = a + \delta\sin\left(\frac{j-1}{n}\pi\right), \quad j = 1,\cdots,n \qquad (2.21)$$

理想条件下的测量轨迹见式（2.18），存在 e_y 后的测量轨迹为

$$Z_y(x,e_y) = \frac{C(x^2 + e_y^2)}{1 + \sqrt{1 - (1+k)C^2(x^2 + e_y^2)}} \qquad (2.22)$$

由 e_y 引入的测量误差可以表示为

$$\delta Z_y = Z_y(x,e_y) - Z(x) \approx \frac{e_y^2}{2\sqrt{R^2 - (1+k)x^2}} \approx$$

$$\frac{e_y^2}{2R} + \frac{(1+k)e_y^2}{4R^3}x^2 = \delta Z_{y1} + \delta Z_{y2} \qquad (2.23)$$

由式（2.23）可以看出，对中误差带来的影响可以分为两项 δZ_{y1} 和 δZ_{y2}，其中 δZ_{y1} 是一个常数项，δZ_{y1} 具有离焦误差的形式，对于抛物面而言由于 $k=1$，则只有 δZ_{y1}。显而易见，δZ_{y1} 是其中的主要误差分量，同时由式（2.21）可知对于不同的测量截线，δZ_{y1} 是不相等的。

（3）测量坐标系与工件坐标系绕 Y 轴的偏角 α_y。

假设测量坐标系与工件坐标系绕 Y 轴的偏角为 α_y，理想测量轨迹如式

(2.18)所示,则存在 α_y 后为

$$x\alpha_y + Z_{\alpha y} = \frac{R - \sqrt{R^2 - (1+k)(x - Z_{\alpha y}\alpha_y)^2}}{1+k}$$

由于 $Z_{\alpha y} \ll x, \alpha_y \approx \varepsilon$,因此可以得到

$$\delta Z_{\alpha y} \approx x\alpha_y \qquad (2.24)$$

（4）测量坐标系与工件坐标系绕 X 轴的偏角 α_x。

假设理想非球面方程为 (X, Y, Z),存在偏角 α_x 后的非球面方程 $(X_{\alpha x}, Y_{\alpha x}, Z_{\alpha x})$ 由坐标的旋转矩阵可以得到

$$\begin{bmatrix} X_{\alpha x} \\ Y_{\alpha x} \\ Z_{\alpha x} \end{bmatrix} = \begin{bmatrix} 1 & 0 & 0 \\ 0 & \cos\alpha_x & \sin\alpha_x \\ 0 & -\sin\alpha_x & \cos\alpha_x \end{bmatrix} \begin{bmatrix} X \\ Y \\ Z \end{bmatrix} \qquad (2.25)$$

由于 $\alpha_x \approx \varepsilon$,因此不妨假设 $\cos\alpha_x \approx 1, \sin\alpha_x \approx \alpha_x$ 则由式（2.25）可以得到存在偏角 α_x 后的测量截线方程为

$$\begin{cases} X_{\alpha x} = X \\ Y_{\alpha x} = Y\cos\alpha_x + Z\sin\alpha_x \approx Y + Z\alpha_x \\ Z_{\alpha x} = -Y\sin\alpha_x + Z\cos\alpha_x \approx -Y\alpha_x + Z \end{cases} \qquad (2.26)$$

即 $\delta Z_{\alpha x} = Z_{\alpha x} - Z \approx -Y\alpha_x$。

由于截线测量时通常为 $Y = 0$,因此在同样的偏角幅值下,$\delta Z_{\alpha x} \ll \delta Z_{\alpha y}$,为了简化模型将误差 α_x 忽略不计。将上述分析总结,可以表示为表2.5形式。

表2.5　位姿误差影响关系表

测量坐标系相对工件坐标系位姿误差	测 量 误 差
沿 X 轴方向平移 e_x	$\delta Z_x = Z(x, e_x) - Z(x) \approx \dfrac{2xe_x + e_x^2}{2\sqrt{R^2 - (1+k)x^2}}$
沿 Y 轴方向平移 e_y	$\delta Z_y = Z_y(x, e_y^2) - Z(x) \approx \dfrac{e_y^2}{2R} + \dfrac{(1+k)e_y^2}{4R^3}x^2$
绕 Y 轴转角 α_y	$\delta Z_{\alpha y} \approx x\alpha_y$
绕 X 轴转角 α_x	在小角度下条件下可忽略

2）位姿误差的仿真分析

首先,我们在 MATLAB 下对上述分析结果进行了仿真分析。假设被测非球

面为口径 500mm,相对口径 1:1.5,$k = -1.2$ 的双曲面形非球面。上述位姿误差在单条截线测量过程中是一个恒定值,对于不同的测量截线,上述位姿误差又不相同。

在实际工程中,非球镜面的对中通常是通过测量镜面的侧面来进行的。由于镜面侧面作为毛坯加工精度要求不高,也就限制了对中误差通常局限在亚毫米甚至毫米量级上。假设沿 X 方向的对中误差为 1mm 时仿真得到的测量误差结果如图 2.26 所示,图中(a)是沿 X 方向平移误差对测量精度的影响结果,(b)是其中的非线性误差分量。

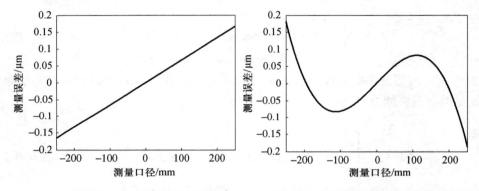

(a) 沿 X 方向平移误差的影响　　(b) 沿 X 方向平移误差的非线性因素项

图 2.26　沿 X 方向平移误差的影响

从上述分析可以看出,沿 X 方向的对中误差的影响,其中的主要量是一个直线项,同时存在非线性分量。当 $k = -1$,即非球面面形为抛物面时,只有直线项误差和常数项误差的存在;当 $k \neq -1$ 时,测量误差中还包含非线性误差。

假设沿 Y 方向对中误差为 1mm 时仿真得到的测量误差结果如图 2.27 所示。

从图 2.27 中可以看出,沿 Y 方向的对中误差的影响结果主要是一个常数项的形式。当 $k = -1$,即非球面面形为抛物面时,其中只有常数项的存在;当 $k \neq -1$ 时,测量误差中还包含一定的非线性误差,但影响很小。

假设绕 Y 轴的偏角误差为 0.1°时仿真的测量误差结果如图 2.28 所示。图中(a)为绕 Y 轴的偏角误差对测量精度的影响结果,(b)为非线性误差分量。

假设绕 X 轴的偏角误差为 0.1°时的仿真结果如图 2.29 所示,从中可以看出,绕 X 轴的偏角误差对测量结果的影响是完全可以忽略的。

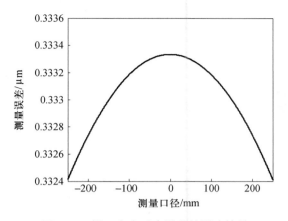

图 2.27　沿 Y 方向对中误差的影响结果

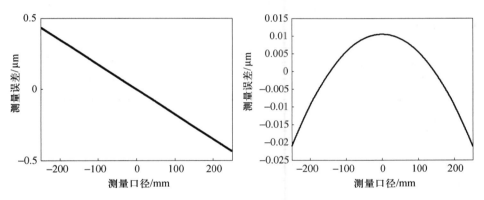

（a）绕 Y 轴偏角误差的影响　　　　（b）绕 Y 轴偏角误差影响的非线性因素

图 2.28　绕 Y 轴偏角误差的影响

2. 基于模型参数估计的单截线误差分离与三维误差重构

在测量过程中实际的工件位姿误差大小是未知的,根据分析,各种位姿误差是以某种确定的关系影响测量结果,因此可用参数估计的方法从测量结果中估计出位姿误差的大小,并据此校正测量数据,从而获得真实的面形测量结果。被测非球面镜顶点曲率半径与名义值往往有一定的偏差,因此将 R 也作为被估参数,最终形成被估参数 (e_x, e_y, α_y, R)。

基于模型参数估计的位姿误差的分离过程如图 2.30 所示,首先将测量数据进行预处理去除其中的粗大误差点,并给定位姿误差的初始估计值,利用建立的位姿误差数学模型进行优化求解得到其最优估计并从测量结果中分离出去得到

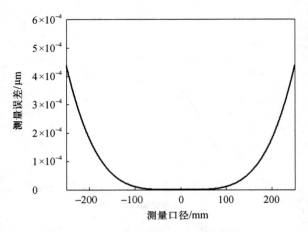

图 2.29　绕 X 轴偏角误差的影响

真实的面形误差数据。

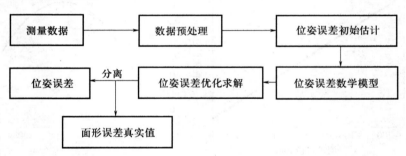

图 2.30　基于模型参数估计的位姿误差分离原理框图

1）基于模型参数估计的单截线误差分离算法

假设理想非球面形为 (X,Y,Z)，测量工件表面 N 条截线，包含位姿误差的测量数据为 (X^m,Y^m,Z^m)，包含位姿误差 e_x,e_y 和 α_y 的转换矩阵为 $\boldsymbol{T}$。式（2.27）为目标函数，它表示两组数据点集之间距离的平方和，当目标函数取得最小值时就得到被估参数的最小二乘意义下的最优估计 $(\hat{e}_x,\hat{e}_y,\hat{\alpha}_y,\hat{R})$。

$$F = \sum_{j=1}^{m} |\boldsymbol{TQ}_j - \boldsymbol{P}_j|^2 = \sum_{j=1}^{m} |\boldsymbol{P}'_j - \boldsymbol{P}_j|^2 \qquad (2.27)$$

式中 $\boldsymbol{Q}_j$ 为实测数据点坐标，$\boldsymbol{Q}_j = [X_j^m,Y_j^m,Z_j^m,1]^{\mathrm{T}}$；

$\boldsymbol{P}'_j$ 为经过转换后的实测点坐标，$\boldsymbol{P}'_j = [X'_j,Y'_j,Z'_j,1]^{\mathrm{T}},\boldsymbol{P}'_j = \boldsymbol{TQ}_j$；

$\boldsymbol{P}_j$ 为理想数据点的坐标，定义为理想曲面上距离 $\boldsymbol{P}'_j$ 最近点的坐标（投影点),$\boldsymbol{P}_j = [X_j, Y_j, Z_j, 1]^T$。

$\boldsymbol{T}$ 为包含位姿误差的变换矩阵,定义为

$$\boldsymbol{T} = \begin{bmatrix} \cos \alpha_y & 0 & \sin \alpha_y & e_x \\ 0 & 1 & 0 & e_y \\ -\sin \alpha_y & 0 & \cos \alpha_y & L \\ 0 & 0 & 0 & 1 \end{bmatrix} \quad (2.28)$$

式中 $L = \dfrac{c(e_x^2 + e_y^2)}{1 + \sqrt{1 - (1+k)c^2(e_x^2 + e_y^2)}}$。式(2.27)也可以表示为 $F = f(e_x, e_y, \alpha_y,$
$R)$。为得到最小二乘参数 (e_x, e_y, α_y, R),理论上只需要令

$$\begin{cases} \dfrac{\partial f(e_x, e_y, \alpha_y, R)}{\partial e_x} = 0 \\[3mm] \dfrac{\partial f(e_x, e_y, \alpha_y, R)}{\partial e_y} = 0 \\[3mm] \dfrac{\partial f(e_x, e_y, \alpha_y, R)}{\partial \alpha_y} = 0 \\[3mm] \dfrac{\partial f(e_x, e_y, \alpha_y, R)}{\partial R} = 0 \end{cases} \quad (2.29)$$

这实际上是一个目标函数为非线性函数的较为复杂的无约束优化求解问题。同时也可以看到目标函数是以经过误差补偿后的测量点与其在理想曲面上的投影点之间的距离最小进行优化,因此未考虑被测非球面本身的面形误差的影响,试验证明这样是可行的。

2)基于截线测量的三维面形误差重构

如前所述,不同的测量截线之间具有不同的位姿误差。理论上,工件顶点为所有测量截线的共同基准点。然而实际中,由于测量误差等因素的存在使得实际测量数据中工件顶点处的测量值并不相等。图 2.31 所示为 500mm 口径,相对口径1:1球面镜研磨加工过程中 4 条子午截线的一次典型测量结果。从中可以看出,尽管回转对称误差是其中的主要误差项,但非回转对称误差因素也占较大比重。尤其是在非球面顶点处,如图 2.31 所示,多测量截线之间存在一定的误差,从而使得直接将多截线平移组合会得到错误的面形分布结果。显然,将各截线平移使工件顶点处测量值相等是不合理的。

根据建立的单条截线测量的位姿误差模型,针对多条截线测量结果,以工件

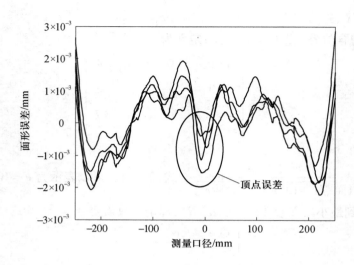

图 2.31　截线测量中的顶点误差图

顶点为基准点，将包含不同位姿误差的所有测量截线数据联立，形成以各条截线位姿误差、离焦误差为参数的面形测量结果表示，以该测量结果与名义面形的最小二乘差为目标函数，进行优化求解，即全局优化的方法，得到合理的三维面形误差数据，是基于截线测量的三维面形误差重构的基本思路。

理想非球面形为 (X, Y, Z)，测量工件表面 n 条截线，包含位姿误差的测量数据为 (X^m, Y^m, Z^m)，其中位姿误差为 $\boldsymbol{e}_x = [e_{x1}, e_{x2}, \cdots, e_{xn}]$，$\boldsymbol{e}_y = [e_{y1}, e_{y2}, \cdots, e_{yn}]$，$\boldsymbol{\alpha}_y = [\alpha_{y1}, \alpha_{y2}, \cdots, \alpha_{yn}]$，相应的转换矩阵为 $\boldsymbol{T} = [\boldsymbol{T}_1, \boldsymbol{T}_2, \cdots, \boldsymbol{T}_n]$。将各截线的顶点平移量作为一个优化参数 $\boldsymbol{\varepsilon} = [\varepsilon_1, \varepsilon_2, \cdots, \varepsilon_n]$，即在每条截线的测量值中叠加一个平移量 ε_i。因此得到的三维面形测量数据为 $S = S(z_i, e_x, e_y, \alpha_y, \varepsilon, R)$，名义面形为 S_0。以三维面形测量数据点与其在理想面形上的投影点之间距离的平方和为目标函数，当目标函数取得最小值时就得到被估参数的最小二乘意义下的最优估计。即

$$F = \sum_{i=1}^{n} \sum_{j=1}^{m} |\boldsymbol{T}_i \boldsymbol{Q}_{ij} - \boldsymbol{P}_{ij}|^2 = \sum_{i=1}^{n} \sum_{j=1}^{m} |\boldsymbol{P}'_{ij} - \boldsymbol{P}_{ij}|^2 \qquad (2.30)$$

式中 $\boldsymbol{Q}_{ij}$ 为实测数据点坐标，$\boldsymbol{Q}_{ij} = [X_{ij}^m, Y_{ij}^m, Z_{ij}^m, 1]^{\mathrm{T}}$；

$\boldsymbol{P}'_{ij}$ 为经过转换后的实测点坐标，$\boldsymbol{P}'_{ij} = [X'_{ij}, Y'_{ij}, Z'_{ij}, 1]^{\mathrm{T}}$，$\boldsymbol{P}'_{ij} = \boldsymbol{T}_i \boldsymbol{Q}_{ij}$；

$\boldsymbol{P}_{ij}$ 为理想数据点的坐标，定义为理想曲面上距离 $\boldsymbol{P}'_{ij}$ 最近点的坐标（投影点），$\boldsymbol{P}_{ij} = [X_{ij}, Y_{ij}, Z_{ij}, 1]^{\mathrm{T}}$。

$\boldsymbol{T}_i$ 为包含位姿误差的变换矩阵，定义为

$$T_i = \begin{bmatrix} \cos \alpha_{yi} & 0 & \sin \alpha_{yi} & e_{xi} \\ 0 & 1 & 0 & e_{yi} \\ -\sin \alpha_{yi} & 0 & \cos \alpha_{yi} & L_i \\ 0 & 0 & 0 & 1 \end{bmatrix} \qquad (2.31)$$

式中 $L_i = \dfrac{c(e_x^2 + e_y^2)}{1 + \sqrt{1 - (1+k)c^2(e_x^2 + e_y^2)}} + \varepsilon_i, i = 1, \cdots, n$。

从上述分析可以看出,与单条截线的独立优化计算相比,三维面形误差的重构方法实际上是一种全局优化的计算方法。它能够使得沿任一路径的误差传播机会受到其他路径的约束,更好地抑制优化估计误差的传播,得到合理的三维面形误差数据。同时它增加了平移量 ε 作为优化变量,因此随着测量截线数 n 的增大,优化变量的个数($4n+1$)也将增大,从而增加问题的复杂性。

3. 测量实验

1)单截线测量位姿误差分离测量实验

为了验证算法的有效性,同时为了能够用干涉仪校准仪器,实验中采用了精抛后的小尺寸工件。对直径 100mm,$R = 1000$mm 的抛物面镜进行了测量,并与干涉测量结果进行了比对。其中测量步长 5mm,测量截线 12 条。图 2.32(a)和(b)分别是优化前后的测量截线。从中可以看出,消除位姿误差前各个测量截线具有较大的位姿误差,使得测量截线数据较为分散;而消除位姿误差后各个截线趋于一致,也即表明其坐标系趋于一致。表 2.6 是 12 条测量截线的优化结果。

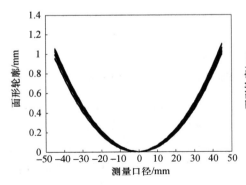
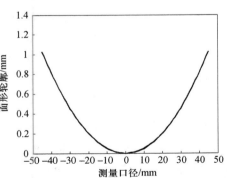

(a)优化以前的 12 条测量截线　　　　(b)优化以后的 12 条测量截线

图 2.32　直角坐标测量结果

2）三维面形误差分布重构测量实验

图 2.33 是上述直径 100mm，$R = 1000$mm 抛物面镜，利用 12 条测量截线重构的三维面形误差分布与干涉结果的比较（由于干涉仪本身的原因，干涉结果应逆时针旋转 3.4°）。消除位姿误差前接触式测量结果为面形误差 PV = 4.12μm，RMS = 0.83μm，顶点曲率半径 $R = 989.26$mm。消除位姿误差后为 PV = 3.79μm，RMS = 0.64μm，顶点曲率半径 $R = 986.09$mm。干涉测量结果为面形误差 PV = 3.46μm，RMS = 0.55μm。从中可以看出，利用镜面的多条测量截线准确地恢复出了镜面的三维面形误差分布。但值得指出的是，随着镜面口径的增大，恢复三维面形误差以得到局部面形误差分布结果，则需要测量较多的测量截线。

表 2.6　12 条测量截线的优化结果

截线 \ 参数	e_x/mm	e_y/mm	α_y/(°)	R/mm	残差/μm	时间/s	迭代次数
1	0.788	−0.102	−0.003 357	983.055	1.457	7.016	399
2	0.594	−0.591	−0.002 381	983.514	1.433	6.625	385
3	0.178	−0.092	−0.001 703	983.549	1.808	6.625	386
4	0.120	−0.232	0.000 437	986.215	1.475	6.640	390
5	−0.613	−0.491	0.002 662	984.195	1.628	6.625	385
6	−0.617	−0.595	0.003 186	983.023	1.599	6.610	391
7	−0.546	0.159	0.001 453	986.640	1.397	6.531	387
8	−0.288	0.356	0.001 096	984.778	1.392	6.687	394
9	0.003	−0.182	−0.00 422	986.985	1.196	6.594	388
10	0.481	−0.148	−0.00 452	986.053	1.414	6.968	398
11	1.394	−0.313	−0.00 468	986.268	1.302	6.968	398
12	1.635	0.750	−0.00 417	984.992	1.378	6.954	396

图 2.34 则是 500mm 口径抛物面镜加工过程中一次典型测量结果。图 2.34 是利用 12 条测量截线得到的三维面形误差结果，其中（a）是没有优化的三维面形结果，（b）是相应的优化后的结果，从中可以看出在采用优化算法之前，由于顶点测量误差等因素的存在使得三维面形结果中存在明显的截线重构痕迹，优化后由于消除了上述误差的影响，重构痕迹消失，得到了合理的三维面形分布。

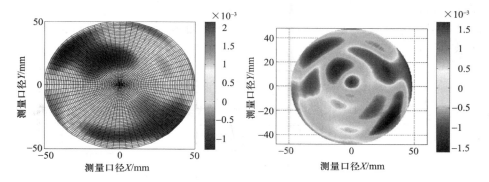

（a）$\phi100$mm 抛物面镜接触式测量结果　　　（b）$\phi100$mm 抛物面镜干涉测量结果

图 2.33　三维面形误差结果

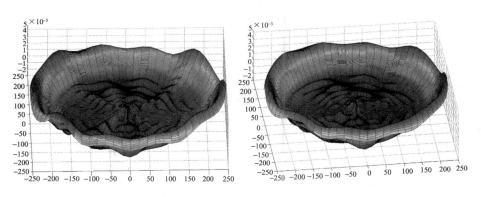

（a）优化处理前三维面形　　　　　　　（b）优化处理后三维面形

图 2.34　优化处理前后三维面形的比较

2.2.4　加工检测实例——$\phi500$mm 非球面镜的加工与检测

作为一个综合应用实例,本节介绍利用直角坐标检测方法与实验室开发的 AOCMT 加工机床合作完成的 $\phi500$mm $f/3$K9 玻璃抛物面镜实验件研抛加工[64]。参考空间相机主反射镜的要求[52],我们对抛物面镜实验件提出的精度要求是:92% 口径(实验件的边缘误差由磁流变抛光法修正)内的面形精度优于 $\lambda/40$ RMS,$\lambda = 632.8$nm;表面粗糙度优于 2nm RMS;顶点曲率半径偏差小于 1.5mm（0.5‰）。

1. $\phi500$mm 抛物面镜的研磨加工

$\phi500$mm 抛物面镜的研磨是从铣磨成形后开始的。研磨按照均匀研磨、修正环带、修正局部误差、均匀研磨控制研磨损伤深度四个阶段进行,加工方式为环带加工。坐标测量方法用于研磨阶段的全过程,加工过程流程如图 2.35 所示[64]。

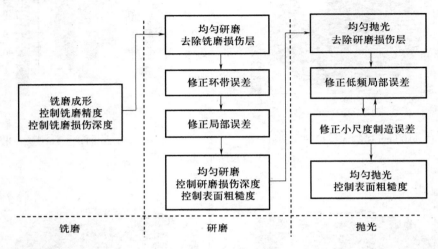

图 2.35 非球面制造工艺流程

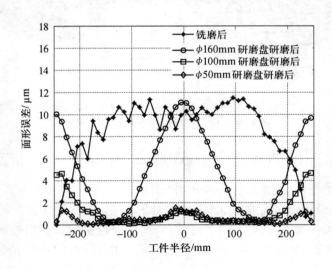

图 2.36 加工收敛过程[64]

图 2.36 是 ϕ500mm 抛物面镜铣磨后和依次用 ϕ160mm,ϕ100mm,ϕ50mm 研磨盘研磨后的面形检测结果。从检测结果可以看出,铣磨后的面形误差较大

（PV 值为 11.58μm），误差基本呈回转对称分布，表面存在明显刀痕，亚表面损伤深度大。首先，采用 φ160mm 铸铁研磨盘、W20 金刚砂磨料对其进行均匀研磨，以去除表面刀痕和亚表面损伤层，本周期结束时面形误差 PV 值为 11.09μm。然后，采用 φ100mm 铸铁研磨盘、W20 金刚砂磨料对抛物面镜回转对称误差进行修正研磨，本周期结束时面形误差 PV 值为 4.78μm。最后，采用 φ50mm 硬铝研磨盘、W20 金刚砂磨料对抛物面镜进行修正研磨，然后根据工艺参数对表面粗糙度和亚表面损伤深度的影响规律，再更换 W7 金刚砂磨料对抛物面镜进行精密研磨，本周期结束时面形误差 PV 值为 1.49μm，顶点曲率半径为 3 001.2mm，偏差控制在 0.4‰，表面粗糙度控制在 Rz 0.6μm，亚表面损伤深度约 2.2μm。

研磨阶段共用时 41h，取得了较高的面形误差收敛效率，同时控制了亚表面损伤深度、顶点曲率半径误差和边缘效应。

2. φ500mm 抛物面镜的抛光[64]

φ500mm 抛物面镜的抛光首先是均匀抛光去除研磨阶段损伤层，同时降低表面粗糙度以进入干涉测量，然后是修正低频面形误差和控制小尺度制造误差，最后是根据需要均匀抛光进一步降低表面粗糙度。由于通过高精度的坐标检测方法已经在研磨阶段将镜面的面形误差控制在较小的范围内（PV 值 1.49μm），因此抛亮后的镜面直接可以进入到干涉检测范围，从而减小了面形误差的修抛量，节省了时间，提高了加工效率。φ500mm 抛物面镜抛光阶段的面形检测是采用无像差点法，测量仪器为 ZYGO 干涉仪（型号为 GPIXP/D）。

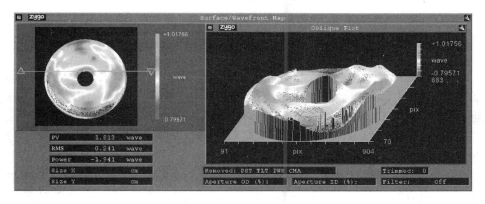

图 2.37　φ500mm 抛物面镜经研磨、均匀抛光后的面形检测结果

研磨结束后，经过 97h 的均匀抛光，φ500mm 抛物面镜干涉检测结果如图

2.37 所示,此时面形误差 PV 值为 1.813λ,RMS 值为 0.241λ。经过 56h 修正抛光后,92% 口径内的面形误差从 0.241λ RMS 下降到 0.071λ RMS。接下来,利用全口径均匀抛光修正小尺度制造误差,以进一步提高面形误差收敛精度,经过 39h 的均匀抛光和修正抛光,最终得到的面形检测结果如图 2.38 所示,面形误差为0.162λPV 和 0.015λ RMS(9.4nm RMS),其中尺度在 100mm ~ 2mm(5 个 ~ 250 个周期)范围内的制造误差含量为 3.6nm RMS。抛光后 500mm 抛物面镜坐标测量如图 2.39 所示。该抛物面镜的加工过程和最终结果表明,高精度的坐标检测对于大型镜面的高效加工是至关重要的,它保证了加工工艺的顺利进行,同时大大提高了 CCOS 加工效率。

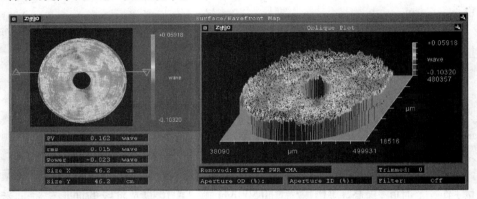

图 2.38　最终面形检测结果

2.3　大型非球面摆臂式测量技术[49]

在天文观测领域,由于大相对口径非球面能够缩短镜筒长度,减小空气扰动等因素的影响,因此得到了越来越广泛的应用。然而,大口径、大相对口径非球面的纵向测量高差较大,使得直角坐标测量方法难以实施。摆臂式轮廓法(Swing-Arm Profilometry,SAP)就是为解决大口径、大相对口径非球面镜测量过程中大的测量高差与高精度小量程传感器之间的矛盾而开发的。它通过测量非球面与某一参考球面之间的偏离量来确定非球面的面形误差。与直角坐标测量方法通常被称为线性轮廓法不同的是,摆臂式测量方法通常被称为非线性轮廓法[56]。

图 2.39 抛光后 500mm 抛物面镜坐标测量现场图

2.3.1 测量原理分析

1. 基本测量原理

非球面即为与球面有偏离的表面。任何一个非球面都可以通过其最接近球面和相应的偏离量(非球面度)来唯一确定。通过测量非球面与其最接近球面之间的非球面度实现非球面面形的高精度测量是摆臂式轮廓法的基本原理。

如图 2.40(a) 所示,假设被测工件顶点曲率半径为 $AC = R$,顶点为 O,曲率中心为 C,工件坐标系 (X,Y,Z) 的原点为工件的顶点 O,Z 轴为工件的光轴方向,X,Y,Z 满足右手规则。CO_1 为测量回转轴,BD 为测量臂,AB 为传感器部分,A 为测量点,$AO_1 \perp CO_1$,$AO_1 = L$ 为测量臂长,测量臂长为测量点 A 到测量回转轴 CO_1 的垂直距离。测量坐标系 (X_1,Y_1,Z_1) 原点为 O_1,Z_1 为 CO_1 方向,X_1 为 AO_1 方向,X_1、Y_1、Z_1 满足右手规则。回转轴 CO_1 与光轴 AC 夹角为 θ,同时回转轴 CO_1 与光轴 AC 相交于 C 点。当测量系统 ABD 绕回转轴 CO_1 转动时 A 的轨迹即为测量轨迹 AA_1MNA_2A。测头 A 的读数即为非球面与半径为 R 的球面之间偏离量,其中 $R = L/\sin\theta$。图 2.40(b) 为测量凸非球面时的测量原理图,与凹非球面测量原理是相同的,此处不再赘述。

测量点 A 在坐标系 (X_1,Y_1,Z_1) 下的运动轨迹为

$$\begin{cases} x_1^2 + y_1^2 = L^2 \\ z_1 = 0 \end{cases} \tag{2.32}$$

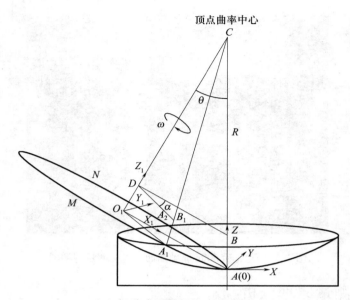

（a）摆臂式测量凹非球面原理图

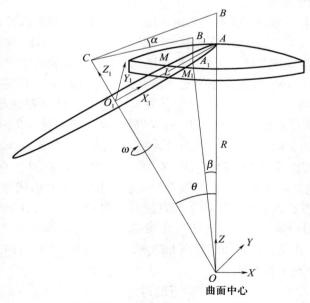

（b）摆臂式测量凸非球面原理图[56]

图 2.40　摆臂式测量非球面原理图

坐标系(X_1, Y_1, Z_1)与(X, Y, Z)之间的相互关系为

$$\begin{bmatrix} x_1 \\ y_1 \\ z_1 \end{bmatrix} = \begin{bmatrix} \cos\theta & 0 & \sin\theta \\ 0 & 1 & 0 \\ -\sin\theta & 0 & \cos\theta \end{bmatrix} \begin{bmatrix} x \\ y \\ z \end{bmatrix} + \begin{bmatrix} -L \\ 0 \\ 0 \end{bmatrix} \tag{2.33}$$

则测量点 A 在坐标系(X, Y, Z)下的轨迹方程为

$$\begin{cases} y^2 + (z\sin\theta + x\cos\theta - L)^2 = L^2 \\ z\cos\theta - x\sin\theta = 0 \end{cases} \tag{2.34}$$

由式(2.34)可知测量点的轨迹总是处在半径为 $R = L/\sin\theta$ 的球面上。

二次非球面的理想面形方程为

$$z(x, y) = \frac{c(x^2 + y^2)}{1 + \sqrt{1 - (1 + k)c^2(x^2 + y^2)}} \tag{2.35}$$

式中c 为曲率；

k 为二次项系数。

由工件坐标系和测量坐标系之间的转换关系可得测量值 $S(\alpha)$ 以及测量点在 X, Y 平面内的位置关系为

$$\begin{cases} S(\alpha) = \sqrt{x^2 + y^2 + (z(x, y) - R)^2} - R \\ x(\alpha) = L\cos\alpha\cos\theta - R\cos\theta\sin\theta \\ y(\alpha) = L\sin\alpha \end{cases} \tag{2.36}$$

利用式(2.36)建立测量值、位置分布与扫描角度之间的关系,据此可以实现对非球面形的测量。在实际测量过程中针对不同的被测非球面,通过调整倾斜角度 θ,以及测量臂长 L 使得测量参考球面半径近似等于被测非球面的最接近球面半径,可以减小所需测量的量程,从而实现利用高精度小量程的传感器对非球面的测量。

2. 测量原理仿真

由图 2.40 可知测量轨迹 MAA_1M_1 不是球面 $x^2 + y^2 + z^2 = R^2$ 上的子午截线。测量非球面时测量得到的是非球面沿轨迹 MAA_1M_1 与半径为 R 的球面的偏离量。图 2.41 是半径 $R = 1000\text{mm}$,口径 $D = 400\text{mm}$,倾斜角 $\theta = 30°$时的理想测量轨迹。

图 2.42 是测量轨迹在 XY 平面内的投影图。其中 $AMOM'A'$ 为测量轨迹在 XY 平面内的投影,BOB' 为子午截线在 XY 平面内的投影。二者之间的夹角为 γ。

$$\sin\gamma \approx \frac{x}{D/2} = \frac{D\cot\theta}{2\left(\sqrt{R^2 - \left(\dfrac{D}{2}\right)^2} + R\right)} \tag{2.37}$$

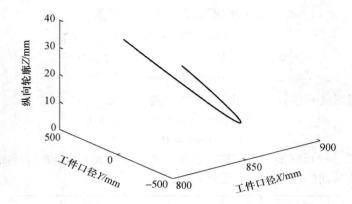

图 2.41　三维坐标下的理想测量轨迹图

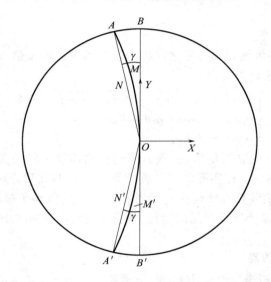

图 2.42　测量轨迹在 *XY* 平面内的投影图

由式(2.37)可以计算得到偏离角度 $\gamma = 10.07°$。

当测量臂转过角度 α 时,测量角度为 β,有

$$L\sin \frac{\alpha}{2} = R\sin \frac{\beta}{2} \tag{2.38}$$

由上述分析可知测量点的径向位置与扫描角度之间并不是线性变化的。图 2.43 是图 2.41 所示仿真条件下的径向位置随扫描角度变化曲线,图 2.44 是其非线性误差,可见,其非线性小于 $1\text{mm}/200\text{mm} = 0.5\%$。

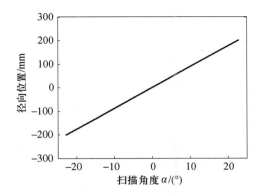

图 2.43　径向位置与扫描角度之间的变化关系

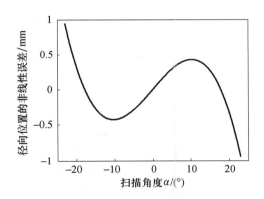

图 2.44　径向位置与扫描角度之间的非线性误差

2.3.2　测量系统结构设计

1. 测量系统的结构设计

与直角坐标测量系统相同,摆臂式测量实验系统也与加工机床 AOCMT 配合完成非球面镜的加工,因此确定的摆臂式测量实验系统的最大测量口径为600mm,同时要求能够测量凹凸非球面镜。根据摆臂式轮廓法的测量原理,测量实验系统的基本结构如图 2.45 所示。与 AOCMT 加工机床配合,完成大口径、大相对口径非球面镜加工检测的摆臂式轮廓仪在位测量原理如图 2.46 所示。

系统通过精密转台实现高精度的测量回转运动;通过倾斜调整系统实现转台倾斜角度的调节,可以实现对不同顶点曲率半径的凹凸形非球面镜测量。测量臂采用硬质合金铝空心管状结构,以减轻质量提高刚度。利用四自由度微调

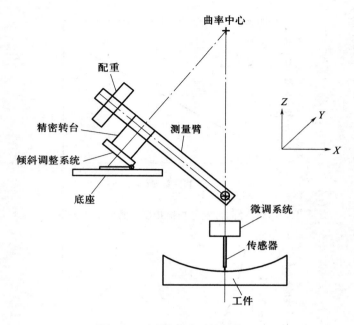

图 2.45　测量实验系统结构图

系统实现对图 2.45 所示坐标系中沿 X、Y、Z 方向的平移以及绕 Y 轴方向的旋转。调整 X、Y 方向平移可以调整测头与非球面顶点的对中；Z 方向的平移调整可以保证传感器处于合理量程范围内。绕 Y 方向的旋转调整可以减小传感器与被测非球面光轴之间的倾斜。由于摆臂式测量方法大大减小了测量所需的传感器量程，因此可以使用高精度小量程的接触式传感器，典型的例如轴向电感扫描测量传感器，分辨率 10nm，量程 $\pm 300\mu m$。同时分别在 VC++6.0 和 MATLAB 平台上编制了测控软件与数据处理软件。

2. **测量调整过程**

与直角坐标测量方法不同的是，摆臂式测量方法测量之前的调整相对比较复杂费时。由于摆臂式轮廓法测量的是非球面与球面之间的偏离量，因此调整到合适的参考球面半径能够减小传感器所需测量的高差量。在实际测量过程中需要针对不同的被测非球面，多次调整倾斜角度 θ 与测量臂长 L 使测量参考球面半径 $R(R = L/\sin\theta)$ 近似等于被测非球面的最接近球面半径，以实现利用高精度小量程传感器测量大相对口径非球面的目的。调整过程通常可以分为以下几个步骤：

（1）调整测量系统到某一倾斜角度 θ；

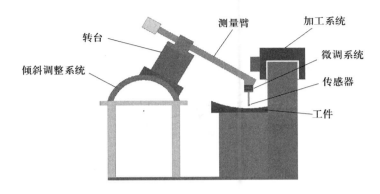

図 2.46　在位测量原理设计图

（2）利用测量传感器扫描一定距离,如被测非球面的口径 D,扫描角度 α_0;

（3）利用 $L = \dfrac{D}{2}\sin\left(\dfrac{\alpha_0}{2}\right)$ 确定测量臂长;

（4）利用 $R = L/\sin\theta$ 确定参考球面半径值;

（5）判断此时参考球面半径是否近似等于期望值,传感器是否进入合适的测量范围内,否则重复上述过程。

2.3.3　测量系统精度分析与建模

由测量原理可知,高精度气浮转台与悬臂梁结构形式的测量臂是摆臂式轮廓法中的关键部件,也是测量误差产生的主要来源。

1. 测量臂挠性变形误差分析与建模

悬臂梁结构测量臂的挠性变形是影响测量精度的重要误差因素。由摆臂式轮廓法的测量原理可知,测量过程中测量臂的低频挠性变形将直接叠加到测量结果中,因此,轻质、高刚度成为测量臂的首要条件[56,57]。

如图 2.47 所示,假设测量臂为质量 m_1 均匀分布的部件,测量臂末端的传感器系统,微调系统等效为集中质量 m_2,位于测量臂的末端;系统倾斜角度为 θ,扫描角度为 α。局部坐标系为$(X_2、Y_2、Z_2)$,原点位于测头中心,Z_2 为测量方向,Y_2 方向垂直纸面向里,$X_2、Y_2、Z_2$ 满足右手规则,由测量臂挠性变形引起的测头在 $X_2、Y_2、Z_2$ 方向上的位移分别为 $\delta x_2、\delta y_2、\delta z_2$。由于测量臂主要受重力作用,因此可以将测量臂的变形表示为

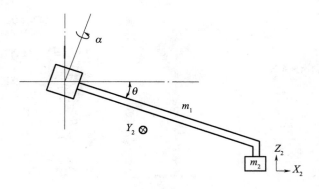

图 2.47　测量臂挠性变形数学模型

$$
\begin{cases}
\delta x_2 = \dfrac{\left(\dfrac{1}{2}m_1 + m_2\right)gL}{EA}\cos\alpha\cos\theta \\[4mm]
\delta y_2 = \left(\dfrac{m_1 gL^3}{8EI} + \dfrac{m_2 gL^3}{3EI}\right)\sin\alpha \\[4mm]
\delta z_2 = -\left(\dfrac{m_1 gL^3}{8EI} + \dfrac{m_2 gL^3}{3EI}\right)\cos\alpha\cos\theta
\end{cases}
\tag{2.39}
$$

式中 L 为测量臂长;

　　E 为测量臂材料弹性模量;

　　I 为截面惯性矩;

　　A 为截面积。

图 2.48 是计算得到的测量臂在 X_2、Y_2、Z_2 方向上的挠性变形量。从中可以看到,变形量主要是产生在传感器测量方向(Z_2)上,X_2,Y_2 方向上的变形量相对较小。

2. 测头半径的影响分析

在高精度接触式测量中测头半径引起的畸变误差是另一种重要的误差源。对于摆臂式非球面轮廓法而言,测量轨迹是一个空间曲线,传感器读数为测头中心点的空间坐标。由于被测非球面在接触点处的法线与半径为 R 的参考球面的相应法线存在偏差,从而带来误差,如图 2.49 所示。

假设测头半径为 r,参考球面半径为 R,圆心为 C。在非球面顶点 A 处测头与工件接触点为 A,测头球心为 O,当扫描转过角度 α 时,测头与非球面的实际接触点为 A_1,测头中心为 O_1,CO_1 与 CO 夹角为 β,其中 $\beta = 2\arcsin\left(\sin\theta\sin\dfrac{\alpha}{2}\right)$。

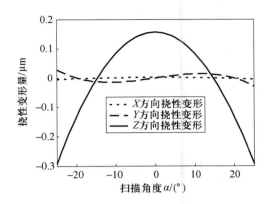

图 2.48 测量臂挠性变形

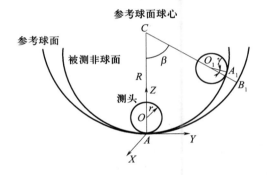

图 2.49 测头半径补偿图

CO_1 与参考球面交点为 B_1。非球面在接触点 A_1 处的法线 A_1O_1 与 CB_1 夹角为 γ。

测头半径的补偿公式可以表示为

$$\begin{cases} x_c = x + r\sin\gamma\cos\varphi \\ y_c = y + r\sin\gamma\sin\varphi \\ z_c = z + r\cos\gamma \end{cases} \qquad (2.40)$$

式中 φ 为接触点与测头球心之间的矢量 A_1O_1 在 XY 平面内投影的方向角;

(x,y,z) 为测头中心点坐标;

(x_c,y_c,z_c) 为补偿后的测量点坐标。

图 2.50 是在测量口径 500mm,顶点曲率半径 1000mm 的抛物面镜过程中,倾斜角度 $\theta = 30°$,测量臂长 $L = 500$mm 时计算得到的测头半径补偿量。从图 2.50 可以看出,由于摆臂式轮廓法测量的是非球面与参考球面的偏离量,幅值

通常只有几十微米,从而使得测头半径的影响非常小。

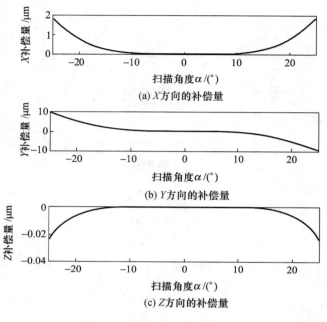

(a) X方向的补偿量

(b) Y方向的补偿量

(c) Z方向的补偿量

图 2.50　半径补偿量

3. 回转轴的轴向窜动与径向跳动影响分析

从测量原理可以看出,回转轴系的轴向窜动 δ_a 和径向跳动 δ_r 是以 $\delta_a\cos\theta$ 与 $\delta_r\sin\theta$ 的形式直接加到测量结果中的。对轴向窜动误差及径向跳动误差的控制主要是通过高精度的转台设备本身来实现的。

通过上述分析可以看出,高精度的气浮转台是摆臂式轮廓法的关键运动设备。悬臂梁结构形式的测量臂成为影响和放大各种误差因素对测量结果影响的关键因素。因此,优化设计测量臂的结构形式,克服其悬臂梁结构形式的缺点成为摆臂式轮廓法精度提高的重要方法。

4. 高精度扫描测头特性及对测量精度的影响

1) 接触式扫描测头的结构模型[58-60]

在当前摆臂式测量实验系统中使用的是轴向电感式扫描测头。为了提高测量的效率同时减小温度等环境因素对测量精度的影响,通常希望尽量提高扫描测量速度。然而随着测量速度的提高,扫描测量过程中测头将会产生新的误差因素,如测头的跳脱现象等。我们通过简化测头模型,分析研究测头的动态特性及对测量不确定度的影响规律。轴向电感测头在快速扫描测量工件表面时,测头响应的是工件表面特征与某些振动干扰组成的振动信号源。为了便于问题的分析,根据常规的测头结构形式,将测头系统简化为一个刚度为 k 的无质量弹簧和质量为 m 的无弹性质量块组成的典型单自由度弹簧—质量块系统,并在被测振动信号的作用下做强迫振动。将扫描测量运动和工件表面误差引起的振动简化成周期性简谐振动的振源施加在弹簧—质量块系统上,如图 2.51 所示。

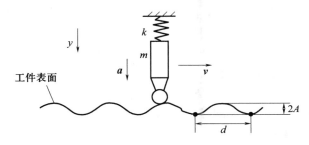

图 2.51　接触式扫描测头模型

2）接触式扫描测头扫描速度对测量精度的影响

为了正确测量工件表面轮廓,一个必要条件就是测头在测量过程中必须始终与工件表面保持接触。分析表明:过快的扫描速度将使得测头与工件表面之间产生跳脱现象,从而引起测量误差,甚至产生错误的测量结果[58,59]。在测头的设计装配过程中通常首先给测头一定的预压位移 b,当测头运动到工件最高点时,弹簧受压最大,在工件最低点,弹簧受压最小[59]。假设被测表面为理想的周期变化正弦信号,幅值为 A,角频率为 ω,波长为 d。显然,一个基本测量条件是 $b > 2A$。假设测头质量为 m,测量力为 F_y,在测量方向上测头最大加速度为 a。则首先可以得到:

$$F_y = ma \qquad (2.41)$$

另一方面,测头的位移可以表示为

$$y = b - A + A\sin\omega t \qquad (2.42)$$

工件表面变化的加速度可以表示为

$$\frac{\mathrm{d}^2 y}{\mathrm{d}^2 t} = -A\omega^2 \sin\omega t \qquad (2.43)$$

测头与工件表面保持接触的必要条件也可以进一步理解为测头运动的加速度必须要大于工件表面变化的加速度。即

$$\left| \frac{\mathrm{d}^2 y}{\mathrm{d}^2 t} \right|_{\max} = A\omega^2 \leqslant a = \frac{F_y}{m} \qquad (2.44)$$

因此可以得到最大扫描速度为

$$v_{max} = \frac{d\omega_{max}}{2\pi} = \frac{d}{2\pi}\sqrt{\frac{F_y}{mA}} \qquad (2.45)$$

从式(2.45)可以看出,扫描测量速度与测量力 F_y、测头质量 m 以及工件表面的特征有关。

针对测头结构模型,我们可以对测量力 F_y 做进一步分析。F_y 是在测头的重力和弹簧作用力共同作用下产生的。假设工件对测头的支持力为 F_n,弹簧的弹性回复力为 F,测头重力为 W,则可以得到:

$$F_n - F_y = F_n - F - W = -mA\omega^2\cos\omega t \qquad (2.46)$$

弹簧的弹性回复力可以表示为

$$F = k(y - y_0) \qquad (2.47)$$

式中 y_0 为弹簧在重力作用下的静位移,显然 $ky_0 = W$。

因此可以得到:

$$F_n = ky - mA\omega^2\cos\omega t = k(b - A) + (k - m\omega^2)A\cos\omega t =$$

$$k\left[b - A + \left(1 - \frac{\omega^2}{\omega_n^2}\right)A\cos\omega t \right] \qquad (2.48)$$

式中 ω_n 为测头系统的固有频率,$\omega_n = \sqrt{\frac{k}{m}}$。

测头与工件保持接触的正常测量状态,也可以表示为 $F_n > 0$。则由式(2.48)可以看出,由于 $b > 2A$,因此当 $\omega \leqslant \omega_n$ 时,F_n 总是大于 0,即工件与测头之间是不会产生跳脱现象的;当 $\omega > \omega_n$ 时,F_n 有可能小于 0,因此工件与测头之间有可能产生跳脱现象。由 $F_n > 0$ 的条件可以得到测量临界速度为

$$\omega_{max} = \omega_n\sqrt{\frac{b}{A}} \qquad (2.49)$$

从上述分析可以看出,当扫描速度在一定范围内时,测头将会正确地跟踪表面误差的变化,当扫描测量速度超出这个范围时,测头将与工件表面之间产生跳脱现象,从而引起测量误差甚至得到错误的测量结果。测头的扫描测量临界速度是与测头本身的特性密切相关的,同时也与工件表面误差特征有一定的关系。

从式(2.49)可以看出,增大测头系统的固有频率,也即减小测头的质量,增大测头中弹簧的刚度是提高测头动态响应性能进而提高扫描测量速度的重要途径。然而,在测量过程中,通常希望测量力以及测量力的变化要尽量小,以保证测量精度,这就要求适当降低弹簧的刚度。因此实际应用中需要综合考虑上述两个方面的因素。

5. 摆臂式测量不确定度因素分析

从测量原理上可以将摆臂式测量不确定度因素来源分为以下几个主要方面：工件与测量系统相对位姿误差，回转轴的轴向窜动误差、径向跳动误差，测头半径引起的畸变误差，测量臂在测量过程中的挠性变形误差，以及温度、振动、噪声等环境因素误差等。

转台的轴向窜动与径向跳动误差对测量精度的影响通过实测可以得到转台轴向窜动与径向跳动误差基本在 $0.1\mu m$ 范围内。

悬臂梁形式的测量臂将会放大振动误差的影响并将直接叠加到测量结果中。振动误差的来源主要包括地基的振动、伺服振动等。经过实测分析，系统的振动误差与传感器自身的测量噪声在传感器末端相叠加，幅值约为 $\pm 0.3\mu m$。

由于测量臂为硬质合金铝材料，因此受温度变化的影响比较大。但摆臂式测量是一种扫描测量方式，截线测量时间较短。通常情况下，500mm 口径镜面截线扫描测量时间只有几十秒，从而大大降低了温度的影响。

与直角坐标检测方法类似，经过上述分析，我们可以将影响摆臂式测量不确定度的主要误差因素总结为表 2.7 的形式。根据不确定度传播律公式(2.11)，我们可以计算得到测量结果的合成标准不确定度为 $u_c(z) = 0.43\mu m$，取包含因子 $K = 2$，置信概率为 95%，则摆臂式测量的扩展不确定度 $U = K\ u_c(z) = 0.86\mu m$。

表 2.7　摆臂式检测不确定度影响因素

影响因素	幅值	影响因素	幅值
轴向窜动	$0.1\mu m$	温度引起的非线性	$0.15\mu m$
径向跳动	$0.1\mu m$	测头补偿残留误差	忽略
振动误差	$0.3\mu m$	相对位姿误差修正残留误差	$0.2\mu m$
传感器扫描噪声	$0.05\mu m$	测量臂挠性变形修正残留误差	$0.1\mu m$

图 2.52 所示是 200mm 口径，顶点曲率半径 1400mm 凹形抛物面镜截线重复测量结果，其中(a)是截线的两次重复测量结果，(b)是相应的重复性测量误差。从中可以看出，测量结果中存在较大的高频噪声测量误差，但通过数据滤波可以消除这些因素的影响。

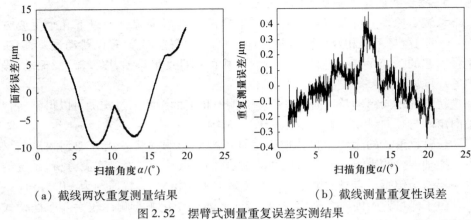

（a）截线两次重复测量结果 （b）截线测量重复性误差

图 2.52 摆臂式测量重复误差实测结果

2.3.4 摆臂式轮廓法测量非球面顶点曲率半径优化算法

1. 顶点曲率半径测量的意义

由于顶点曲率半径误差只是在非球面成像中引起离焦误差,在光学系统的装调过程中可以通过镜面之间的装调消除其影响。因此一直以来,单个非球面镜的顶点曲率半径测量一直没有引起人们的足够重视。光学加工人员通常使用传统的工具如球径仪等测量顶点曲率半径到几个毫米的精度量级。然而随着对大型非球面精度要求的不断提高,对顶点曲率半径等参数的精度要求也在不断提高。最为鲜明的教训是哈勃空间望远镜的例子。1990 年 4 月 25 日哈勃空间望远镜在美国佛罗里达州卡那维拉角搭"发现号"航天飞机发射升空。不幸的是,入轨后发现直径 2.6m 主镜在加工时发生了重大错误,顶点曲率半径测量不准确,导致面形太浅,顶点曲率半径偏长,球差导致成像质量无法认可。这种情况一度使位于美国巴尔的摩的空间望远镜科学研究所感到绝望。但是 NASA 宇航员在 1993 年 11 月和 1997 年 2 月对哈勃空间望远镜的两次成功修复使情况发生了根本性逆转,现在望远镜工作状态甚至比原来预期的还要好[52,61]。

另外,随着大型望远镜拼接主镜结构的广泛应用,对顶点曲率半径的测量也有了更高的要求。下一代空间和地基望远镜的主镜口径将大于 8m 甚至在 10m 以上,一个主要的解决方法就是采用拼接主镜结构,如 W. M. Keck 望远镜和 Hobby-Eberly Telescope（HET）望远镜。加工拼接镜面的最大挑战就是要使所有单个镜面面形匹配形成一个连续面形。这一要求意味着所有离轴子镜的顶点曲率半径必须要匹配。通过仿真计算可以得到,单个子镜顶点曲率半径精度需要控制在 10μm 量级[62]。显然,传统的工具和检测方法测量顶点曲率半径是难以达到上述精度水平的。

2. 摆臂式测量顶点曲率半径存在的问题

与直角坐标测量方法相比,摆臂式测量方法的优点是它测量的是非球面相对于球面的偏离量,所需量程小,可以使用高精度小量程的传感器;同时测量运动是一个回转运动,运动精度较高。但由于它测量的是非球面与球面的相对量,因此难以高精度得到非球面顶点曲率半径值。

调整过程确定参考球面半径 R 的过程可以表示为

$$R = D / \left(2\sin\theta\sin\frac{\alpha_0}{2} \right) \tag{2.50}$$

通常被测非球面的口径 D 的误差在 1~2 毫米量级而扫描角度误差可以控制在 0.001° 量级,倾斜角度 θ 的误差在 0.01° 量级上。根据误差传递公式:

$$\delta R = \frac{\partial R}{\partial D}\delta D + \frac{\partial R}{\partial \alpha}\delta\alpha + \frac{\partial R}{\partial \theta}\delta\theta \tag{2.51}$$

可以简单计算得到参考球面半径误差为 10mm 左右。对于高精度的非球面而言,通常要求将顶点曲率半径的相对误差(即半径误差与名义值的百分比)控制在 1‰,甚至 0.5‰以内。因此通过调整确定的半径值显然是不能满足精度要求的,只能作为测量前的参考值。

针对这一问题,以 Arizona 光学加工中心和德国 LOH 公司为代表的科研机构都展开了研究,并提出了各自的解决方案。Arizona 大学的解决方法是在镜面由球面加工至非球面的过程中使用其他测量手段对顶点曲率半径进行测量[37,41]。LOH 公司的解决方法是使用精度很高的标准球面进行标定,顶点曲率半径的测量精度取决于使用的标准球精度[42],但这主要用于口径较小的非球面镜。虽然 Arizona 和 LOH 解决了上述问题,但无疑他们都增加了测量成本。在此基础上,我们通过对测量原理的深入分析,提出利用被测非球面名义面形与测量数据建立关于测量参考球面半径的非线性最小二乘优化方法,在不增加额外硬件设备的基础上,在获取面形误差分布的同时获得被测非球面顶点曲率半径值。

3. 顶点曲率半径优化测量原理

由摆臂式轮廓法测量原理可知,摆臂式轮廓法是一种极坐标系下的面形测量方法。测量值 $A_r(\varphi, R_{ref})$ 是被测非球面沿参考球面法线方向相对于参考球面的偏离量,而参考球面的半径未知,如下式:

$$A_r(\varphi, R_{ref}) = \rho(\varphi, R_{ref}) - R_{ref} + \mathrm{err}(\varphi) \tag{2.52}$$

式中 $\rho(\varphi, R_{ref})$ 为被测非球面形;

R_{ref} 为测量参考球面半径；

$err(\varphi)$ 为面形误差；

φ 为扫描测量转过角度 α 后，参考球面上相应测量点的法线方向与非球面光轴方向的夹角，$\varphi = 2\arcsin(\sin\theta\sin(\alpha/2))$。

非球面方程可以表达为：

$$\rho(\varphi, R_{ref}) = \frac{-mn\cos\varphi + \sqrt{m^2 n^2 \cos^2\varphi - (n^2 - 1)(\cos^2\varphi m^2 + mc\sin^2\varphi)}}{\cos^2\varphi m^2 + mc\sin^2\varphi}$$

(2.53)

式中 $c = 1/R$，R 为被测非球面顶点曲率半径；

m，n 为中间变量，$m = (1 + k)c$，$n = mR_{ref} - 1$，k 为二次项系数。

由于被测非球面的名义面形是已知的，因此名义非球面相对于任意球面 R_{opt} 的偏离量 $A_i(\varphi, R_{opt})$ 是已知的，且可以表达为：

$$A_i(\varphi, R_{opt}) = \frac{-mn_2\cos\varphi + \sqrt{m^2 n_2^2 \cos^2\varphi - (n_2^2 - 1)(\cos^2\varphi m^2 + mc\sin^2\varphi)}}{\cos^2\varphi m^2 + mc\sin^2\varphi} - R_{opt}$$

(2.54)

式中 $n_2 = mR_{opt} - 1$。

取 $\delta(\varphi, R_{opt}) = A_r(\varphi, R_{ref}) - A_i(\varphi, R_{opt})$，则有：

$$\delta(\varphi, R_{opt}) = \frac{-mn\cos\varphi + \sqrt{m^2 n^2 \cos^2\varphi - (n^2 - 1)(\cos^2\varphi m^2 + mc\sin^2\varphi)}}{\cos^2\varphi m^2 + mc\sin^2\varphi} -$$

$$R_{ref} + err(\varphi) - \frac{-mn_2\cos\varphi + \sqrt{m^2 n_2^2 \cos^2\varphi - (n_2^2 - 1)(\cos^2\varphi m^2 + mc\sin^2\varphi)}}{\cos^2\varphi m^2 + mc\sin^2\varphi} + R_{opt}$$

(2.55)

取下面三个中间变量对式(2.55)进行化简：

$$\begin{cases} k_1 = \dfrac{m^2\cos\varphi}{\cos^2\varphi m^2 + mc\sin^2\varphi} \\ a = \sqrt{m^2 n^2 \cos^2\varphi - (n^2 - 1)(\cos^2\varphi m^2 + mc\sin^2\varphi)} \\ b = \sqrt{m^2 n_2^2 \cos^2\varphi - (n_2^2 - 1)(\cos^2\varphi m^2 + mc\sin^2\varphi)} \end{cases}$$

(2.56)

经过简化后可以得到：

$$\delta(\varphi, R_{opt}) = \mu(\varphi)(R_{opt} - R_{ref}) + err(\varphi)$$

(2.57)

式中 $\mu(\varphi) = 1 + k_1 + (1 - k_1)\dfrac{m^2(R_{ref} + R_{opt}) + 2m}{a + b}$。

由于 $n = (1 + k)\dfrac{R_{ref}}{R} - 1$，$n_2 = (1 + k)\dfrac{R_{opt}}{R} - 1$，并且 $R_{opt} \approx R_{ref}$，因此 $n_2 \approx n$，

$a \approx b$ 从而得到：

$$\mu(\varphi) \approx 1 + k_1 + (1 - k_1)\frac{m^2 R_{ref} + m}{a} \quad (2.58)$$

取式(2.59)为目标函数,进行优化计算即可得到测量参考球面半径值,利用获得的参考球面半径值和测量数据就可以确定相应的被测非球面顶点曲率半径值。

$$sum(R_{opt}) = \int_{\varphi_1}^{\varphi_2} \delta^2(\varphi, R_{opt}) d\varphi = min \quad (2.59)$$

将式(2.57)、式(2.58)代入式(2.59)并求解极小值可以得到：

$$\delta R = R_{opt} - R_{ref} = -\frac{\int_{\varphi_1}^{\varphi_2} \mu(\varphi) err(\varphi) d\varphi}{\int_{\varphi_1}^{\varphi_2} \mu^2(\varphi) d\varphi} \quad (2.60)$$

式(2.60)即为得到的参考球面半径值 R_{opt} 与真实值 R_{ref} 之间的收敛误差,积分区间(φ_1, φ_2)是扫描角度起始值和终了值分别对应的 φ 值。

由式(2.60)可知,上述优化测量方法是存在理论收敛误差的。但随着非球面面形误差的逐渐收敛,优化测量收敛误差也将逐渐减小,最终获得高精度的非球面顶点曲率半径值。

2.3.5　测量算法仿真与测量试验

为了验证测量方法的正确性,首先在 MATLAB 下对顶点曲率半径的优化测量算法进行了仿真分析。在此基础上对口径 200mm 抛物面镜进行了测量并与三坐标测量方法进行了比较。之后,利用摆臂式非球面轮廓测量系统对口径 500mm,相对口径 1∶1 的深型球面镜进行了测量,并与干涉检测结果进行了比较。

1. 测量算法仿真分析

为了验证上述方法的正确性,首先在 MATLAB 下进行了仿真。主要仿真了面形误差从 10μm 收敛到 2μm 的过程中不同口径,不同顶点曲率半径和不同测量参考球面半径条件下的计算结果。该过程基本代表了非球面由铣磨到抛光前期的面形误差收敛过程,也是摆臂式轮廓法需要测量的主要范围。面形误差是由不同频率的正弦波叠加产生的。表2.8 为仿真结果。

表2.8　算法仿真结果

面形误差/μm	口径/mm	实际参考圆半径/mm	优化参考圆半径/mm	优化误差/mm	实际顶点曲率半径/mm	优化值/mm	优化误差/mm
10	500	850	850.002	0.002	1 150	1 150.051	0.051
		900	900.003	0.003	1 000	1 000.041	0.041
		1 050	1 050.004	0.004	1 000	1 000.040	0.040
	200	850	850.010	0.010	1 150	1 150.300	0.300
		900	900.003	0.003	1 000	1 000.237	0.237
		1 050	1 050.004	0.004	1 000	1 000.231	0.231
4	500	850	850.001	0.001	1 150	1 150.018	0.018
		900	900.001	0.001	1 000	1 000.014	0.014
		1 050	1 050.002	0.002	1 000	1 000.015	0.015
	200	850	850.003	0.003	1 150	1 150.084	0.084
		900	900.000 9	0.001	1 000	1 000.080	0.080
		1 050	1 050.001	0.001	1 000	1 000.078	0.078
2	500	850	850.000 3	0.000 3	1 150	1 150.006	0.006
		900	900.000 4	0.000 4	1 000	1 000.007	0.007
		1 050	1 050.001	0.001	1 000	1 000.007	0.007
	200	850	850.000 2	0.000 2	1 150	1 150.042	0.042
		900	900.000 2	0.000 2	1 000	1 000.041	0.041
		1 050	1 050.000 5	0.000 5	1 000	1 000.042	0.042

从上述仿真分析结果中可以看出：

（1）优化结果是收敛的，随着被测工件表面误差的减小，优化误差也相应地减小。

（2）优化误差与被测非球面的口径存在一定的关系。在相同的面形误差条件下，随着口径的减小，收敛误差会增大。

（3）测量参考球面半径值的大小对优化误差的影响不大。

2. ϕ200mm 抛物面镜的测量

为了验证顶点曲率半径误差测量的正确性，对铣磨后的直径200mm，顶点曲率半径1400mm的凹形抛物面镜进行了检测，并与三坐标测量进行了比较。表2.9是测量结果。图2.53是截线1摆臂式测量与三坐标测量的面形误差分布。

表 2.9　摆臂式测量结果与三坐标测量结果的比较

参数		顶点曲率半径名义值/mm	二次项系数 k 名义值	优化顶点曲率半径/mm	优化参考圆半径/mm	面形误差 PV/μm	面形误差 RMS/μm
名义值		1 400	− 1	—	—	—	—
摆臂式	截线 1	1 400	− 1.000 235	1 399.997	1 405.63	7.51	2.12
	截线 2	1 400	− 1.000 336	1 399.999	1 405.53	7.67	2.24
三坐标		1 400	− 1.000 254	1 399.712	—	8.08	2.09

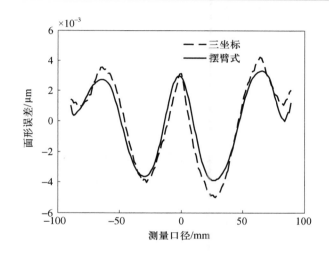

图 2.53　截线 1 摆臂式测量与三坐标测量的比较

从表 2.9 和图 2.53 可以看出,利用上述方法在获取面形误差的同时得到了较好的顶点曲率半径值,顶点曲率半径测量的相对误差约为 0.2‰。

3. ϕ500mm 深型镜面的测量

为了进一步验证测量系统的精度和准确性,我们利用上述摆臂式测量系统对 500mm 口径,相对口径 1:1 的球面镜进行了测量并与干涉检测结果进行了比对。图 2.54 是工件表面截线的三次重复测量的结果,图 2.55 是摆臂式轮廓法恢复出的截线上的面形误差轮廓与干涉测量结果的比较。表 2.10 是摆臂式测量结果与干涉测量结果的比较。图 2.56 是相应的 Zygo 干涉仪检测结果。图 2.57 是摆臂式轮廓法的测量现场图。

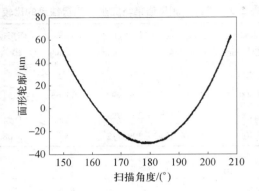

图 2.54　截线的三次重复测量结果

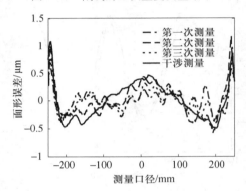

图 2.55　摆臂式测量与干涉测量截线上的比较

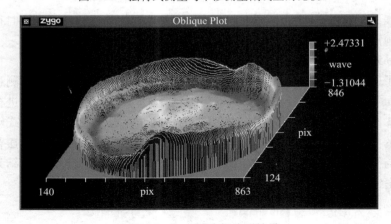

图 2.56　Zygo 干涉仪检测结果

表 2.10　摆臂式测量结果与干涉测量结果的比较

截线	测量参考圆/mm	顶点曲率半径/mm	面形误差 PV/μm	面形误差 RMS/μm
01	1 001.17	998.554	1.18	0.18
02	1 001.21	998.505	1.70	0.31
03	1 001.21	998.518	1.16	0.19
干涉测量	—	—	1.43	0.33

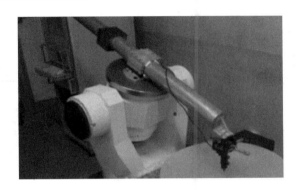

图 2.57　提臂式轮廓法的测量实物图

2.4　基于多段拼接的高陡度非球面坐标检测理论与算法

高陡度保形光学非球面镜是最近十年发展起来并得到广泛重视的新型非球面镜。高陡度保形光学镜面的高精度检测方法也成为一个新的研究热点。本节提出了高陡度保形光学镜面多段拼接坐标检测方法,它将保形光学镜面划分为具有一定重叠区域的数段较短面形轮廓,通过测量系统与被测工件之间的相对旋转与平移运动调整被测工件的姿态实现分段轮廓的测量,之后通过将各段面形轮廓拼接起来,重构出被测工件的面形误差。

2.4.1　测量原理与数学模型

1. 基本测量原理

测量原理如图 2.58 所示,将被测工件分为三段:AB、CD 和 EF。测量运动方向为 X 方向,传感器测量方向为 Z 方向,X、Y、Z 满足右手规则。首先在测量状态（1）下测量 CD 段轮廓；之后将工件绕 Y 轴旋转一定的角度到状态（2），同时将测量系统沿 X 轴方向平移，将传感器沿 Z 轴方向平移到合适的量程内，测量 AB 段；最后通过类似的旋转与平移运动，在状态（3）下测量 EF 段。其重叠区域分别为 BC 和 DE。虽然在测量过程中存在着名义旋转运动和平移运动以及各种误差运动，但是重叠区域工件本身的面形是保持不变的，据此可以将分段轮廓拼接起来，重构出被测工件面形轮廓。当然，根据实际需要，可以将被测工件分为更多分段轮廓，但原理是相同的。

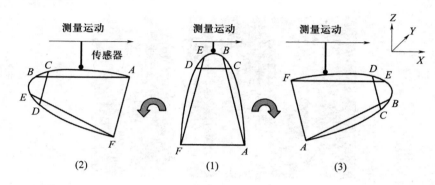

图 2.58　测量原理

该方法的关键就在于：使相邻轮廓部分重叠，利用重叠区域轮廓信息建立各个轮廓之间的相对空间位置关系，据此以坐标变换方式将各个轮廓统一于同一坐标系下，从而消除测量系统与待测表面之间运动误差的影响，得到真实的面形误差分布。

2. 测量数学模型

假设重叠区域在第 i 段面形轮廓中的测量值为 (x_i, y_i, z_i)，在第 $i+1$ 段中的测量值为 $(x_{i+1}, y_{i+1}, z_{i+1})$。重叠区域内工件的面形轮廓是保持不变的，变化的只是由于测量系统与被测工件之间的相对机械运动产生的空间位置关系的变化。同时由分段轮廓 i 的测量转换至分段轮廓 $i+1$ 的测量过程中，测量系统相对于被测工件除去存在名义旋转运动与平移运动之外，还存在未知的、对应于空间 6 个自由度的误差运动，即关于 X, Y, Z 坐标轴的平移误差 $\Delta x, \Delta y, \Delta z$ 以及角位移误差 $\Delta \alpha, \Delta \beta, \Delta \gamma$。这些名义运动与误差运动的叠加就是轮廓 $i+1$ 与轮廓 i 之间的空间位置变换关系。

因此可以将上述空间位置转换过程描述为

$$(x_{i+1}^t, y_{i+1}^t, z_{i+1}^t, 1) = (x_{i+1}, y_{i+1}, z_{i+1}, 1) \boldsymbol{R}_i \boldsymbol{T}_i \boldsymbol{R}_{exi} \boldsymbol{R}_{eyi} \boldsymbol{R}_{ezi} \boldsymbol{T}_{ei} \qquad (2.61)$$

式中$(x_{i+1}^t, y_{i+1}^t, z_{i+1}^t)$为经过空间位置转换后的第 $i+1$ 段面形轮廓；

R_i、T_i分别为名义旋转运动矩阵和名义平移运动矩阵；

R_{exi}，R_{eyi}，R_{ezi}，T_{ei}分别为沿 X, Y, Z 方向的角位移误差运动矩阵与平移误差运动矩阵。

名义运动与误差运动表达式如表 2.11 所列。

表 2.11　名义运动与误差运动表达式

变量	表　达　式	说　明
R_i	$\begin{bmatrix} \cos\alpha_i & 0 & \sin\alpha_i & 0 \\ 0 & 1 & 0 & 0 \\ -\sin\alpha_i & 0 & \cos\alpha_i & 0 \\ 0 & 0 & 0 & 1 \end{bmatrix}$	α_i是第 $i+1$ 段轮廓与第 i 段轮廓之间名义旋转角度值
T_i	$\begin{bmatrix} 1 & 0 & 0 & 0 \\ 0 & 1 & 0 & 0 \\ 0 & 0 & 1 & 0 \\ P_{xi} & 0 & P_{zi} & 1 \end{bmatrix}$	P_{xi}、P_{zi}是第 $i+1$ 段轮廓与第 i 段轮廓之间沿 X、Z 方向的名义平移距离
R_{exi}	$\begin{bmatrix} 1 & 0 & 0 & 0 \\ 0 & \cos\Delta\alpha_i & \sin\Delta\alpha_i & 0 \\ 0 & -\sin\Delta\alpha_i & \cos\Delta\alpha_i & 0 \\ 0 & 0 & 0 & 1 \end{bmatrix}$	$\Delta\alpha_i$是第 $i+1$ 段轮廓与第 i 段轮廓之间沿 X 方向的角位移运动误差
R_{eyi}	$\begin{bmatrix} \cos\Delta\beta_i & 0 & \sin\Delta\beta_i & 0 \\ 0 & 1 & 0 & 0 \\ -\sin\Delta\beta_i & 0 & \cos\Delta\beta_i & 0 \\ 0 & 0 & 0 & 1 \end{bmatrix}$	$\Delta\beta_i$是第 $i+1$ 段轮廓与第 i 段轮廓之间沿 Y 方向的角位移运动误差
R_{ezi}	$\begin{bmatrix} \cos\Delta\gamma_i & \sin\Delta\gamma_i & 0 & 0 \\ -\sin\Delta\gamma_i & \cos\Delta\gamma_i & 0 & 0 \\ 0 & 0 & 1 & 0 \\ 0 & 0 & 0 & 1 \end{bmatrix}$	$\Delta\gamma_i$是第 $i+1$ 段轮廓与第 i 段轮廓之间沿 Z 方向的角位移运动误差
T_{ei}	$\begin{bmatrix} 1 & 0 & 0 & 0 \\ 0 & 1 & 0 & 0 \\ 0 & 0 & 1 & 0 \\ \Delta x_i & \Delta y_i & \Delta z_i & 1 \end{bmatrix}$	$\Delta x_i, \Delta y_i, \Delta z_i$是第 $i+1$ 段轮廓与第 i 段轮廓之间沿 X, Y, Z 方向的平移运动误差

　　由于名义运动值是已知的,且误差 $\Delta x, \Delta y, \Delta z, \Delta\alpha, \Delta\beta, \Delta\gamma$ 为小量,因此利用

一阶 Taylor 展开对式(2.61)进行化简,可以得到:

$$(x_{i+1}^t, y_{i+1}^t, z_{i+1}^t, 1) = (x_{i+1}^n, y_{i+1}^n, z_{i+1}^n, 1)\begin{bmatrix} 1 & \Delta\gamma_i & \Delta\beta_i & 0 \\ -\Delta\gamma_i & 1 & \Delta\alpha_i & 0 \\ -\Delta\beta_i & -\Delta\alpha_i & 1 & 0 \\ \Delta x_i & \Delta y_i & \Delta z_i & 1 \end{bmatrix}$$

$$(2.62)$$

其中$(x_{i+1}^n, y_{i+1}^n, z_{i+1}^n)$是经过名义运动转换后的轮廓,即

$$(x_{i+1}^n, y_{i+1}^n, z_{i+1}^n, 1) = (x_{i+1}, y_{i+1}, z_{i+1}, 1)\begin{bmatrix} \cos\alpha_i & 0 & \sin\alpha_i & 0 \\ 0 & 1 & 0 & 0 \\ -\sin\alpha_i & 0 & \cos\alpha_i & 0 \\ P_{xi} & 0 & P_{zi} & 1 \end{bmatrix}$$

$$(2.63)$$

$(x_{i+1}^t, y_{i+1}^t, z_{i+1}^t)$就是$(x_{i+1}, y_{i+1}, z_{i+1})$在轮廓 i 的测量坐标系下的表示。在理想条件下$(x_{i+1}^t, y_{i+1}^t, z_{i+1}^t)$与$(x_i, y_i, z_i)$是重叠区域面形在同一坐标系下的表示,因此应当是相等的。即可以表示为

$$\begin{cases} x_i = x_{i+1}^n - y_{i+1}^n \Delta\gamma_i - z_{i+1}^n \Delta\beta_i + \Delta x_i \\ y_i = y_{i+1}^n + x_{i+1}^n \Delta\gamma_i - z_{i+1}^n \Delta\alpha_i + \Delta y_i \\ z_i = z_{i+1}^n + x_{i+1}^n \Delta\beta_i + y_{i+1}^n \Delta\alpha_i + \Delta z_i \end{cases}$$

$$(2.64)$$

将重叠区域的测量点坐标$(x_{i+1}, y_{i+1}, z_{i+1})$代入式(2.63),得到名义运动后的重叠区域$(x_{i+1}^n, y_{i+1}^n, z_{i+1}^n)$,之后与$(x_i, y_i, z_i)$一并代入式(2.64)建立线性方程组,求得误差运动参数的最小二乘解,从而将相邻的两段面形轮廓拼接起来。依此类推,可以利用多段面形重构出被测工件的面形轮廓。

2.4.2 基于最小二乘的迭代算法

1. 二次采样点匹配误差影响分析

从测量原理可知,在相邻轮廓的重叠区域测量点对是二次采样的,同时测量过程中测量系统与被测工件之间存在相对运动误差。从式(2.62)可知,相对运动误差不仅影响面形轮廓测量值的大小,还影响 X、Y 坐标的大小,因此给重叠区域内点的匹配带来误差。

X 坐标的误差可以表示为

$$\delta x_i = \Delta x_i - z_i^n \Delta\beta_i - y_i^n \Delta y_i \qquad (2.65)$$

Y 坐标的误差可以表示为

$$\delta y_i = \Delta y_i + x_i^n \Delta \gamma_i - z_i^n \Delta \alpha_i \qquad (2.66)$$

点的匹配误差最终反映为匹配点的测量误差,即

$$\delta z_i = \frac{\partial z_i}{\partial x_i}(\Delta x_i - z_i^n \Delta \beta_i - y_i^n \Delta y_i) + \frac{\partial z_i}{\partial y_i}(\Delta y_i + x_i^n \Delta \gamma_i - z_i^n \Delta \alpha_i) \qquad (2.67)$$

由式(2.67)可见,点的匹配误差主要取决于被测工件面形轮廓变化率(陡度)的大小。由于高陡度保形光学镜面的陡度非常大,使得高陡度保形光学镜面检测中点匹配误差的影响显著很多,从而给拼接精度带来不利的影响。这也是保形光学镜面拼接测量与本章所述导轨直线度误差拼接重构测量的不同之处。

2. 迭代算法的基本原理

由上述分析可知,测量系统与被测工件之间相对运动误差的存在是点匹配误差产生的原因。使用迭代算法的目的就是要使得运动误差逐渐收敛,减小测量点对匹配误差的影响。

误差运动量可以表示为向量空间内一个向量(Δx, Δy, Δz, $\Delta \alpha$, $\Delta \beta$, $\Delta \gamma$),则拼接测量原理可以重新表述为[63,65]

$$S_i(x_i, y_i, z_i) = A_i S_{i+1}(x_{i+1}, y_{i+1}, z_{i+1}) \qquad (2.68)$$

式中 S_{i+1} 为轮廓 $i+1$ 的重叠区域面形;

A_i 为坐标变换算子,它与向量空间中的一个向量(Δx_a, Δy_a, Δz_a, $\Delta \alpha_a$, $\Delta \beta_a$, $\Delta \gamma_a$)构成一一映射。

算子 A_i 作用于面形 S_{i+1},使其变换为面形 S_i。多段拼接测量技术的关键,即求解算子 A_i,并保证以下条件[63]:

(1) S_{i+1} 与 S_i 只是空间方位不同,而形状应保持一致;

(2) S_i 与轮廓 i 在重叠区域的面形重合。

如前所述,这种重合只存在于理想状态下。实践中,条件(2)可以理解为 S_i 与轮廓 i 的重叠区域面形距离取得最小二乘意义的最小值。显然,要保证上述条件,必须在相邻两个轮廓的重叠区域内实现点的正确匹配。由于点匹配误差的影响,S_{i+1} 面形中的任意点在轮廓 i 上的匹配点是未知的。点匹配误差的存在使得上述条件(2)无法得到严格满足,因此使得算子 A 的直接求解变得非常困难。

式(2.64)是近似以重叠区域中坐标分量 X、Y 相同的点作为匹配点来求解运动误差的,因此只是算子 A 的近似值,存在一定的方法误差。不妨将式(2.64)描述的求解过程记做算子 B,则式(2.64)可以重新描述为

$$S_i(x_{i+1}^n, y_{i+1}^n, z_i) = B_i S_{i+1}(x_{i+1}^n, y_{i+1}^n, z_{i+1}^n) \tag{2.69}$$

其中,算子 B_i 与向量空间中的一个向量 $(\Delta x_b, \Delta y_b, \Delta z_b, \Delta \alpha_b, \Delta \beta_b, \Delta \gamma_b)$ 构成一一映射。

为此,可以构建一个迭代过程来求解 A_i 的精确值。其过程可以描述为

$$S_i^{(k)} = A^{(k)} S_{i+1} \tag{2.70}$$

$$S_i = B^{(k+1)} S_i^{(k)} \tag{2.71}$$

由于误差向量 $(\Delta x_a, \Delta y_a, \Delta z_a, \Delta \alpha_a, \Delta \beta_a, \Delta \gamma_a)$ 接近 $\mathbf{0}$ 向量,因此可取 $\mathbf{0}$ 向量在 A 的算子空间中的映射为初值 $A^{(0)}$,根据式(2.70)可以得到 $S_i^{(0)} = S_{i+1}$,若求得 $S_i^{(k)}$,则根据式(2.71),可以求得 $B^{(k+1)}$,即求得向量 $(\Delta x_b^{k+1}, \Delta y_b^{k+1}, \Delta z_b^{k+1}, \Delta \alpha_b^{k+1}, \Delta \beta_b^{k+1}, \Delta \gamma_b^{k+1})$,从而有:

$$\begin{aligned}
(\Delta x_a^{k+1}, \Delta y_a^{k+1}, \Delta z_a^{k+1}, \Delta \alpha_a^{k+1}, \Delta \beta_a^{k+1}, \Delta \gamma_a^{k+1}) = &(\Delta x_a^k + \Delta x_b^{k+1}, \Delta y_a^k + \Delta y_b^{k+1}, \\
&\Delta z_a^k + \Delta z_b^{k+1}, \Delta \alpha_a^k + \Delta \alpha_b^{k+1}, \\
&\Delta \beta_a^k + \Delta \beta_b^{k+1}, \Delta \gamma_a^k + \Delta \gamma_b^{k+1})
\end{aligned} \tag{2.72}$$

该向量对应于第 $k+1$ 次迭代结果 $A^{(k+1)}$,如此可形成算子空间中的一个压缩映射,它收敛于算子空间中的唯一不动点 A,即

$$\lim_{k \to \infty} A^{(k)} = A \tag{2.73}$$

在上述迭代过程中,随着迭代次数的增加,轮廓 $i+1$ 逐渐靠近轮廓 i,即轮廓 $i+1$ 对轮廓 i 的偏离程度逐次减小,也等同于误差运动量的逐次减小。误差运动量的减小使得点匹配误差逐渐减小,直至收敛到一定精度范围内,使得前述条件(2)得到满足。因此通过上述迭代操作,可使轮廓拼接得以正确实现。

3. 迭代步骤

将上述过程进行总结,可以表示为以下几个迭代步骤[63]。

步骤一:

取初值 $(\Delta x_a^0, \Delta y_a^0, \Delta z_a^0, \Delta \alpha_a^0, \Delta \beta_a^0, \Delta \gamma_a^0)$ 为 $\mathbf{0}$ 向量,则 $S_i^{(0)} = S_{i+1}$。在 $S_i^{(0)}$ 以及轮廓 i 重叠区域内选择若干与坐标分量 X、Y 相同的点代入式(2.64),形成线性方程组,求解最小二乘解,可得 $(\Delta x_b^1, \Delta y_b^1, \Delta z_b^1, \Delta \alpha_b^1, \Delta \beta_b^1, \Delta \gamma_b^1)$。根据式(2.72)求得 $(\Delta x_a^{(1)}, \Delta y_a^{(1)}, \Delta z_a^{(1)}, \Delta \alpha_a^{(1)}, \Delta \beta_a^{(1)}, \Delta \gamma_a^{(1)})$。根据 $(\Delta x_a^{(1)}, \Delta y_a^{(1)}, \Delta z_a^{(1)}, \Delta \alpha_a^{(1)}, \Delta \beta_a^{(1)}, \Delta \gamma_a^{(1)})$ 对轮廓 S_{i+1} 作坐标变换,可得 $S_i^{(1)}$。

步骤二:

求得 $S_i^{(k)}$ 后,在 $S_i^{(k)}$ 以及轮廓 i 重叠区域内选择若干与坐标分量 X、Y 相同

的点代入式（2.64），可得 $(\Delta x_b^{k+1}, \Delta y_b^{k+1}, \Delta z_b^{k+1}, \Delta\alpha_b^{k+1}, \Delta\beta_b^{k+1}, \Delta\gamma_b^{k+1})$，根据式 (2.72) 得 $(\Delta x_a^{k+1}, \Delta y_a^{k+1}, \Delta z_a^{k+1}, \Delta\alpha_a^{k+1}, \Delta\beta_a^{k+1}, \Delta\gamma_a^{k+1})$，据此对 S_{i+1} 作坐标变换，可得 $S_i^{(k+1)}$。

步骤三：

重复步骤二，直至求解得到足够精度的 $(\Delta x_a, \Delta y_a, \Delta z_a, \Delta\alpha_a, \Delta\beta_a, \Delta\gamma_a)$ 后，对轮廓 S_{i+1} 作坐标变换，实现多段拼接。

2.4.3　分段轮廓的自动划分与算法仿真

1. 分段轮廓的自动划分

在测量之前首先需要对面形轮廓进行分段划分。进行轮廓划分时主要考虑的因素是：

（1）传感器的最大测量量程限制；

（2）传感器所能承受的最大侧向角度；

（3）重叠区域大小；根据文献，通常重叠区域的长度为分段轮廓的 20% 以上；

（4）在满足上述三个条件的前提下，分段轮廓应当尽可能少，重构路径尽可能短。

为了验证测量算法的正确性，我们对口径为 120mm，长径比为 1.2 的椭圆形保形头罩粗加工样件进行了测量试验。结合实际使用的传感器特点，将被测轮廓分为七段，分别为：第一段（ – 15mm，15mm），第二段（0，30mm），第三段（15mm，45mm），第四段（30mm，60mm），第五段（ – 30mm，0），第六段（ – 45mm，– 15mm），第七段（ – 60mm，– 30mm）。同时，以各分段轮廓的起点与终点连线和水平线的夹角确定名义旋转运动的角度值。

在实践中由于所使用的端齿盘最小分度为 1°，因此取相应的最接近整数值作为名义旋转角度值。如表 2.12 所列，其中逆时针方向为正，顺时针方向为负。图 2.59 是对理想面形轮廓的划分示意图，其中（a）是保形光学镜面理想面形轮廓的划分，（b）是经过名义旋转运动后的分段轮廓。

表 2.12　面形轮廓的划分

分段	4	3	2	1	5	6	7
区间/mm	(30,60)	(15,45)	(0,30)	(– 15,15)	(– 30,0)	(– 45, – 15)	(– 60, – 30)
旋转角度	76°	56°	33°	0°	– 33°	– 56°	– 76°

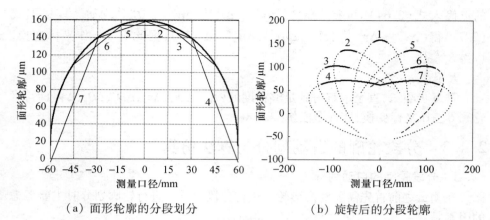

（a）面形轮廓的分段划分　　　　　　（b）旋转后的分段轮廓

图 2.59　面形轮廓的分段划分

2. 测量算法仿真

首先，我们在 MATLAB 下对测量算法进行了仿真。仿真分析了口径 120mm，长径比 1.2 的椭球形保形头罩的测量过程。考虑传感器量程以及所能承受的侧向角度，将被测面形分为 7 段。每段叠加 ±0.2μm 的测量误差。仿真结果如图 2.60 所示，从中可以看出，利用上述算法较好地恢复出了工件的面形误差。

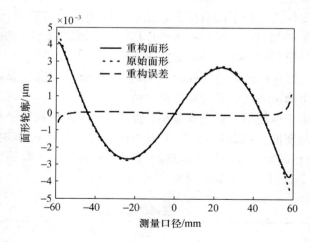

图 2.60　算法仿真结果

2.4.4　测量试验

1. 测量系统的构建与测量流程

在上述分析的基础上,通过对现有直角坐标测量系统的改进,建立了高陡度非球面镜测量试验系统,如图 2.61 所示。系统采用精密端齿盘作为工件的旋转运动调整机构,在 Z 方向增加了大行程的平移运动调整机构,可以实现传感器沿 Z 方向位移的调整。

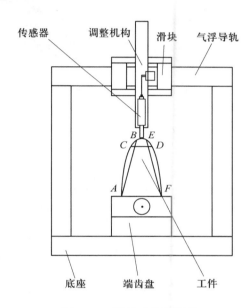

图 2.61　测量系统结构图

分段轮廓的测量过程如图 2.62 所示,图 2.63 为测量系统实物图。测量运动流程可以简要描述为:

图 2.62　测量过程示意图

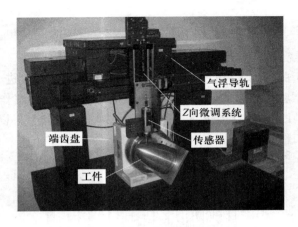

图 2.63　测量系统实物图

（1）测量前首先利用平晶等高精度基准件调整工件安装夹具与端齿盘的初值姿态，通过 Z 向微调系统调整传感器到合适的量程范围内，调整测头与工件的对中。

（2）设定测量步长、测量速度等参数进行单段轮廓的测量，在测量过程中，传感器运动到期望的测量位置后，通过步进电机和软线将传感器测头缓慢放下，计算机采集数据后测头抬起，并运动到下一个测量点位置，如此循环完成单段轮廓的点位式测量。

（3）将端齿盘打开，按照既定的面形轮廓划分方法，转动一定角度，同时通过 Z 向微调系统和横向气浮导轨调整传感器到合适的测量位置，重新开始下一段面形轮廓的测量。如此循环，最终获得各段面形轮廓的测量结果。

2. **测量试验**

图 2.64(a) 是测量得到的 7 段面形轮廓值。图 2.64(b) 为利用上述算法拼接重构出来的面形。图 2.65(a) 是 6、7 两段面形轮廓在重叠区域的重叠误差，图 2.65(b) 是最终重构出来的工件表面的面形误差分布结果，由于是尚未研抛的粗加工件，因此面形误差较大。表 2.13 给出的是相邻轮廓重构误差与相应的单段轮廓重复测量误差的比较，其中第二行是 7 段面形轮廓的测量重复性误差（RMS），第三行是相邻轮廓重构误差（RMS），如第三行第一列是 3,4 两段轮廓利用上述算法拼接后在重叠区域的误差，第三行第二列是 2,3 两段相应的重构误差，依次类推。从图 2.65(a) 和表 2.13 中可以看出重构误差接近单段轮廓测量的重复性误差。

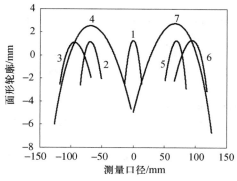

（a）7段分段面形轮廓

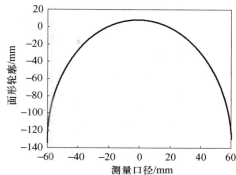

（b）重构出来的面形轮廓

图2.64　7段面形与恢复出来的面形轮廓

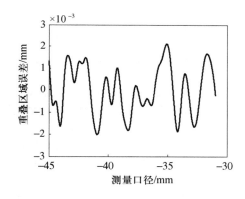

（a）相邻两段重叠区域的重构误差

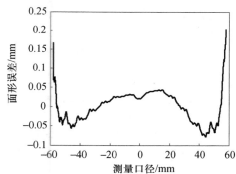

（b）被测工件面形误差

图2.65　重构误差与工件面形误差

表2.13　相邻轮廓重构误差与测量重复性误差的比较　　　　　　μm

分段	4	3	2	1	5	6	7
重复性	0.49	0.14	0.41	0.83	0.29	0.38	0.19
重构误差	1.09	0.73	0.80	—	0.80	0.78	1.10

参 考 文 献

[1]　Edgeworth R，Wilhelm R G. Adaptive sampling for coordinate metrology［J］. Precision Engineering，

1999, 23(3): 144 – 154.

[2] Park B C, Lee Y W, Lee C, et al. Algorithm for stylus instruments to measure aspheric surfaces[C]// Photonics Asia 2004, Proceedings of SPIE, 2005: 309 – 318.

[3] Lee W B, Cheung C F, Chiu W M, et al. An investigation of residual form error compensation in the ultra-precision machining of aspheric surfaces[J]. Journal of Materials Processing Technology, 2000, 99(1): 129 – 134.

[4] Hill M, Jung M, McBride J W. Separation of form from orientation in 3D measurements of aspheric surfaces with no datum[J]. International Journal of Machine Tools and Manufacture, 2002, 42(4): 457 – 466.

[5] Peggs G. The dimensional metrology of large refractive optical components using non-optical techniques[C]// Proceedings of SPIE, 2002, 4411: 171 – 176.

[6] Breidenthal R. Measurement of large optical surfaces for fabrication using a non-optical technique[C]// Proceedings of SPIE, 1992, 1618: 97 – 103.

[7] Kim S W, Walker D, Brooks D. Active profiling and polishing for efficient control of material removal from large precision surfaces with moderate asphericity[J]. Mechatronics, 2003, 13(4): 295 – 312.

[8] Cocco D, Bianco A, Sostero G. A second optic head for the ELETTRA long trace profiler[C]//Optics & Photonics, Proceedings of SPIE, 2005: 59210L – 1—59210L – 10.

[9] Takacs P Z. Cylinder lens alignment in the LTP[C]//Optics & Photonics 2005, Proceedings of SPIE, 2005: 592105 – 592105 – 8.

[10] Rommeveaux A, Thomasset M, Cocco D, et al. First report on a European round robin for slope measuring profilers[C]//Optics & Photonics, International Society for Optics and Photonics, 2005: 592101 – 1—592101 – 12.

[11] Takacs P Z, Qian S, Kester T, et al. Large-mirror figure measurement by optical profilometry techniques[C]// SPIE's International Symposium on Optical Science, Engineering, and Instrumentation, Proceedings of SPIE, 1999: 266 – 274.

[12] Griesmann U, Machkour-Deshayes N, Soons J, et al. Uncertainties in aspheric profile measurements with the geometry measuring machine at NIST[C]//Optics & Photonics, Proceedings of SPIE, 2005: 58780D – 1—58780D – 13.

[13] Glenn P E. Angstrom level profilometry for submillimeter-to meter-scale surface errors[C]//San Dieg-DL Tentative, Proceedings of SPIE, 1990: 326 – 336.

[14] Glenn P E. Lambda-over-one-thousand metrology results for steep aspheres using a curvature profiling technique[C]//8th Int. Symp. on Gas Flow and Chemical Lasers, Proceedings of SPIE, 1992: 54 – 61.

[15] Weingaertner I, Schulz M, Thomsen-Schmidt P, et al. Measurement of steep aspheres: a step forward to nanometer accuracy[C]//International Symposium on Optical Science and Technology, Proceedings of SPIE, 2001, 4449: 195 – 204.

[16] Schulz M. Topography measurement by a reliable large-area curvature sensor[J]. Optik-International Journal for Light and Electron Optics, 2001, 112(2): 86 – 90.

[17] Schulz M, Weingaertner I. Measurement of steep aspheres by curvature scanning: an uncertainty budget[C]//Euspen: European Society for Precision Engineering and Nanotechnology. International

conference. 2001: 478 - 481.

[18] Weingaertner I, Schulz M, Elster C, et al. Simultaneous distance, slope, curvature, and shape measurement with a multipurpose interferometer[C]//International Symposium on Optical Science and Technology, Proceedings of SPIE, 2002, 4778: 198 - 205.

[19] Elster C, Gerhardt J, Thomsen-Schmidt P, et al. Reconstructing surface profiles from curvature measurements[J]. Optik-International Journal for Light and Electron Optics, 2002, 113(4): 154 - 158.

[20] Schulz M, Weingaertner I, Elster C, et al. Low and mid-spatial frequency component measurement for aspheres[C]//Optical Science and Technology, SPIE's 48th Annual Meeting, Proceedings of SPIE, 2003, 5188: 287 - 295.

[21] Thomsen-Schmidt P, Schulz M, Weingaertner I. Facility for the curvature-based measurement of the nanotopography of complex surfaces[C]//International Symposium on Optical Science and Technology, Proceedings of SPIE, 2000, 4098: 94 - 101.

[22] Weingaertner I, Schulz M, Geckeler R D, et al. Tracing back radius of curvature and topography to the base unit of length with ultra-precision[C]//Proceedings of SPIE, 2001, 4401: 175 - 183.

[23] Schulz M, Weingaertner I. Avoidance and elimination of errors in optical scanning[C]//Industrial Lasers and Inspection (EUROPTO Series, Proceedings of SPIE, 1999, 3823: 133 - 141.

[24] Weingaertner I, Schulz M, Elster C. Novel scanning technique for ultraprecise measurement of topography[C]//SPIE's International Symposium on Optical Science, Engineering, and Instrumentation, Proceedings of SPIE, 1999, 3782: 306 - 317.

[25] Griesmann U, Machkour-Deshayes N, Soons J, et al. Uncertainties in aspheric profile measurements with the geometry measuring machine at NIST[C]//Optics & Photonics, Proceedings of SPIE, 2005: 58780D -1—58780D - 13.

[26] Weingaertner I, Schulz M, Thomsen-Schmidt P. Methods, error influences, and limits for the ultraprecise measurement of slope and figure for large, slightly nonflat, or steep complex surfaces[C]//International Symposium on Optical Science and Technology, Proceedings of SPIE, 2000, 4099: 142 - 153.

[27] 李圣怡, 戴一帆. 精密和超精密机床精度建模技术[M]. 长沙:国防科学技术大学出版社, 2007.

[28] Negishi M, Ando M, Takimoto M, et al. Super-smooth polishing on aspherical surfaces (I): high-precision coordinate measuring and polishing systems [C]//International Conferences on Optical Fabrication and Testing and Applications of Optical Holography, Proceedings of SPIE, 1995, 2576: 336 - 347.

[29] Ando M, Negishi M, Takimoto M, et al. Super-smooth polishing on aspherical surfaces (II): achievement of a super-smooth polishing [C]//International Conferences on Optical Fabrication and Testing and Applications of Optical Holography, Proceedings of SPIE, 1995, 2576: 348 - 356.

[30] Yanga H S, Walker D. Progress on development of prototype laser reference system for stylus profilometry of large optics[C]//Proceedings of SPIE. 2002, 4411: 162 - 170.

[31] Walker D D. The primary and secondary mirrors for the proposed Euro 50 telescope [J]. EURO50 Design Study Report, 2002.

[32] 余景池, 张学军. 计算机控制非球面加工精磨阶段的检测技术[J]. 光学技术, 1998(3): 38 - 40.

[33] 唐健冠, 伍凡, 吴时彬. 大口径非球面精磨表面形状检测技术研究[J]. 光学技术, 2001, 27(6):

509 – 511.

[34] 万勇建, 范斌, 袁家虎, 等. 大型非球面主镜细磨中的一种在线检测技术[J]. 光电工程, 2005, 32(1): 1 – 4.

[35] 张学军, 张云峰, 余景池, 等. FSGJ – 非球面自动加工及在线检测系统[J]. 光学 精密工程, 1997, 5(2): 70 – 76.

[36] 宋开臣, 张国雄. 空间自由曲面的非接触扫描测量[J]. 中国机械工程, 1999, 10(6): 661 – 664.

[37] Anderson D S, Burge J H. Swing-arm profilometry of aspherics [C]//SPIE′s 1995 International Symposium on Optical Science, Engineering, and Instrumentation, Proceedings of SPIE, 1995, 2536: 169 – 179.

[38] Mast T S, Nelson J E, Sommargren G E. Primary mirror segment fabrication for CELT[C]//Proceedings of SPIE. 2000, 4003: 43 – 58.

[39] Callender M J, Efstathiou A, King C W, et al. Swing arm profilometer for large telescope mirror element metrology[C]//Astronomical Telescopes and Instrumentation, Proceedings of SPIE, 2006: 62732R – 1— 62732R – 12.

[40] Martin H M, Burge J H, Del Vecchio C, et al. Optical fabrication of the MMT adaptive, secondary mirror[C]// Astronomical Telescopes and Instrumentation, Proceedings of SPIE, 2000, 4007: 502 – 507.

[41] Smith B K, Burge J H, Martin H M. Fabrication of large secondary mirrors for astronomical telescopes[C]//Optical Science, Engineering and Instrumentation′97, Proceedings of SPIE, 1997, 3134: 51 – 61.

[42] 产品介绍 www.satisloh.com. 2011.6.11.

[43] 贾立德, 郑子文, 戴一帆, 等. 摆臂式非球面轮廓仪的原理与试验[J]. 光学精密工程, 2007, 15(4): 499 – 504.

[44] Schulz M, Geckeler R D. Scanning form measurement for curved surfaces[C]//Optics & Photonics 2005, Proceedings of SPIE, 2005: 592106 – 1—592106 – 10.

[45] Schulz M, Gerhardt J, Geckeler R D, et al. Traceable multiple sensor system for absolute form measurement[C]//Optics & Photonics, Proceedings of SPIE, 2005: 58780A – 1—58780A – 8.

[46] 贾立德, 郑子文, 李圣怡. 基于柱面坐标系的新型光学坐标测量机的研制[J]. 光学精密工程, 2006, 14(5): 551 – 555.

[47] Zheng Z W, Jia L D, Li S Y, et al. Development of a New Optical Coordinate Measurement Machine in Cylinder Coordinates[J]. Key Engineering Materials, 2008, 364: 745 – 749.

[48] 贾立德, 郑子文, 李圣怡, 等. 光学非球面坐标测量中位姿误差的分离与优化[J]. 光学精密工程, 2007, 15(8): 1229 – 1234.

[49] 贾立德. 光学非球面坐标测量关键技术研究[D]. 长沙:国防科学技术大学, 2008.

[50] Shibuya A, Gao W, Yoshikawa Y, et al. Profile measurements of micro-aspheric surfaces using an air-bearing stylus with a microprobe[J]. International Journal of Precision Engineering and Manufacturing, 2007, 8(2): 26 – 31.

[51] 李圣怡, 尹自强. 超精密工件在线直线度多传感器测量方法[J]. 纳米技术与精密工程, 2004, 2(1): 71 – 75.

［52］ 杨力. 先进光学制造技术［M］. 北京:科学出版社,2001.

［53］ Pahk H J, Park J S, Yeo I. Development of straightness measurement technique using the profile matching method［J］. International Journal of Machine Tools and Manufacture, 1997, 37(2): 135 −147.

［54］ 熊有伦. 精密测量中的数学方法［M］.北京:中国计量出版社,1989.

［55］ 谭久彬. 精密测量中的误差补偿技术［M］.北京:科学技术出版社,2002.

［56］ Anderson D S, Burge J H. Swing-arm profilometry of aspherics［C］//SPIE′s 1995 International Symposium on Optical Science, Engineering, and Instrumentation, Proceedings of SPIE, 1995, 2536: 169 −179.

［57］ Callender M J, Efstathiou A, King C W, et al. Swing arm profilometer for large telescope mirror element metrology［C］//Astronomical Telescopes and Instrumentation, Proceedings of SPIE, 2006: 62732R −1— 62732R −12.

［58］ Feng C X, Saal A L, Salsbury J G, et al. Design and analysis of experiments in CMM measurement uncertainty study［J］. Precision Engineering, 2007, 31(2): 94 −101.

［59］ 段广云, 王建华, 李平. 接触式测微仪测头动态性能分析［J］. 西安工业学院学报, 2004, 24(1): 11 −14.

［60］ Pawlus P, Smieszek M. The influence of stylus flight on change of surface topography parameters［J］. Precision engineering, 2005, 29(3): 272 −280.

［61］ Endelman L L. Hubble Space Telescope: now and then［C］//22nd Int′l Congress on High-Speed Photography and Photonics, Proceedings of SPIE, 1997, 2869: 44 −57.

［62］ Baiocchi D, Burge J H. Radius of curvature metrology for segmented mirrors［C］//International Symposium on Optical Science and Technology, Proceedings of SPIE, 2000, 4093: 58 −67.

［63］ 张晓玲, 林玉池, 吴波, 等. 实现物体 360 轮廓测量的新型轮廓拼接方法［J］. 机械工程学报, 2006, 42(5): 182 −185.

［64］ 周旭升. 大中型非球面计算机控制研抛工艺方法研究［D］. 长沙:国防科学技术大学, 2007.

［65］ 产品介绍 http://www. taylor-hobson. com. 2007. 12. 28.

第 3 章
子孔径拼接测量方法

3.1 概述

3.1.1 子孔径拼接测量的基本原理

子孔径拼接测量方法的基本思想是"以小拼大",即测量一系列相互有重叠的子孔径,通过算法补偿,拼接得到被测大中型镜面的全口径面形,如图3.1所示。由于每次仅测量非球面的一个更小的子孔径,其非球面度大大减小而可用

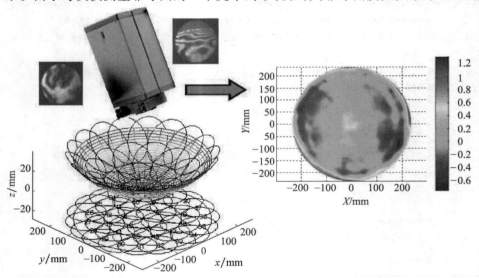

图 3.1　子孔径拼接测量的原理示意图

标准干涉仪(例如 Zygo 公司的球面干涉仪)直接测量,不需要辅助补偿镜。在提高横向分辨率的同时,也显著增大了垂直测量范围,因此子孔径拼接测量方法有效解决了大视场与高分辨率的矛盾。子孔径拼接测量方法的另一个突出优点是方便测量大中型凸非球面,避免了无像差点法或补偿法测量中要求更大口径的辅助镜或补偿镜的问题。

从原理上看,子孔径拼接测量方法既可用于零位测试,也可用于非零位测试。例如测量大口径平面或球面时,采用的是零位测试构型,而用球面干涉仪直接进行非球面的子孔径测试时,本质上是非零位测试。子孔径本身也不限于圆形,还可以是环带甚至任意几何形状。

3.1.2　子孔径拼接测量的发展概况

Kim 与 Wyant[1] 在 1981 年首次提出可用子孔径拼接的方法测量大中型平面镜,以克服 Ritchey – Common 方法的不足,同时他们还指出子孔径拼接测量方法用于非球面,可以减小非球面度的影响。接着 Thunen 和 Kwon[2] 也提出采用子孔径拼接方法获得全口径面形。最初的子孔径拼接测量方案中各子孔径之间是不重叠的,如图 3.2 是子孔径拼接测量方法用于大中型光学系统的典型光路[3]。用一组小口径的光学参考平面代替与光学系统口径相当的大中型参考平面,从而大大降低了成本和复杂性。

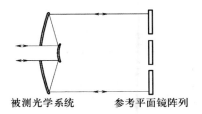

被测光学系统　　　　参考平面镜阵列

图 3.2　大中型光学系统的子孔径拼接测量

由于每个子孔径干涉图样都包含了各参考面的对准误差的影响,因此子孔径拼接测量的首要问题就是如何由子孔径像差转化得到全口径像差,即子孔径拼接问题。主要有两种子孔径拼接算法,其一是 Kwon – Thunen 方法[2],另一个是由 Chow 和 Lawrence 提出的同步拟合方法(Simultaneous Fit Method, SFM)[3]。两者都是基于 Zernike 多项式描述波前,文献[4]给出了它们的一个比较研究。由于不要求分别拟合各个子孔径,同步拟合方法具有计算量更小的优点。但是两种方法都有一个问题,就是在用 Zernike 多项式描述波前时会遇到困难,尤其是当波前存在局部不规则性时,因为 Zernike 多项式只能描述光滑表面的低频面形误差[5]。

实际上子孔径相对平移和倾斜的不确定性对测试精度有明显影响,而更直接的方法是估计进而补偿这种不确定性。Stuhlinger[5] 提出了一种离散相位方法(Discrete Phase Method, DPM),波前不是用 Zernike 多项式来描述,而是用在口径上分布的大量离散点上的光学相位测量值来描述。相位的测量值与名义值之间的偏差反映了系统像差。该方法要求各子孔径之间存在重叠,通过最小二乘拟合重叠区上点的相位偏差数据获得相对平移和倾斜量的估计。DPM 的思想可称得上是子孔径测试发展的一个新的里程碑,是后来子孔径测试方法的雏形。但是由于它本质上是全口径测试方法,并不能提高空间分辨率。

陈明仪等在进一步深入研究后,提出了一种较为系统的技术,称为多子孔径重叠扫描技术(Multi-Aperture Overlap-Scanning Technique, MAOST)[6-8],子孔径是通过移动被测面或者干涉仪来逐一测试的(图 3.3)。除了能提供冗余信息用于拼接外,重叠区也是保证覆盖全口径所必需的。此后子孔径拼接测量方法都是具有重叠区的[9-25]。许多文献还对子孔径测试的误差源和拼接策略(包括子孔径划分、拼接模式和拼接顺序等)进行了详细讨论。其中 Bray 所做的工作值得重视,他研制的"反射透射二合一"拼接干涉仪成功用于美国国家点火装置(National Ignition Facility, NIF)和 Laser MégaJoule 等惯性约束聚变激光系统中。

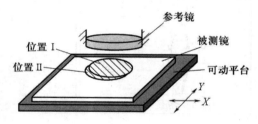

参考镜
位置 I
位置 II
被测镜
可动平台
Y
X

图 3.3　MAOST 测量原理

然而这些方法主要局限于平面光学零件的测试,参考波前的名义运动是两维 X - Y 平移。通常刚体之间的刚体变换具有 6 个自由度,而大多数子孔径测试是基于两个子孔径之间 3 个自由度的运动不确定性,即平移、X - 倾斜和 Y - 倾斜。并且通常假设子孔径对的重叠区对应点的像素(坐标)是精确已知的,可以由名义运动在空间容许误差(例如像素分辨率)之内给出。作为一个例外,Tang[13] 提出的方法考虑了运动不确定性的所有 6 个自由度,这 6 个参数通过对重叠区点的相位偏差进行开方(chi-square)拟合获得最优估计值。据称,该方法对子孔径的平移和倾斜不敏感,对重叠区的横向移动和转动也不敏感。然而在这里重叠区很可能随着误差运动参数的改变而改变,Sjöedahl[18]进而提出了一种迭代方法。在每次迭代中,最小二乘问题通过奇异值分解(Singular Value Decomposition, SVD)求解获得 6 个参数的最优估计,然后更新重叠区,形成一个新的目标函数继续进行优化,如此反复迭代直到算法收敛到给定精度之内。

Day[26] 和 Lawrence[27] 等首先将子孔径拼接测量方法推广应用到全球面测试,其中用球体调和函数(spherical harmonic functions)代替 Zernike 多项式进行波前描述。此外,陈明仪等[11]将 MAOST 推广到 360°轮廓测量。由于使用直角坐标存在一些问题,他们改而采用圆柱坐标系,重新推导了拼接模型,并且提出了一种迭代算法[21]。基于虚拟圆柱的概念,他们进一步研究了将子孔径测试推广到类似回转面[26]。尽管这方面的工作已经做了不少,但离适用于一般光学曲面,特别是非球面的子孔径拼接干涉仪实用化产品还有一段相当远的距离,其中不仅仅有工程化的实际问题,还有理论和算法上的问题。2003 年美国 QED Technologies 公司研制出了产品化的子孔径拼接干涉仪工作站(Subaperture Stitching Interferometer, SSI)[22-23],适用于口径 200mm 以下的平面、球面和适度非球面,这是子孔径拼接测量发展进程中的重大进步。如图 3.4 所示,SSI 由一台标准的 Zygo 干涉仪和 6 自由度精密运动平台构成,实现对各个子孔径的对准与测量。2006 年、2009 年初 QED 公司继续推出了新产品 SSIA 和 ASI,在原来的 SSI 基础上加入非球面测量能力[28]。对于更大口径的零件,因为零件不适合运动,需要对机械和光路结构进行修改。并且在子孔径对准与调零过程中引入的机械误差很难在大行程内控制得很小,因此对子孔径拼接算法的性能提出了更

图 3.4 QED 公司的子孔径拼接干涉仪工作站

高的要求。

　　另一种子孔径测试方法是环带子孔径测试（图 3.5），1988 年 Liu 等[29] 首先提出来，拼接算法采用 Zernike 多项式描述波前，因而不要求相邻环带之间存在重叠区域。侯溪等[30,31] 进一步引入环带 Zernike 多项式描述，克服了圆形孔径上 Zernike 多项式描述带来的耦合问题。但是如前所述，用 Zernike 多项式描述被测波面是有局限的。Melozzi[32] 和 Tronolone[33] 等提出基于离散相位值的算法，可以避免这个问题，但它要求环带之间存在一定宽度的重叠区域，对于大相对口径非球面，边缘环带势必很窄而很难满足重叠条件。环带子孔径拼接测量方法用来测量非球面，可以扩大普通干涉仪的垂直动态范围。但由于它本质上仍然是全口径测试，横向分辨率和测量范围得不到有效改善，因此对于大中型光学镜面并不具有优势。再者，环带子孔径拼接测量方法只限于回转对称凹面镜的测量。

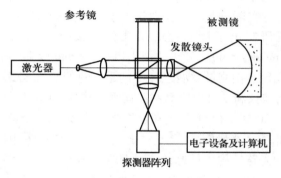

图 3.5　环带子孔径测试示意图

3.2　子孔径拼接基本算法

　　由于 Zernike 多项式描述波面存在局限，子孔径拼接算法中最常用的是直接对离散相位数据进行操作。但不同子孔径在测量时，获得的数据是在不同坐标系下描述的。当用平面干涉仪测量平面子孔径时，不同子孔径数据之间存在不同的位姿，通常用平移（Piston）、X 和 Y 方向的倾斜（tilts）来表示；当用球面干涉仪测量球面子孔径时，不同子孔径数据之间除了存在不同的位姿外，其参考的最佳拟合球面（best-fit sphere）也不同，通常用平移、X 和 Y 方向的倾斜以及离焦（power）来表示。子孔径拼接算法的根本问题就是要将各个子孔径的测量数据

　光学非球面镜制造中的面形测量技术

变换到统一的坐标系中,即通过算法找出各个子孔径的平移、倾斜和离焦项的大小,从而予以补偿。

3.2.1 两个子孔径拼接的数学模型

以相邻两个子孔径的拼接问题为例。设子孔径1和子孔径2的测量数据分别为 $w_1 = \{(u_{j,1}, v_{j,1}, \varphi_{j,1}), j = 1, 2, \cdots, N_1\}$ 和 $w_2 = \{(u_{j,2}, v_{j,2}, \varphi_{j,2}), j = 1, 2, \cdots, N_2\}$,其中 φ 为像素(u, v)对应的相位差,N_1 和 N_2 分别为子孔径1和子孔径2的测点总数。由于在测量这两个子孔径时,干涉仪与被测镜面之间需要调整位置或姿态,使得两组测量数据对应的坐标系并不一致。为此我们假设存在一个统一的坐标系作为参考,子孔径1和子孔径2的数据变换到该坐标系下后可分别表示为

$$z_{j,1} = \varphi_{j,1} + a_1 + b_1 \cdot u_{j,1} + c_1 \cdot v_{j,1} + d_1(u_{j,1}^2 + v_{j,1}^2)$$
$$z_{j,2} = \varphi_{j,2} + a_2 + b_2 \cdot u_{j,2} + c_2 \cdot v_{j,2} + d_2(u_{j,2}^2 + v_{j,2}^2) \tag{3.1}$$

在统一的参考坐标系中,两个子孔径数据在重叠区域上应该一致,即理想情况下重叠区域上某一点对应的两个子孔径上的相位差是相等的。实际测量时由于存在测量误差,两个子孔径的测量数据在重叠区域不可能处处完全相同,而只能在最小二乘意义下一致。假设重叠区域的数据可记做 $w_{1o} = \{(u_{jo,1}, v_{jo,1}, \varphi_{jo,1}), j_o = 1, 2, \cdots, N_o\}$ 和 $w_{2o} = \{(u_{jo,2}, v_{jo,2}, \varphi_{jo,2})\}$,$N_o$ 表示重叠点对总数,下标"o"表示重叠区域。则根据重叠区域数据一致原则,可将两个子孔径的拼接问题描述为下面的最小二乘模型

$$\min F = \sum_{jo=1}^{N_o} (z_{jo,1} - z_{jo,2})^2$$
$$= \sum_{jo=1}^{N_o} [\varphi_{jo,1} - \varphi_{jo,2} + a_1 - a_2 + b_1 \cdot u_{jo,1} - b_2 \cdot u_{jo,2} + c_1 \cdot v_{jo,1} - c_2 \cdot v_{jo,2} +$$
$$d_1(u_{jo,1}^2 + v_{jo,1}^2) - d_2(u_{jo,2}^2 + v_{jo,2}^2)]^2 \tag{3.2}$$

令 $\boldsymbol{x} = [a_1, b_1, c_1, d_1, a_2, b_2, c_2, d_2]^T$,$\boldsymbol{b} = (\varphi_{jo,2} - \varphi_{jo,1})$ 为 $N_o \times 1$ 列向量,系数矩阵

$$A = \begin{bmatrix} 1, u_{1o,1}, v_{1o,1}, u_{1o,1}^2 + v_{1o,1}^2, -1, -u_{1o,2}, -v_{1o,2}, -u_{1o,2}^2 - v_{1o,2}^2 \\ 1, u_{2o,1}, v_{2o,1}, u_{2o,1}^2 + v_{2o,1}^2, -1, -u_{2o,2}, -v_{2o,2}, -u_{2o,2}^2 - v_{2o,2}^2 \\ \vdots \\ 1, u_{No,1}, v_{No,1}, u_{No,1}^2 + v_{No,1}^2, -1, -u_{No,2}, -v_{No,2}, -u_{No,2}^2 - v_{No,2}^2 \end{bmatrix} \tag{3.3}$$

从而式（3.2）可化为求线性方程组 $\boldsymbol{Ax} = \boldsymbol{b}$ 的最小二乘解，即两个子孔径的拼接问题可通过求解线性方程组获得最优的平移、倾斜和离焦系数，进而代入式（3.1），将两个子孔径数据变换到统一的参考坐标系中。注意对于平面子孔径测量数据，不需要考虑离焦项。

3.2.2　子孔径同步拼接模型与算法

子孔径拼接测量大中型光学镜面时，子孔径数目通常大于2。对于多个子孔径的拼接，一般有两种处理方法。一是依次拼接相邻的两个子孔径，称为顺序拼接（sequential stitching），另一种是同时将所有子孔径拼接到一起，称为同步拼接（simultaneous stitching）。显然顺序拼接存在误差积累传递的问题，拼接顺序的选择会影响最后的拼接精度；同步拼接则同时补偿所有子孔径的平移、倾斜和离焦项，使得所有重叠区域的数据在最小二乘意义下一致。

设一共有 s 个子孔径，其中子孔径 i 和子孔径 k 的测量数据分别为 $w_i = \{(u_{j,i}, v_{j,i}, \varphi_{j,i}), j = 1, 2, \cdots, N_i\}$ 和 $w_k = \{(u_{j,k}, v_{j,k}, \varphi_{j,k}), j = 1, 2, \cdots, N_k\}$。子孔径 i 和子孔径 k 的重叠区域数据可记做 $w_{io} = \{({}^{ik}u_{jo,i}, {}^{ik}v_{jo,i}, {}^{ik}\varphi_{jo,i}), j_o = 1, 2, \cdots, {}^{ik}N_o\}$ 和 $w_{ko} = \{({}^{ik}u_{jo,k}, {}^{ik}v_{jo,k}, {}^{ik}\varphi_{jo,k})\}$，${}^{ik}N_o$ 表示重叠点对总数，左上标"ik"表示子孔径 i 和子孔径 k 的重叠区域。则根据重叠区域数据一致原则，子孔径同步拼接问题可描述为下面的最小二乘模型

$$
\begin{aligned}
\min F &= \sum_{i=1}^{s-1} \sum_{k=i+1}^{s} \sum_{jo=1}^{ikN_o} ({}^{ik}z_{jo,i} - {}^{ik}z_{jo,k})^2 \\
&= \sum_{i=1}^{s-1} \sum_{k=i+1}^{s} \sum_{jo=1}^{ikN_o} [{}^{ik}\varphi_{jo,i} - {}^{ik}\varphi_{jo,k} + a_i - a_k + b_i \cdot {}^{ik}u_{jo,i} - b_k \cdot {}^{ik}u_{jo,k} \\
&\quad + c_i \cdot {}^{ik}v_{jo,i} - c_k \cdot {}^{ik}v_{jo,k} + d_i ({}^{ik}u_{jo,i}^2 + {}^{ik}v_{jo,i}^2) - d_k ({}^{ik}u_{jo,k}^2 + {}^{ik}v_{jo,k}^2)]^2
\end{aligned}
$$

$$(3.4)$$

令 $\boldsymbol{x} = [a_1, b_1, c_1, d_1, a_2, b_2, c_2, d_2, \cdots, a_s, b_s, c_s, d_s]^{\mathrm{T}}$，$\boldsymbol{b} = ({}^{ik}\varphi_{jo,k} - {}^{ik}\varphi_{jo,i})$ 为 $N_o \times 1$ 列向量，其中

$$
N_o = \sum_{i=1}^{s-1} \sum_{k=i+1}^{s} {}^{ik}N_o
$$

$$(3.5)$$

为所有子孔径重叠区域的数据点总数。与式（3.3）同理可写出系数矩阵 $\boldsymbol{A}$，是一个 $N_o \times (4s)$ 稀疏矩阵。这样式（3.4）仍可化为求线性方程组 $\boldsymbol{Ax} = \boldsymbol{b}$ 的最小二乘解，即可通过求解线性方程组获得每个子孔径最优的平移、倾斜和离焦系数，进而所有子孔径数据变换到统一的参考坐标系中。同样对于平面子孔径测量数

据,不需要考虑离焦项。

子孔径拼接的基本算法就是求解线性方程组,常用方法有奇异值分解、QR分解等[35],这些算法都已经很成熟,在工程计算中获得了广泛应用。

在上述基本算法的基础上,QED 公司提出可通过算法补偿各个子孔径测量的参考面误差,以及干涉仪的成像畸变[23,36]。由于这些误差是干涉仪自身引入的,对于每个子孔径都是一样的,与平移、倾斜、离焦等误差不同。QED 公司的子孔径拼接模型基于以下关于补偿后相位差的表达式[23]。

$$z_j(u,v) = \varphi_j(u,v) + \sum_k a_{jk}g_{jk}(u,v) + \sum_i \alpha_i G_{ji}(u,v) \tag{3.6}$$

式(3.6)右边第二项对应式(3.1)所含的平移、倾斜和离焦项,称为"自由补偿"项(free compensator);第三项则为用 Zernike 多项式表示的参考波面,称为"互锁补偿"项(interlocked compensator)。

与式(3.1)类似,式(3.6)中的 z_j 仍然是关于未知系数 a_{jk} 和 α_i 的线性组合,因而子孔径拼接问题同样可写成线性最小二乘形式,通过求解线性方程组获得最优的各项系数,并代入式(3.6)予以补偿,实现子孔径测量数据拼接的目的。

3.3　子孔径拼接迭代算法

子孔径拼接的基本算法是根据重叠区域数据不一致性最小的原则,将问题化为线性最小二乘模型求解。然而在具体应用时,存在以下问题:

1)式(3.4)隐含一个前提,就是已知所有重叠区域的重叠点对。在实际测量中,若是平面子孔径测量,则根据子孔径的名义位置容易确定重叠点对,因为测量不同子孔径名义上只需要平面内的平移运动。但是对于应用球面干涉仪的子孔径测量,不同子孔径之间名义上相差多个自由度的运动,包括平移和旋转,因而很难直接确定测得的子孔径数据中哪些是重叠点对。此外,不同子孔径的测量采样网格很可能是不重合的,即存在采样错移,通常需要对其进行插值,使得式(3.4)所采用的数据点对应到严格重合的网格点。否则会降低拼接精度和可靠性。这是图像多视拼合中已经意识到的问题[34]。

2)不同子孔径之间由于刚体变换而存在 6 自由度位姿误差,不能完全由消倾斜和消离焦措施进行补偿。从原理上看,测量不同子孔径时,波面干涉仪与被测镜面之间存在多自由度运动变换,而在对准运动过程中,又会引入 6 自由度位姿误差。对子孔径数据进行消倾斜、消离焦等措施只是补偿其位姿误差的一种近似处理,当要求拼接测量精度很高,或对准运动引入的位姿误差较大时,这种近似处理就不再恰当了。

正是基于以上两个问题,我们考虑在直角坐标空间进行拼接,即将所有子孔径数据都变换到其对应的物面坐标系中表示成三维直角坐标,而不是直接操作相位差数据。这样刚体变换就可以自然作用在直角坐标数据上,并且我们可以在直角坐标系中利用数据之间的几何包容关系,自动确定重叠点对。

3.3.1 数学模型

设干涉仪测量数据为 $w = (u, v, \varphi)$,其中 φ 为像素坐标 (u, v) 上的相位差。根据平面 Fizeau 干涉仪的测试几何关系,物体坐标由式(3.7)获得

$$[x \quad y \quad z] = [\beta u \quad \beta v \quad \varphi] \tag{3.7}$$

其中 β 是横向坐标比例因子。对于球面和非球面测量,常用球面 Fizeau 干涉仪,由透射球(会聚透镜组或发散透镜组)产生测试波面的最佳拟合球面波。根据其测试几何关系(图 3.6),物面坐标系建立在透射球的顶点上,若透射球为会聚透镜组,则可用其关于焦点的镜像。像面与物面平行。相对平面干涉仪情形,此时的物面坐标更复杂一些,物面坐标表示为

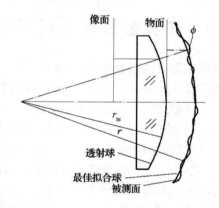

图 3.6　球面 Fizeau 干涉仪的测试几何关系

$$[x \quad y \quad z] = \left[(r + \varphi)\beta u \quad (r + \varphi)\beta v \quad r_{ts} - (r + \varphi)\sqrt{1 - \beta^2 (u^2 + v^2)} \right]$$

$$\tag{3.8}$$

其中 r_{ts} 为干涉仪透射球的半径,r 为最佳拟合球的半径,$\beta = \gamma / r_{ts}$,γ 为横向坐标比例因子。

上述物体坐标是在子孔径(局部坐标系)中描述的,不同子孔径之间存在坐标系变换关系,为此需要将物体坐标变换到一个统一的全局直角坐标系中。设

子孔径 i 中的测量点 j 对应的物体坐标变换到全局坐标系中可用下面的映射 f 表示

$$f_i(w_{j,i}) = g_i^{-1}[x_{j,i}, y_{j,i}, z_{j,i}, 1]^T \tag{3.9}$$

其中 $i = 1, 2, \cdots, s, s$ 为子孔径数目;$j = 1, 2, \cdots, N_i, N_i$ 为子孔径 i 的采样点总数。g_i 表示局部坐标系相对全局坐标系的位形。

我们采用特殊 Euclidean 群 $SE(3)$ 的元来表示刚体的位形,这在机器人学中较常见[37]。利用指数映射,$SE(3)$ 有下面的规范表示:

$$SE(3) = \left\{\exp\left(\sum_{t=1}^{6} m_t \hat{\boldsymbol{\xi}}_t\right)\right\} \tag{3.10}$$

其中

$$\hat{\boldsymbol{\xi}} = \begin{pmatrix} \hat{\boldsymbol{\omega}} & v \\ 0 & 0 \end{pmatrix} \tag{3.11}$$

称为运动旋量(twist),$\boldsymbol{\xi} = (v \quad \omega)^T$ 称为旋量坐标(twist coordinates)。$\boldsymbol{\xi}_t \in \mathbf{R}^6$ 为单位向量,其第 t 分量为 1,而其他分量为 0。对于对称子群为 G_0 的对称特征,其位形空间由式(3.12)局部参数化[38]:

$$SE(3)/G_0 = \{gG_0 = \exp(\hat{m})G_0\} \tag{3.12}$$

其中 $\hat{m} \in \mathcal{M}$ 满足

$$se(3) = \mathcal{M} \oplus \mathcal{G}_0 \tag{3.13}$$

这里 $se(3)$ 是 $SE(3)$ 的李代数,$\mathcal{G}_0$ 是 G_0 的李代数,$\mathcal{M}$ 是 G_0 的补空间。"$\oplus$"表示线性空间的直和分解。例如回转对称曲面的对称子群是

$$G_0 = \{\exp(m_6 \hat{\boldsymbol{\xi}}_6)\} \tag{3.14}$$

其位形空间可以局部表示如下

$$SE(3)/G_0 = \left\{gG_0 = \exp\left(\sum_{t=1}^{5} m_t \hat{\boldsymbol{\xi}}_t\right)G_0\right\} \tag{3.15}$$

与子孔径拼接基本算法一样,在全局坐标系中,所有子孔径之间重叠区域的数据在最小二乘意义下应一致。由式(3.7)、式(3.8)和式(3.9)可知,全局坐标表达式中与子孔径 i 相关的参数 β_i, r_i 以及 g_i 是未知的,需要根据重叠区一致的原则优化获得最佳估计,称为位形优化子问题;另一方面,如前所述首先需要确定重叠区域的重叠点对,称之为重叠计算子问题。这两个子问题是互相耦合的,重叠对应关系随着不同的位形而变化,并且两者之间的关系很难显式描述。因此子孔径拼接迭代算法采用两个子问题交替优化求解的思路。

1. 重叠计算子问题

重叠计算子问题是在全局坐标系下求解的,假设位形参数 $\{\beta_i\}$,$\{r_i\}$ 以及

$\{g_i\}$ 固定不变,它包括找出重叠对应关系和计算重叠区内偏差。子孔径 k 中的测量点 $f_k w_{j,k}$ 在子孔径 i 中的对应点是其在点集 $\{f_i w_{j,i} | j = 1, \cdots, N_i\}$ 所表示的曲面上的投影点。通常这一问题要求首先对点集 $\{f_i w_{j,i} | j = 1, \cdots, N_i\}$ 进行曲面拟合,然后计算点 $f_k w_{j,k}$ 在拟合曲面上的最近点。这个过程比较耗时,不适合于子孔径拼接问题,因为待处理数据点集太大。实际上既然被测面的 CAD 模型是已知的,我们可以利用它来简化问题。

问题 3.1(重叠计算子问题) 给定子孔径干涉测量的数据点集 $W = \{w_{j,i} = (u_{j,i}, v_{j,i}, \varphi_{j,i}) \in \mathbf{R}^3 | j = 1, \cdots, N_i; i = 1, \cdots, s\}$、比例因子 $\{\beta_i\}$、最佳拟合球半径 $\{r_i\}$ 和位形 $\{g_i\}$,找出子孔径 k 中与子孔径 i 重叠的所有点 $\{f_k w_{jo,k}\} \subseteq \{f_k w_{j,k}\}$,然后计算 $\{f_k w_{jo,k}\}$ 到点集 $\{f_i w_{j,i}\}$ 所表示的曲面的偏差($i = 1, \cdots, s - 1; k = i + 1, \cdots, s$)。

被测表面的 CAD 模型可以用来简化问题。将子孔径 k 与子孔径 i 中所有点均投影到名义表面上,产生相应投影点集 $\{x_{j,k}\}$ 和 $\{x_{j,i}\}$,同时得到点 $f_i w_{j,i}$ 到名义表面的有向距离

$$d(j, i) = \langle w_{j,i} - x_{j,i}, \mathbf{n}_{j,i} \rangle \tag{3.16}$$

其中 $\mathbf{n}_{j,i}$ 是名义表面在 $x_{j,i}$ 的单位法向。称子孔径 k 中点 $f_k w_{jo,k}$ 落在重叠区内,若其投影点 $x_{jo,k}$ 在 $X - Y$ 平面上的投影位于投影点集 $\{x_{j,i}\}$ 在 $X - Y$ 平面上的投影的凸壳内,从而问题简化为二维计算几何问题。下标 $jo \in \{1, \cdots, N_k\}$ 表明是重叠点。

例如图 3.7 是重叠计算子问题的二维情形,由于投影 $p_{jo,k}$ 在位于线段 $\overline{p_{j,i}\, p_{j',i}}$ 内,我们认为点 $\{g_i^{-1} w_{j,i}\}$ 是一个重叠点。

对于简单曲面如平面、球面等,点到它的投影可以直接计算;而对于二次曲面,需要求解三次或四次非线性方程;最复杂的情形是自由曲面,需要利用非线性优化技术求解。基于 Voronoi 三角化,找出某二维点集中落在另一个二维点集之内的所有点的问题,计算复杂性是近似线性的。

假设子孔径 i 中点 $f_i w_{jo,i}$ 在名义表面上的投影点也是 $x_{jo,k}$,它很可能不在 $\{f_i w_{j,i}\}$ 确定的采样网格点上,因此需要插值计算点 $f_i w_{jo,i}$ 到名义表面上的有向距离 $\mathbf{d}_{jo,i}$,进而根据式(3.17)近似计算重叠点对 $f_k w_{jo,k}$ 与 $f_i w_{jo,i}$ 的偏差

$$e_{io,k} = \mathbf{d}_{io,k} - \mathbf{d}_{io,i} \tag{3.17}$$

下面还会用到与 $f_i w_{jo,i}$ 相应的像素坐标 $(u_{jo,i}, v_{jo,i})$,通常也不在像面网格点上,同样需要插值计算。

2. 位形优化子问题

位形优化子问题是要根据重叠区一致的原则进行位形参数优化,获得其最

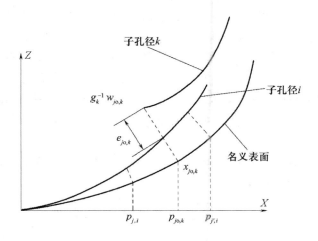

图 3.7　重叠计算子问题的二维情形

佳估计,因此首先需要定义一个恰当的目标函数。与基本算法不同的是,问题3.1 的求解利用了名义表面,因此同时对全口径数据相对名义表面进行最佳定位,对于算法的收敛是有益的。数学形式上我们采用双目标的线性组合,从而子孔径拼接问题可用式(3.18)描述

$$\min F = \mu_1 \sigma^2 + \mu_2 \sigma_o^2 \qquad (3.18)$$

其中 μ_1 和 μ_2 为正的权系数,满足 $\mu_1 + \mu_2 = 1$,σ 是各点到名义表面的有向距离的均方根值(Root-Mean-Squares,RMS)

$$\sigma^2 = \sum_{i=1}^{s} \sum_{j=1}^{N_i} <f_i w_{j,i} - x_{j,i}, \boldsymbol{n}_{j,i}>^2 / \sum_{i=1}^{s} N_i \qquad (3.19)$$

同样,σ_o 是各重叠点对之间偏差的均方根值

$$\sigma_o^2 = \sum_{i=1}^{s-1} \sum_{k=i+1}^{s} \sum_{j_o=1}^{ik N_o} (<f_k \cdot {}^{ik}w_{jo,k} - {}^{ik}x_{jo,k}, {}^{ik}\boldsymbol{n}_{jo,k}> - <f_i \cdot {}^{ik}w_{jo,i} - {}^{ik}x_{jo,k}, {}^{ik}\boldsymbol{n}_{jo,k}>)^2 / N_o$$

$$(3.20)$$

其中 $N_o = \sum_{i=1}^{s-1} \sum_{k=i+1}^{s} {}^{ik}N_o$ 为重叠点对总数,将其包含在目标函数内,是考虑到它会随着位形不同而变化。左上标 ik 表示是子孔径 k 与子孔径 i 的重叠区域。

位形优化子问题求解时重叠对应关系是固定不变的,即 $\{x_{j,i}\}\{\boldsymbol{n}_{j,i}\}$ 和 $\{^{ik}x_{jo,k}\}\{^{ik}\boldsymbol{n}_{jo,k}\}$ 是不变的。

问题 3.2(位形优化子问题)　给定 $\{x_{j,i}\}\{\boldsymbol{n}_{j,i}\}$ 和 $\{^{ik}x_{jo,k}\}\{^{ik}\boldsymbol{n}_{jo,k}\}$,求解最优

位形参数 $\{\beta_i^*\}$，$\{r_i^*\}$ 以及 $\{g_i^*\}$，使得式(3.18)定义的目标函数最小化。

上面问题涉及三类坐标系。工件坐标系 C_M 由 CAD 模型定义，全局坐标系 C_W 是拼接过程完成后确定的全口径坐标系，局部坐标系 C_i 是子孔径 i 的物面坐标系，子孔径拼接迭代算法的目标是要确定 C_W 相对 C_i 的最优位形。由于借用了名义表面，C_M 也要相对 C_W 最佳定位。总之，我们必须找到 C_M 相对 C_i 的最优位形 $g = \{g_i \mid i = 1, \cdots, s\}$。对于回转对称曲面，全局坐标系 C_W 的原点建立在顶点，Z 轴与回转轴重合。

问题 3.2 本质上是非线性最小二乘问题，在第 l 次迭代后关于位形参数的更新采用一阶 Taylor 近似

$$\begin{cases} g_1^{l+1} = g_1^l \exp\left(\sum_{t=1}^{h} m_{t,1} \hat{\eta}_t \right) \approx g_1^l \left(I + \sum_{t=1}^{h} m_{t,1} \hat{\eta}_t \right) \\ g_i^{l+1} = g_i^l \exp\left(\sum_{t=1}^{6} m_{t,i} \hat{\xi}_t \right) \approx g_i^l \left(I + \sum_{t=1}^{6} m_{t,i} \hat{\xi}_t \right) \\ r_i^{l+1} = r_i^l + \tilde{r}_i \\ \beta_i^{l+1} = \beta_i^l + \tilde{\beta}_i \qquad\qquad i = 1, \cdots, s \end{cases} \qquad (3.21)$$

对于回转对称曲面，式(3.21)中 $h = 5$，I 为 4×4 单位矩阵。将式(3.21)代入式(3.18)得到下面的线性最小二乘问题(详见附录 A)

问题 3.3（线性化位形优化子问题）　给定矩阵 $\mathbf{A} \in \mathbf{R}^{N \times L}$，$\mathbf{b} \in \mathbf{R}^{N \times 1}$，求解下面线性方程的最小二乘解

$$\mathbf{A}m = \mathbf{b}$$
$$\text{s. t.} \quad \| m \| \leq \alpha \qquad\qquad (3.22)$$

其中 N 为采样点总数加上重叠对应点对总数 N_o，$L = h + 2 + 8(s-1)$ 为优化变量总数。对变量施加边界约束是为了保证线性化的有效性。

3.3.2　迭代算法

子孔径拼接问题本质上是大型非线性优化问题，用常规优化方法求解非常复杂耗时。无约束非线性优化问题的一般形式为

$$\min_{x \in \mathbf{R}^n} f(x) \qquad\qquad (3.23)$$

其中 $f(x)$ 是目标函数，x 是优化变量。传统的求解方法大致可以分为两类，一种是梯度型算法，需要用到目标函数的梯度甚至二阶导数，典型算法有共轭梯度法、信赖域方法和变尺度方法等。这些算法是对所有优化变量同时进行优化的，因此称为同步优化(Simultaneous Optimization, SO)方法。另一种就是不需要梯

度信息的直接搜索方法。直接搜索方法从 20 世纪 50 年代提出后,由于缺乏严格的数学理论支持,曾一度备受冷落,直到 1991 年因并行计算和分布式计算技术的推动,才重新焕发生机。尽管如此,对于目标函数可导而且梯度计算并不困难的优化问题,梯度型算法还是具有明显的优越性。

SO 方法虽然具有严格的数学背景,但是在实际应用时效果未必令人满意。它对初始值的选择是比较苛刻的,因为 SO 方法的收敛性只是在很小的局部范围内才成立。与之对应,在工程实践中还经常采用一种交替优化(Alternating Optimization,AO)方法,也称为交替变量(alternating variables)方法。AO 方法用于优化变量可以划分为几个变量子集,单独对各个子集分别优化的情形。算法的主要思想是分别求解各组子变量的优化问题,求解过程中其他子变量是固定的,如此反复迭代,最后求得原问题的最优解。以下面的双变量(Bi-Level)优化问题为例

$$\min_{x_1 \in \mathbf{R}^r, x_2 \in \mathbf{R}^{n-r}} f(x_1, x_2) \tag{3.24}$$

它可以通过交替优化下面两个子问题求解

$$\min_{x_1 \in \mathbf{R}^r} f(x_1, x_2^{k-1}), \ \min_{x_2 \in \mathbf{R}^{n-r}} f(x_1^k, x_2) \tag{3.25}$$

其中 x_2^{k-1} 是第 $k-1$ 次迭代后 x_2 的值,x_1^k 是第 k 次迭代后 x_1 的值。

序列线性化方法产生于如下的约束非线性优化问题。约束非线性优化问题的一般形式为

$$\min_{x \in \mathbf{R}^n} F(x)$$
$$\text{s.t.} \quad g(x) \geqslant 0 \tag{3.26}$$

其中目标函数 $F(x)$ 和约束向量函数 $g(x)$ 中至少有一个是非线性函数。解约束非线性优化问题主要有 6 种方法,最成功的是序列线性规划(Successive Linear Programming,SLP)、序列二次规划(Successive Quadratic Programming,SQP)和广义下降梯度(Generalized Reduced-Gradient,GRG)方法。其他 3 种方法包括罚函数和障碍函数方法,增广拉格朗日函数和可行方向/投影法,对变量数较多(20 个以上)时效果不好。在这些算法中,SQP 要求二次规划算法要好,大数据量的二次规划问题求解效率较低。GRG 方法鲁棒性能好,功能多样,但要求在每次迭代都满足约束,实现较难。只有 SLP 不需要用到无约束单/多变量搜索算法。并且 SLP 易于实现,可以处理大型问题(继承了 LP 算法的优点)。子孔径拼接问题的数据量非常庞大,因此采用序列线性化技术进行求解。

SLP 的特性就是基于目标函数与约束函数的线性化近似,得到下面的 LP 问题

$$\min_{x \in \mathbf{R}^n} F(x^k) + \nabla^T F(x^k)(x - x^k)$$

$$\text{s. t.} \quad g(x^k) + \nabla g(x^k)(x - x^k) \geqslant 0 \tag{3.27}$$

其中 $\nabla F(x^k)$ 和 $\nabla g(x^k)$ 分别是目标函数和约束函数在 x^k 的梯度。考虑到线性化近似只在局部邻域内有效,通常需要对 LP 问题施加边界约束,约束边界如何适当选择是个问题。另外还需要迭代优化,在不同点上依次线性化,因而得到一系列线性优化问题。SLP 的收敛性没有数学证明,但在工程实践中通常都非常有效。早期的割平面方法(Cutting Plane Method,CPM)就是 SLP 的一个例子。

特别地,对于如下的非线性最小二乘问题

$$\min_{x \in \mathbf{R}^n} \frac{1}{2} f^T(x) f(x) = \frac{1}{2} \sum_{i=1}^{m} [f_i(x)]^2, m \geqslant n \tag{3.28}$$

其中 $f(x)$ 是 $\mathbf{R}^n \rightarrow \mathbf{R}^m$ 的非线性向量值函数,由于目标函数具有特殊结构,可以对一般无约束优化算法进行改造,获得更有效的求解算法。常用算法有 Gauss—Newton 方法、Levenber—Marquardt(L - M)方法和拟 Newton 法。但是这些方法同样对于初始值的选择要求苛刻,而且对于大型问题效率较低。序列线性化技术用于非线性最小二乘问题,则可以将它化为一系列线性最小二乘问题依次求解

$$\min_{\tilde{x} \in \mathbf{R}^n} \frac{1}{2} \| f(x^k) + \nabla f(x^k)(x - x^k) \|^2 = \frac{1}{2} \| A\tilde{x} + b \|, m \geqslant n \tag{3.29}$$

其中 $\tilde{x} = x - x^k$,$A = \nabla f(x^k)$ 称为数据矩阵(Data Matrix),$b = f(x^k)$ 为观察向量(Observation Vector)。

线性最小二乘问题的算法是相当成熟的,即使矩阵 A 非列满秩,也可以应用基于 QR 分解或 SVD 的算法迅速求解。后者应用于大型问题时速度或许会比较慢,但是基于 QR 分解的算法速度非常快,而且适用于稀疏矩阵情形。

将子孔径拼接问题分解为重叠计算和位形优化两个子问题,利用交替优化技术和序列线性化(successive linearization)方法可以自然获得最优解,最重要的是子问题的求解变得很简单。首先前面已经指出,重叠计算子问题只是经典微分几何和二维计算几何的简单问题,其求解有许多公开的程序资源可以利用。而位形优化子问题线性化后为线性化最小二乘问题即式(3.22),求解算法非常成熟。考虑到子孔径拼接算法通常处理的是海量数据,为了避免内存不足问题,采用分块顺序 QR 分解算法[39]求解大型最小二乘问题,参看附录 B。例如以每个子孔径的数据为一个分块,依次进行 QR 分解,最后获得一个较小规模的线性最小二乘问题。在此基础上考虑式(3.22)中的边界约束,可运用一般球约束最小二乘问题求解算法,算法是基于奇异值分解(Singular Value Decomposition,

SVD）的[35]。

子孔径拼接迭代算法的核心就是交替求解上述两个子问题直到程序收敛于某一可以接受的容差之内。由于全口径坐标系同时是相对于工件坐标系最佳定位，因此算法也称为子孔径拼接与定位算法（Sub-Aperture Stitching and Localization，SASL）。

算法 3.1（SASL 算法）

输入：点集 W；CAD 模型（点到名义表面的距离求解函数和$\{\hat{\eta}_i\}$）；比例因子初始值$\{\beta_i^0\}$，最佳拟合球半径初始值$\{r_i^0\}$；初始位形$\{g_i^0\}$；终止条件ε。

输出：比例因子最优值$\{\beta_i^*\}$，最佳拟合球的最优半径$\{r_i^*\}$；全局坐标系相对于各子孔径局部坐标系的最优位形$\{g_i^*\}$。

步骤 0：（1）置$l=0$，固定位形参数为$\{\beta_i^0\}$，$\{r_i^0\}$和$\{g_i^0\}$，求解重叠计算子问题；

（2）计算目标函数F^0。

步骤 1：（1）固定重叠对应关系，求解线性化位形优化子问题得m；

（2）更新$\{\beta_i^{l+1}\}$，$\{r_i^{l+1}\}$和$\{g_i^{l+1}\}$；

（3）固定位形参数为$\{\beta_i^{l+1}\}$，$\{r_i^{l+1}\}$和$\{g_i^{l+1}\}$，求解重叠计算子问题；

（4）计算目标函数F^{l+1}；

（5）若$(1-F^{l+1}/F^l)>\varepsilon$，令$l=l+1$，返回步骤 1（1）；否则退出并输出结果。

SASL 算法主要在以下几个方面区别于基本算法。一是 SASL 算法利用名义表面，可以自动确定重叠点对之间的精确对应关系，因此不需要数据预处理，且适用于任意几何形状的子孔径；由此带来的缺点是所有子孔径的全部测量点需要同时处理，而基本算法中只需要处理重叠区的数据点。二是采用刚体变换对子孔径之间的 6 自由度对准与调零运动误差进行建模，并通过迭代优化实现包括干涉仪横向比例因子、最佳拟合球半径等参数在内的补偿。结果就不需要严格按照划分的对子孔径进行精确对准，因而对运动平台精度要求不高。此外，基本算法最终得到的仍然是相对于某参考平面或最佳拟合球面的高度差，不能直接用于非球面拼接，因为其中包含了非球面分量，还需要其他处理措施。表3.1 简要比较了子孔径拼接基本算法与 SASL 算法的不同。

表 3.1　子孔径拼接基本算法与 SASL 算法的比较

基本算法	SASL 算法
直接处理相位差数据	处理变换后的直角坐标数据
只需要处理重叠区数据	所有测量点同时处理
一般是补偿子孔径之间平移、倾斜和离焦	补偿 6 自由度运动误差和最佳拟合球半径以及干涉仪横向比例因子等参数不确定性
一般不迭代	交替迭代优化
不能直接用于非球面	可用于平面、球面和非球面
占用内存和时间较少	占用更多内存和时间

3.3.3　大中型光学镜面的粗－精拼接策略

对于大口径、大相对口径非球面,为了获得全口径内的高分辨率数据,需要的子孔径数目会很多。结果在子孔径拼接算法中需要处理的测量点数非常多。尽管分块 QR 分解和稀疏技术可以较大地节省内存,计算效率仍然是一个大问题,特别是对于 SASL 算法。拼接程序极为耗时而不实用,因为所有的测量点,包括那些不在重叠区内的点,都是同时处理并且算法需要迭代。

SASL 算法应用交替优化方法和序列线性化技术求解非线性优化问题。一般需要 10 ~ 30 次迭代才能收敛,而经过数十次迭代直接处理高分辨率数据显然是不切实际的。我们此前的仿真表明,将 61 个 CCD 像素是 480 × 480 的子孔径数据拼接到一起,经过 4 次迭代就耗费了 48.5h。之后的实验也表明通常需要 10 次以上迭代才能收敛到一个满意的结果。

为了解决这个严重的问题,我们提出采用粗－精拼接策略。首先我们对测量数据进行低分辨率的二次采样,应用 SASL 算法获得一个次优解,包括位形、最佳拟合球半径和横向比例等参数。这个粗略拼接的过程通常需要 10 次以上迭代。然后将次优解作为初始参数,对原始的高分辨率数据进行精确拼接,通常只需要 1 ~ 2 次迭代。粗－精拼接策略可以显著减少时间,使得 SASL 算法可以实用化。实际上粗略拼接就相当于一个高精度的拼接平台,它保证了精确拼接的快速收敛性,而不需要昂贵的硬件。

3.4 子孔径划分方法

子孔径拼接干涉测量要付诸实施,拼接算法是关键,但还有其他的一些问题需要解决。子孔径拼接干涉测量包含 3 个主要过程:子孔径划分和测量路径规划,子孔径对准、调零和测试,以及子孔径拼接。其中子孔径划分就是要在被测波面上确定子孔径的布局,进而确定子孔径对准与调零的名义运动。子孔径划分是测量路径规划的依据,也是整个子孔径拼接干涉测量过程的第一步。非球面的子孔径划分需要考虑很多因素,很难做到完全智能或者最优。这一节以凹抛物面为例,讨论子孔径划分问题。

3.4.1 子孔径的粗略划分

由于曲率连续变化,非球面特别是离轴非球面的子孔径划分是一件精细而又复杂的工作。确定子孔径位置的基本要求是横向分辨率、重叠系数和全口径覆盖,这些要求都不需要精确满足,因此采用近似估计。

非球面的子孔径测试通常利用球面干涉仪实现,所以首先需要根据扩展因子和曲率半径选择透射球。扩展因子(extension factor)是全口径大小与子孔径大小之比[23],依赖于横向分辨率要求。根据透射球的 f 数可以计算测试光锥的半顶角 θ。选好透射球后,就可以粗略划分子孔径了。为避免复杂的几何计算,采用数值计算和近似方法估计相邻子孔径之间的重叠系数。假设所有子孔径都是圆形口径的,其半口径用式(3.30)近似计算:

$$\tilde{r} = r_0 \sin\theta \tag{3.30}$$

式中 r_0 是子孔径几何中心处的曲率半径。对于抛物面方程:

$$x^2 + y^2 = 2pz \tag{3.31}$$

有

$$r_0 = p\left(1 + \frac{x_0^2}{p^2}\right)^{3/2} \tag{3.32}$$

式中 x_0 是 $X - Z$ 平面内几何中心的 X 坐标。

1. 经线方向上两相邻子孔径

不失一般性,考虑经线方向上两相邻子孔径 i 和 k,其几何中心在 $X - Z$ 平面内。两个局部坐标系 $\{i\}$ 和 $\{k\}$ 分别建立在给定中心 $(x_{0i}, 0, x_{0i}^2/2p)$ 和 $(x_{0k}, 0, x_{0k}^2/2p)$ 上,Y 轴与全口径(全局)坐标系的 Y 轴方向一致,Z 轴与几何中心法向一致(图 3.8),它与全局坐标系 Z 轴的夹角分别为

$$\beta_i = \arctan\frac{x_{0i}}{p}, \beta_k = \arctan\frac{x_{0k}}{p} \qquad (3.33)$$

则 $\{k\}$ 相对 $\{i\}$ 的位姿变换为

$$^{ik}\boldsymbol{T} = \boldsymbol{T}_i^{-1}\boldsymbol{T}_k \qquad (3.34)$$

式中

$$\boldsymbol{T}_{i(k)} = \begin{bmatrix} \cos\beta_{i(k)} & 0 & -\sin\beta_{i(k)} & x_{0i(k)} \\ 0 & 1 & 0 & 0 \\ \sin\beta_{i(k)} & 0 & \cos\beta_{i(k)} & \dfrac{x_{0i(k)}^2}{2p} \\ 0 & 0 & 0 & 1 \end{bmatrix} \qquad (3.35)$$

表示子孔径坐标系 $\{i(k)\}$ 相对全口径坐标系 $\{M\}$ 的位姿变换。

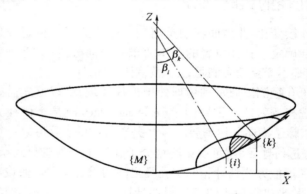

图 3.8   经线方向上两相邻子孔径的重叠系数

在子孔径 k 的圆形口径内采样得到数据 $W_k = \{w_k = (x_k, y_k, z_k)^{\mathrm{T}} \in \mathbf{R}^3\}$,其中 Z 坐标 z_k 未知,由曲面方程确定。W_k 通过 $^k\boldsymbol{T}$ 变换到 $\{M\}$ 中,满足如下曲面方程

$$(\cos\beta_k x_k - \sin\beta_k z_k + x_{0k})^2 + y_k^2 = 2p\left(\sin\beta_k x_k + \cos\beta_k z_k + \frac{x_{0k}^2}{2p}\right) \qquad (3.36)$$

求解上面二次方程得到 z_k 坐标。W_k 再通过 $^{ik}\boldsymbol{T}$ 变换到子孔径 i 中,并投影到 $X - Y$ 平面上,检查落在式(3.30)所确定的半径的圆内的投影点,其数目与子孔径采样点数之比即近似为重叠系数。

2. 纬线方向上两相邻子孔径

假设子孔径 i 的几何中心为 $(x_0, 0, x_0^2/2p)$,子孔径 k 通过绕全局坐标系 Z 轴旋转角度 γ 得到。两个局部坐标系 $\{i\}$ 和 $\{k\}$ 分别建立在给定中心上如图 3.9

所示。则 $\{k\}$ 相对 $\{i\}$ 的位姿变换为

$$
{}^{ik}\boldsymbol{T} = \begin{bmatrix} & & & -x_0\cos\beta \\ & \boldsymbol{R} & & 0 \\ & & & x_0\sin\beta \\ 0 & 0 & 0 & 1 \end{bmatrix} \begin{bmatrix} 1 & 0 & 0 & x_0\cos\beta \\ 0 & 1 & 0 & 0 \\ 0 & 0 & 1 & -x_0\sin\beta \\ 0 & 0 & 0 & 1 \end{bmatrix} \tag{3.37}
$$

式中旋转矩阵 $\boldsymbol{R} = \exp(\hat{\omega}\gamma)$，$\boldsymbol{\omega} = \begin{bmatrix} \sin\beta & 0 & \cos\beta \end{bmatrix}^{\mathrm{T}}$

$$
\hat{\omega} = \begin{bmatrix} 0 & -\omega_3 & \omega_2 \\ \omega_3 & 0 & -\omega_1 \\ -\omega_2 & \omega_1 & 0 \end{bmatrix} \tag{3.38}
$$

式中 $\boldsymbol{\omega}_1$，$\boldsymbol{\omega}_2$ 和 $\boldsymbol{\omega}_3$ 是 $\boldsymbol{\omega}$ 的 3 个分量。

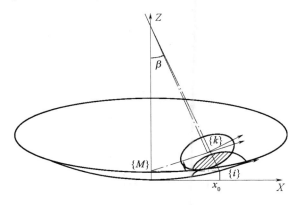

图 3.9　纬线方向上两相邻子孔径的重叠系数

　　在子孔径 k 的圆形口径内采样得到数据 $W_k = \{w_k = (x_k, y_k, z_k)^{\mathrm{T}} \in \mathbf{R}^3\}$，其中 Z 坐标 z_k 未知，由曲面方程(3.36)确定，其中将 β_k 和 x_{0k} 替换为 β 和 x_0。W_k 再通过 ${}^{ik}\boldsymbol{T}$ 变换到子孔径 i 中，并投影到 $X - Y$ 平面上，检查落在式(3.30)所确定的半径的圆内的投影点，其数目与子孔径采样点数之比即近似为重叠系数。

3.4.2　计算子孔径的最佳拟合球

　　若被测面是球面，每个子孔径都是在其零位进行测试的；若被测面是非球面，则每个子孔径在测试时也需要找到某个位置，使得产生的干涉条纹数目尽可能最少，否则会由于非球面度的影响导致条纹太密而无法解析。因此最佳拟合球的准确计算就显得至关重要，它确定了子孔径干涉测试的名义对准运动。最佳拟合球是最小二乘意义上的最佳，通常人们会倾向于拟合离散数据点，使之与

某球面最佳匹配。但是该方法有一些固有的问题。首先表面离散化误差会降低计算结果的精度；其次大型数据的最小二乘拟合也不好解决；再就是实际被测子孔径大小很可能会影响最佳拟合球半径，反之亦然；最后，该方法用于离轴子孔径将更加困难。因此我们建议通过最小化用曲面积分表示的均方非球面偏差，而不是处理离散数据，来计算最佳拟合球。

1. 中心子孔径

中心子孔径的最佳拟合球的球心在全局坐标系 Z 轴上（图 3.10），假设其坐标为 $(0,0,c)$，半径 r_{bs}，则非球面偏差的平方和可写为如下曲面积分形式：

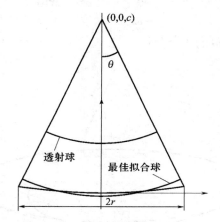

图 3.10　中心子孔径的测试构型

$$S = \iint_Q \left[\sqrt{\rho^2 + \left(\frac{\rho^2}{2p} - c\right)^2} - r_{\text{bs}} \right]^2 \mathrm{d}q \tag{3.39}$$

式中 Q 表示子孔径所在曲面，$\rho^2 = x^2 + y^2$，$\mathrm{d}q$ 为曲面 $z = f(x, y)$ 的微分：

$$\mathrm{d}q = \sqrt{1 + (z'_x)^2 + (z'_y)^2}\,\mathrm{d}x\mathrm{d}y \tag{3.40}$$

对于抛物面有：

$$\mathrm{d}q = \sqrt{1 + \frac{x^2 + y^2}{p^2}}\,\mathrm{d}x\mathrm{d}y = \sqrt{1 + \frac{\rho^2}{p^2}}\rho\mathrm{d}\rho\mathrm{d}\varphi \tag{3.41}$$

将式（3.41）代入式（3.39），可将曲面积分化为一般定积分：

$$S = 2\pi \int_0^r \left[\sqrt{\rho^2 + \left(\frac{\rho^2}{2p} - c\right)^2} - r_{\text{bs}} \right]^2 \sqrt{1 + \frac{\rho^2}{p^2}}\rho\mathrm{d}\rho \tag{3.42}$$

式中 r 是实际被测子孔径半径，满足

$$r = \left(c - \frac{r^2}{2p} \right) \tan\theta \qquad (3.43)$$

另一方面,被测子孔径面积按式(3.44)计算:

$$A = \iint\limits_Q \mathrm{d}q = \frac{2\pi p^2}{3} \left[\left(1 + \frac{r^2}{p^2} \right)^{3/2} - 1 \right] \qquad (3.44)$$

从而最佳拟合球参数 c 和 r_{bs} 通过最小化均方偏差计算:

$$\min_{c, r_{bs}} f(c, r_{bs}) = S/A \qquad (3.45)$$

上面问题可以利用数值算法求解,通常单纯形搜索方法就可适用。

2. 离轴子孔径

不失一般性,假设离轴子孔径的几何中心在 $X - Z$ 平面内。局部坐标系建立在几何中心 $(x_0, 0, x_0^2/2p)$ 上,Y 轴与全口径(全局)坐标系 $\{M\}$ 的 Y 轴方向一致。考虑到经线方向上是不对称的,其 Z 轴与几何中心处法线并不重合,存在夹角 β 如图 3.11 所示。假设局部坐标系下最佳拟合球的球心坐标为 $(0, 0, c)$,半径为 r_{bs},则 $\{i\}$ 相对 $\{M\}$ 的位姿变换为

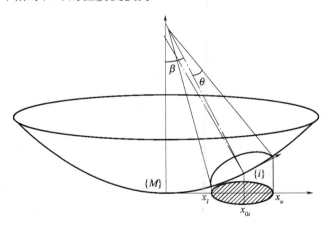

图 3.11　离轴子孔径的测试构型

$$T_i = \begin{bmatrix} \cos\beta & 0 & -\sin\beta & x_0 \\ 0 & 1 & 0 & 0 \\ \sin\beta & 0 & \cos\beta & \dfrac{x_0^2}{2p} \\ 0 & 0 & 0 & 1 \end{bmatrix} \qquad (3.46)$$

所以球心变换到全口径坐标系下坐标为 $(x_0 - c\sin\beta, 0, x_0^2/(2p) + c\cos\beta)$。非球

面偏差的平方和可写为如下曲面积分形式：

$$S = \iint_Q \left(\sqrt{(x + c\sin\beta - x_0)^2 + y^2 + \left(\frac{x^2 + y^2}{2p} - \frac{x_0^2}{2p} - c\cos\beta\right)^2} - r_{bs} \right)^2 \mathrm{d}q$$

$$(3.47)$$

式中 Q 表示子孔径所在曲面。将式(3.41)代入(3.47)，得到子孔径在 $X - Y$ 平面上投影区域上的二重积分：

$$S = 2 \int_{xl}^{xu} \int_0^{y(x)} h(x,y) \sqrt{1 + \frac{x^2 + y^2}{p^2}} \mathrm{d}x\mathrm{d}y \qquad (3.48)$$

而被测子孔径面积按式(3.49)计算：

$$A = 2 \int_{xl}^{xu} \int_0^{y(x)} \sqrt{1 + \frac{x^2 + y^2}{p^2}} \mathrm{d}x\mathrm{d}y \qquad (3.49)$$

从而最佳拟合球参数 c, r_{bs} 和 β 通过最小化均方偏差计算

$$\min_{c, r_{bs}, \beta} f(c, r_{bs}, \beta) = S/A \qquad (3.50)$$

积分限由子孔径边界曲线在 $X - Y$ 平面上投影所决定。应用变换 $\boldsymbol{T}_i^{-1}$，投影曲线在全局坐标系下表示为测试光锥与抛物面的交线的投影：

$$\begin{cases} \sqrt{\left[(x - x_0)\cos\beta + \left(\dfrac{x^2 + y^2}{2p} - \dfrac{x_0^2}{2p}\right)\sin\beta \right]^2 + y^2} = \\ \left[c + (x - x_0)\sin\beta - \left(\dfrac{x^2 + y^2 - x_0^2}{2p}\right)\cos\beta \right]\tan\theta \\ z = 0 \end{cases} \qquad (3.51)$$

令 $y = 0$，求解四次方程得到外层积分限 x_l 和 x_u；给定 x，求解二次方程得到 y^2 从而得到内层积分上限 $y(x)$。

为了全部覆盖被测口径，最外圈离轴子孔径通常是不完整的(图3.12)。这样积分限就需要适当修正。外层积分上限应取 $\min(x_u, D/2)$，内层积分上限取 $\min\left\{y(x), \sqrt{D^2/4 - x^2}\right\}$，其中 D 为被测全口径大小。式(3.50)可以利用数值算法求解，通常单纯形搜索方法就可适用，重积分利用 Gander 提出的基于自适应 Lobatto 规则的算法计算[40]。

若给定 β 而不是 x_0，最佳拟合球可同理计算，只是优化变量 β 需与 x_0 互换。

3.4.3　子孔径划分的仿真验证

除了可以验证重叠系数外，计算机仿真还可以进一步用来画子孔径干涉图，检查全口径覆盖条件是否满足。

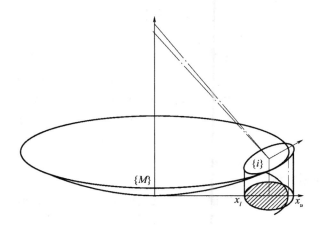

图 3.12　外圈离轴子孔径的测试构型

1. 子孔径的位形

参看球面 Fizeau 干涉仪的测试几何关系图 3.6。物体坐标系建立在透射球顶点上(若为会聚球,可用其相对焦点的镜像),像面坐标系与物面坐标系平行。子孔径干涉测量数据为 $W = (u, v, \varphi)$。根据测试几何关系,物 – 像变换由式(3.8)表示。

全局坐标系 $\{M\}$ 建立在抛物面顶点上,与子孔径划分不同,子孔径 i 的局部坐标系 $\{i\}$ 建立在透射球顶点上。

对于中心子孔径,给定最佳拟合球参数 c 和 r_{bs},显然 $\{M\}$ 相对 $\{1\}$ 的位形为

$$
\boldsymbol{g}_1 = \begin{pmatrix} 1 & 0 & 0 & 0 \\ 0 & 1 & 0 & 0 \\ 0 & 0 & 1 & r_{ts} - c \\ 0 & 0 & 0 & 1 \end{pmatrix} \tag{3.52}
$$

考虑子孔径 i,给定 β 和最佳拟合球参数 c, r_{bs} 和 x_0,则 $\{M\}$ 相对 $\{i\}$ 的位形为

$$
\boldsymbol{g}_i = \begin{pmatrix} \cos\beta & 0 & -\sin\beta & x_0 - (c - r_{ts})\sin\beta \\ 0 & 1 & 0 & 0 \\ \sin\beta & 0 & \cos\beta & \dfrac{x_0^2}{2p} + (c - r_{ts})\cos\beta \\ 0 & 0 & 0 & 1 \end{pmatrix}^{-1} \tag{3.53}
$$

对于将子孔径 i 绕全局坐标系 Z 轴旋转角度 γ 得到的子孔径 k,$\{M\}$ 相对 $\{k\}$ 的位形为

$$g_k = g_{ik}^{-1} g_i \tag{3.54}$$

式中 g_i 由式(3.46)给定,而

$$g_{ik} = \begin{pmatrix} R & \begin{matrix} -[x_0 - (c - r_{ts})\sin\beta]\cos\beta \\ 0 \\ [x_0 - (c - r_{ts})\sin\beta]\sin\beta \end{matrix} \\ 0 & 1 \end{pmatrix} \begin{pmatrix} 1 & 0 & 0 & [x_0 - (c - r_{ts})\sin\beta]\cos\beta \\ 0 & 1 & 0 & 0 \\ 0 & 0 & 1 & -[x_0 - (c - r_{ts})\sin\beta]\sin\beta \\ 0 & 0 & 0 & 1 \end{pmatrix}$$

$$\tag{3.55}$$

式中旋转矩阵 $R = \exp(\hat{\omega}, \gamma)$,$\omega = [\sin\beta, 0, \cos\beta]^{T}$。

2. 子孔径划分仿真

首先根据横向分辨率在像面上定义均匀网格得到 (u,v),则局部坐标系下的物体坐标 (x,y,z) 通过式(3.8)与 (u,v,φ) 联系,再将其变换到全局坐标系 $\{M\}$ 下

$$[{}^{M}x \quad {}^{M}y \quad {}^{M}z \quad 1]^{T} = g_i^{-1}[x \quad y \quad z \quad 1]^{T} \tag{3.56}$$

应用曲面方程 ${}^{M}x^2 + {}^{M}y^2 = 2p\,{}^{M}z^2$,得到关于 φ 的二次方程,解方程获得完整的数据 (u,v,φ),即是干涉测量数据的仿真。强度函数计算如下:

$$I(u,v) = a + b\cos\frac{4\pi}{\lambda}\phi \tag{3.57}$$

式中 a 为干涉条纹的背景光强,b 为干涉条纹的调制度,b/a 表示对比度,λ 为波长。画强度函数的二级灰度轮廓就得到干涉图样。

下面给出 2 个数值实例验证本章方法的正确性。凹抛物面的口径为 $D = 500\mathrm{mm}$,两倍焦距 $p = 1600\mathrm{mm}$。首先选择发散透射球,半径为 $r_{ts} = 1500\mathrm{mm}$。子孔径粗略划分如图 3.13 所示,加上中心子孔径,一共有 61 个子孔径,分布于四

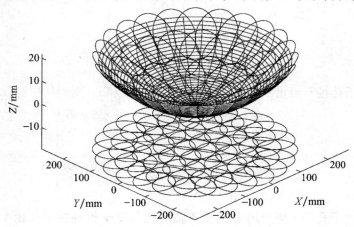

图 3.13　某抛物面的子孔径划分

圈(每圈分别有 6、12、18 和 24 个,分别对应 $\beta = 2°,4°,6°,7.5°$)。易见满足全口径覆盖要求。然后计算最佳拟合球,结果见表 3.2。最后仿真 61 个子孔径的干涉图样,其中中心子孔径和四圈子孔径上各取一个子孔径的干涉图样如图 3.14 所示。图中表明外圈子孔径的干涉条纹越来越密,意味着子孔径拼接方法对于更高陡度非球面是不适合的。注意其他子孔径的干涉图和最佳拟合球分别与上面 4 个子孔径相同,因为理想曲面是回转对称的。

表 3.2　最佳拟合球和重叠系数

子孔径	c/mm	r_{bs}/mm	x_0/mm	近似重叠系数 经线/纬线方向	精确重叠系数 经线/纬线方向
中心	1 600.462 66	1 600.462 62	0	—	—
第一圈	1 602.410 37	1 602.410 32	55.894 77	37.58%/37.58%	37.37%/37.33%
第二圈	1 608.240 26	1 608.240 23	111.926 03	37.35%/35.60%	37.29%/35.52%
第三圈	1 617.911 41	1 617.911 42	168.231 59	36.98%/35.13%	36.69%/35.40%
第四圈	1 622.247 87	1 622.248 65	210.639 25	51.26%/38.58%	51.58%/38.16%

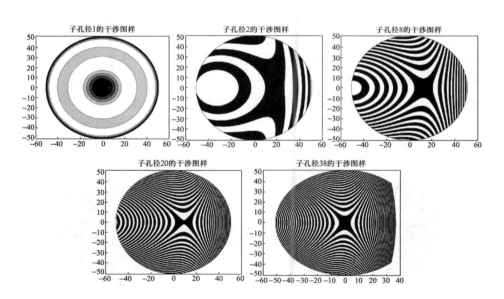

图 3.14　子孔径干涉图样

为了验证重叠系数近似计算的有效性,利用上面的仿真数据重新精确计算了重叠系数。由于每个子孔径的最佳拟合球已经确定,可以求得全局坐标系下

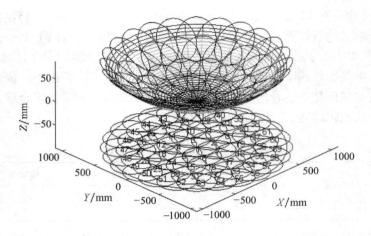

图 3.15　口径 2m 的抛物面子孔径划分方案之一

子孔径的三维坐标,求解重叠计算子问题就得到了重叠点对应关系。精确的重叠系数见表 3.2,显然近似值与精确值之间的微小差异是可以接受的。

另一个数值仿真实例是口径为 2m 的抛物面,顶点曲率半径为 6.4m,非球面度约 119.2μm,远远超出波面干涉仪的测量范围。该抛物面的相对口径同样为 1 : 1.6,但是因为相同相对口径的镜面其非球面度近似与口径成正比,若同上一例子所采取的子孔径划分方案(图 3.15),需选取 Zygo 的 $f/15$ 长焦距发散镜头(diverger)。此时子孔径大小约为 435mm,此时最外两圈子孔径的条纹太密(图 3.16),数目多达 143 和 159! 显然超出干涉仪的解析能力,必须减小子孔径。

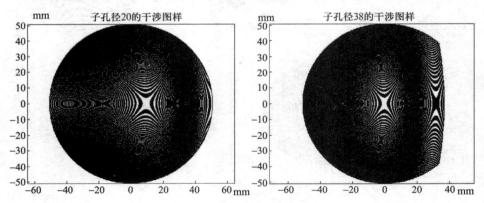

图 3.16　口径 2m 的抛物面子孔径划分方案之一的最外两圈子孔径干涉图样

由于被测镜面的非球面度在边缘远大于中心区域,合理的子孔径划分方案是在中心及第 1、2 圈子孔径采用 $f/15$ 发散镜头,而第 3 圈开始采用 $f/25$ 发散镜头(或不更换镜头,利用干涉仪的 zoom 功能可等价实现)。此时的子孔径划分如图 3.17 所示,加上中心子孔径,一共有 85 个子孔径,分布于四圈(每圈分别有 6、12、30 和 36 个,分别对应 $\beta = 2°, 4°, 6.6°, 8°$)。

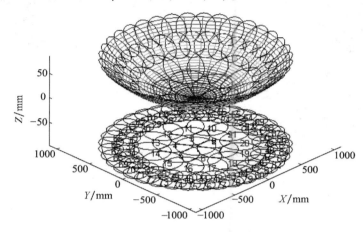

图 3.17　口径 2m 的抛物面子孔径划分方案之二

计算最佳拟合球和重叠系数,结果见表 3.3。子孔径干涉图样如图 3.18 所示,最外两圈子孔径条纹数目分别是 59.5 和 68.9,普通干涉仪可解析。

表 3.3　口径 2m 抛物面的最佳拟合球和重叠系数

子孔径	c/mm	r_{bs}/mm	x_0/mm	重叠系数 经线/纬线方向
中心	6 401.850 65	6 401.850 47	0	—
第一圈	6 409.641 47	6 409.641 29	223.579 09	32.09%/32.10%
第二圈	6 432.961 04	6 432.960 91	447.704 13	31.83%/29.96%
第三圈	6 485.043 65	6 485.043 75	740.607 96	32.12%/29.28%
第四圈	6 506.114 55	6 506.115 67	899.417 17	27.19%/34.87%

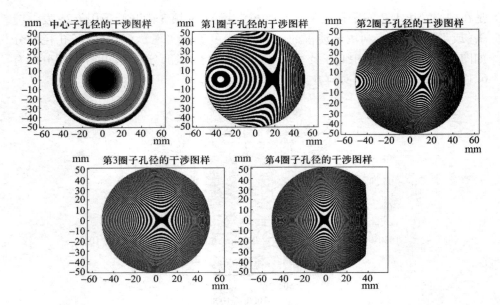

图 3.18　口径 2m 抛物面子孔径划分方案之二的子孔径干涉图样

3.5　子孔径拼接测量工作站

3.5.1　子孔径拼接工作站的机械构型设计

由于空间刚体运动存在 6 自由度的运动误差,子孔径测量也必然会受到 6 自由度运动误差影响,而为了使得子孔径位于干涉测量的零位或获得最小干涉条纹数,要求子孔径拼接工作站具有 6 自由度对准与调零运动的能力。为了区别各种对准与调零运动的性质,称没有波前误差时所需的运动为名义运动,其行程通常要求较大,由子孔径划分所确定;而由于存在波前误差需要在名义运动的基础上进行微调所需的运动,称为微调(tuning)运动,其行程可以很小。微调运动通常都要求 6 自由度,但是不同类型的被测曲面对拼接工作站的名义运动自由度的要求会有所不同。对于平面波前的拼接测量,只有其所在平面上两个方向 X,Y 的平移运动是名义运动,X,Y 两维倾斜运动只是用来进行微调。球面波前的拼接测量的名义运动包括两维转动(例如零件的偏摆和自转)和两维平移(理论上只需要两维转动,但是实现起来通常需要辅以两维平移),另外还要求具有俯仰调节以及调焦能力。回转对称非球面的拼接测量的名义运动也包括两维转动(例如零件的偏摆和自转)和两维平移,以及俯仰调节和调焦两维微调运动。

对于大中型光学镜面,特别是子孔径拼接测量所面向的大口径凹/凸非球面、大口径平面等对象,子孔径拼接测量工作站的设计比较复杂,既要保证一定的运动精度,又要抑制环境振动等对测量的不利影响。因此,大中型光学镜面子孔径拼接工作站的设计,首先需要对其光路结构和机械构型进行合理设计。

大中型光学镜面的干涉测量通常有三种光路结构。

1)立式光路结构:被测镜面的光轴与干涉仪的光轴均为竖直方向。例如QED Technologies 公司针对 NASA 的两个望远镜系统中的次镜设计了大镜子孔径拼接装置样机(图 1.45),采用了立式(滑动立柱式)结构。被测大镜平放在回转工作台上,只有一个绕其轴线回转的运动自由度,而将其他位姿调整运动都集中在干涉仪上。干涉仪的光轴为竖直方向,并具有偏摆和倾斜调整的自由度。这样做主要考虑到大镜不便于做大行程运动。

2)卧式光路结构:被测镜面与干涉仪的光轴均为水平,例如 JWST 主镜采用的测量台(图 1.34),可分别进行红外扫描 Shack Hartmann 系统(SSHS)测量和可见光干涉仪测量。

3)立卧式光路结构:被测镜面光轴竖直,干涉仪光轴水平,通过偏摆镜改变测试光束的方向。图 3.19 所示为我们研制的立卧式子孔径拼接测量装置,适用于回转对称球面和非球面。干涉仪安装在聚焦平台(Z 轴)上,Z 轴则是固定在

图 3.19　子孔径拼接测量的立卧式光路结构

一个焊接钢架结构上。干涉仪发出的水平测试光束被一个偏摆镜偏摆改变方向,偏摆镜安装在焊接龙门架上实现俯仰调节(B 轴)。大口径光学零件则通过多点支撑放置在气浮转台(C 轴)上,C 轴安装在两维(X 轴和 Y 轴)平动调节平台上。整个平台置于隔振台上。

上述三种光路结构各有优缺点,简单比较见表3.4。

表3.4　三种光路结构的比较

项目	立式	卧式	立卧式
空间尺寸限制	高度容易受空间限制,越高对振动越敏感	空间限制少,也便于抑制振动影响	空间受到一定的限制
被测镜安装	安装方便(底部多点支撑)	安装困难	安装方便(底部多点支撑)
工件自转转台	设计方便	设计困难(悬臂)	设计方便
光轴方向运动	设计较困难	设计方便	设计方便
光路调整	可灵活调整	可灵活调整	灵活性差,受偏摆镜尺寸限制,特别不适宜短光路例如凸镜的测量
系统装调	装调较方便	装调较方便	装调困难,光路上有 3 个元件需要同时对准
其他	——	——	偏摆镜引入误差,且对不同子孔径引入的误差可能也不同

针对设计任务中适用于大口径凹/凸球面和非球面以及大口径平面的要求,综合考虑三种光路结构的优缺点,在此前研制的立卧式子孔径拼接测量装置的基础上,拟改用卧式光路结构。被测非球面除了必要的倾斜微调外,在整个子孔径测量过程中是保持不动的;五轴运动装置(三轴平移和偏摆、俯仰运动)则集成于波面干涉仪上,这样也有利于工作站的工程化和产品化,结构示意图如图3.20 所示。

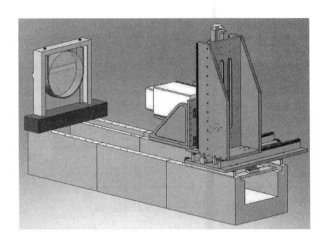

图 3.20　子孔径拼接测量工作站示意图

3.5.2　子孔径拼接工作站的运动学模型

五轴运动的测量工作站包含直线运动轴和转台等组件,其精度设计和运动控制都需要建立运动学模型。

1. 正向运动学

正向运动学(forward kinematics)是已知各轴的运动量,求末端(干涉仪)对应的刚体变换。对于这里的子孔径拼接测量工作站,则是要求各轴运动后测量坐标系相对工件坐标系的新的位形。如图 3.21 所示,五轴装置在运动学上可视为串联结构:被测镜面→机床基础→Z(水平光轴方向)→X(水平面内垂直于 Z 的方向)→Y(垂直轴)→B 转台(干涉仪偏摆)→A(干涉仪俯仰)→干涉仪。

建立两个坐标系:工件坐标系$\{M\}$原点在被测镜面顶点,与测量装置的基础坐标系重合;干涉仪(测量)坐标系$\{W\}$原点在干涉仪透射球(TS)面的顶点上,即距离测试光束汇聚点为 TS 半径 r_{ts} 的球面顶点。

根据机器人运动学[37],测量坐标系相对工件坐标系(基础坐标系)的位形为

$$g = \exp(\hat{\pmb{\xi}}_z z)\exp(\hat{\pmb{\xi}}_x x)\exp(\hat{\pmb{\xi}}_y y)\exp(\hat{\pmb{\xi}}_b b)\exp(\hat{\pmb{\xi}}_a a)\pmb{g}_0$$

$$= \begin{bmatrix} 1 & 0 & 0 & x \\ 0 & 1 & 0 & y \\ 0 & 0 & 1 & z \\ 0 & 0 & 0 & 1 \end{bmatrix}\exp(\hat{\pmb{\xi}}_b b)\exp(\hat{\pmb{\xi}}_a a)\pmb{g}_0 \qquad (3.58)$$

所以工件坐标系相对测量坐标系的运动变换为

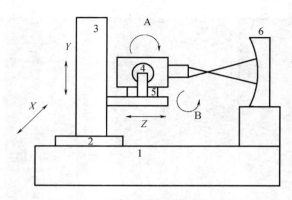

图 3.21　子孔径拼接工作站的运动链

$$g_i = g^{-1} = g_0^{-1} \exp(-\hat{\xi}_a a) \exp(-\hat{\xi}_b b) \begin{bmatrix} 1 & 0 & 0 & -x \\ 0 & 1 & 0 & -y \\ 0 & 0 & 1 & -z \\ 0 & 0 & 0 & 1 \end{bmatrix} \quad (3.59)$$

其中

$$g_0 = \begin{bmatrix} 1 & 0 & 0 & 0 \\ 0 & 1 & 0 & 0 \\ 0 & 0 & 1 & r_{ts}-r_c \\ 0 & 0 & 0 & 1 \end{bmatrix}, \hat{\xi}_x = \begin{bmatrix} 0 & 0 & 0 & 1 \\ 0 & 0 & 0 & 0 \\ 0 & 0 & 0 & 0 \\ 0 & 0 & 0 & 0 \end{bmatrix}, \hat{\xi}_y = \begin{bmatrix} 0 & 0 & 0 & 1 \\ 0 & 0 & 0 & 0 \\ 0 & 0 & 0 & 0 \\ 0 & 0 & 0 & 0 \end{bmatrix},$$

$$\hat{\xi}_z = \begin{bmatrix} 0 & 0 & 0 & 0 \\ 0 & 0 & 0 & 0 \\ 0 & 0 & 0 & 1 \\ 0 & 0 & 0 & 0 \end{bmatrix}, \xi_b = \begin{bmatrix} -\hat{\omega}_2 q_b \\ \omega_2 \end{bmatrix}, \xi_a = \begin{bmatrix} -\hat{\omega}_1 q_a \\ \omega_1 \end{bmatrix},$$

$$\omega_b = \begin{bmatrix} 0 & 1 & 0 \end{bmatrix}^T, \omega_a = \begin{bmatrix} 1 & 0 & 0 \end{bmatrix}^T$$

r_c 为测试光束汇聚点到镜面顶点的距离,可用子孔径划分计算得到的最佳拟合球半径初始估计值(甚至直接用顶点曲率半径也可)。$q_b = \begin{bmatrix} x_b & 0 & z_b \end{bmatrix}^T$,$x_b$ 为 B 转台轴线到光轴的垂直距离,需要标定;z_b 为 B 转台轴线到镜面顶点的距离,需要标定。$q_a = \begin{bmatrix} 0 & y_a & z_a \end{bmatrix}^T$,$y_a$ 为 A 转台轴线到光轴的垂直距离,需要标定;z_a 为 A 转台轴线到镜面顶点的距离,$z_a = z_b + o_1 o_2$,$o_1 o_2$ 为 A,B 转台轴线的 Z 向偏心距离,需要标定(名义上为 0,即两轴汇交)。

2. 逆向运动学

逆向运动学(inverse kinematics)与正向运动学相反,是末端(干涉仪)对应的刚体变换,求实现此变换所要求的各轴运动量。对于子孔径拼接测量工作站,则是要求实现测量坐标系相对工件坐标系的某个位形所对应的各轴运动量。一般串联机器人的正向运动学求解较简单,而逆向运动学求解比较困难。但是对于子孔径拼接测量装置所采用的五轴构型,其逆向运动学求解也比较简单。

子孔径划分后可得到测量坐标系原点在工件坐标系中的坐标,假设为(x_0,y_0,z_0),根据式(3.58),测量坐标系原点变换到工件坐标系中的坐标与之相等,即

$$g\begin{bmatrix}0\\0\\0\\1\end{bmatrix} = \exp(\hat{\boldsymbol{\xi}}_z z)\exp(\hat{\boldsymbol{\xi}}_x x)\exp(\hat{\boldsymbol{\xi}}_y y)\exp(\hat{\boldsymbol{\xi}}_b b)\exp(\hat{\boldsymbol{\xi}}_a a)\boldsymbol{g}_0\begin{bmatrix}0\\0\\0\\1\end{bmatrix} = \begin{bmatrix}x_0\\y_0\\z_0\\1\end{bmatrix}$$

即

$$\exp(\hat{\boldsymbol{\xi}}_b b)\exp(\hat{\boldsymbol{\xi}}_a a)\boldsymbol{g}_0\begin{bmatrix}0\\0\\0\\1\end{bmatrix} = \begin{bmatrix}1&0&0&-x\\0&1&0&-y\\0&0&1&-z\\0&0&0&1\end{bmatrix}\begin{bmatrix}x_0\\y_0\\z_0\\1\end{bmatrix} = \begin{bmatrix}1&0&0&x_0-x\\0&1&0&y_0-y\\0&0&1&z_0-z\\0&0&0&1\end{bmatrix}$$

$$(3.60)$$

子孔径划分后还可得到测量坐标系中 Z 轴矢量$(0,0,1)$在工件坐标系中的坐标,设为(n,p,q),则有:

$$g\begin{bmatrix}0\\0\\1\\0\end{bmatrix} = \exp(\hat{\boldsymbol{\xi}}_z z)\exp(\hat{\boldsymbol{\xi}}_x x)\exp(\hat{\boldsymbol{\xi}}_y y)\exp(\hat{\boldsymbol{\xi}}_b b)\exp(\hat{\boldsymbol{\xi}}_a a)\boldsymbol{g}_0\begin{bmatrix}0\\0\\1\\0\end{bmatrix} = \begin{bmatrix}n\\p\\q\\0\end{bmatrix} \quad (3.61)$$

式(3.61)中间部分运算结果只剩下矩阵的第三列,所以不会包含平移分量,求解简单方程即可先获得转角。之后再求解式(3.60)可得 x,y 和 z。

3.6　子孔径拼接测量的实验验证

3.6.1　大型光学平面反射镜的子孔径拼接测量

尽管关于子孔径拼接的研究大多是测量平面镜的,但是迄今大型平面反射镜的子孔径测试仍然充满挑战。基本问题是 2 阶误差累积效应,包括离焦与像

散,这是 Bray 早已指出的。如图 3.22 所示,一个理想球面的各个子孔径在消倾斜后表现出相同的离焦,这与标准镜头(TF)的参考面误差表现是一样的。另一方面,子孔径测量数据中混入的没有校准的参考离焦就有可能在拼接时被累积与放大,导致错误的面形误差结果。通过简单的几何推导,可以看出离焦被放大了 $(D/d_i)^2$ 倍,其中 D 和 d_i 分别为全口径和子孔径大小。正是 2 阶误差累积效应使得大型平面镜的子孔径测试成为挑战,除非参考面误差被准确校准而且测量噪声充分小。

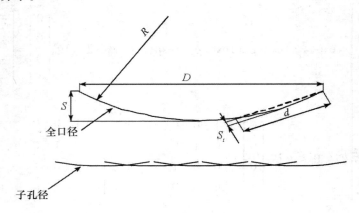

图 3.22 离焦累积效应

将干涉仪参考面误差用 Zernike 多项式表示:

$$Z(u,v) = \sum_{n=1}^{n_{\max}} \left\{ A_n Q_n^0(\rho) + \sum_{m=1}^{n} Q_n^m(\rho)\rho^m \left[B_{nm}\cos(m\theta) + C_{nm}\sin(m\theta) \right] \right\}$$

$$(3.62)$$

其中 A_n, B_{nm} 和 C_{nm} 为多项式系数,

$$Q_n^m(\rho) = \sum_{s=0}^{n-m} (-1)^s \frac{(2n-m-s)!}{s!(n-s)!(n-m-s)!}\rho^{2(n-m-s)}$$

$$(3.63)$$

由于只有 2 阶误差被放大,离焦与像散应预先校准,采用改进三平面互检方法。利用三平面 A, B 与 C,遵循图 3.23 所示的 4 个步骤,获得 4 次测量数据 M_1, M_2, M_3 与 M_4,在每次测量中,虚线所画坐标轴表示该表面用作参考面(TF 的一个面),而实线所画的坐标轴则表示用作被测面。每次测量数据都是参考面与被测面之和,则有

$$M = M_3 - (M_2 - M_1) + M_3 - (M_2 - M_4) = 2A(x,y) + A(-x,y) + A(-y,-x)$$

$$(3.64)$$

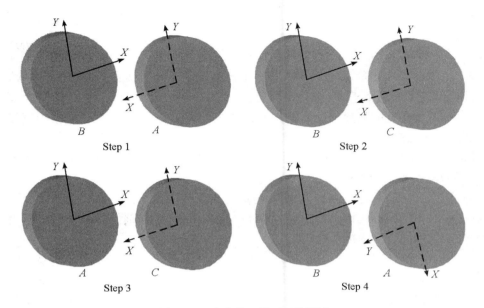

图 3.23　改进的三平面互检测试

只考虑 2 阶误差,将 A 作为子孔径测量的参考面,可用方程(3.65)拟合数据 M:

$$A(x,y) = c_1 Z_3 + c_2 Z_4 + c_3 Z_5 \qquad (3.65)$$

系数 c_1, c_2 与 c_3 由此确定后,残余 Zernike 多项式表面将在拼接过程中进一步自校准。

子孔径 i 测量数据中的高频分量 $H_i(x,y)$ 表示 Zernike 多项式拟合后的残余波前,包括参考面与被测面两部分:

$$H_i(x,y) = H_i^t(x,y) + H^r(-x,y) \qquad (3.66)$$

其中 $H_i^t(x,y)$ 与 $H^r(x,y)$ 分别表示被测面与参考面的高频分量。假设 s 个子孔径测量数据中被测面高频误差分量 $\{H_i^t(x,y), i = 1, \cdots, s\}$ 可以看作是平稳正态随机过程的样本,则通过取平均可以抑制高频误差,因为 $H^r(x,y)$ 对每个子孔径都是一样的。特别当样本是相互独立且同分布的,遵循二维正态分布(子孔径平移量通常大于自相关长度):

$$H_i^t(x,y) \sim N(0, \sigma^2) \qquad (3.67)$$

则所有子孔径测量数据取平均后可获得 $H^r(x,y)$ 的合理估计:

$$\overline{H}_i(x,y) = \frac{1}{s} \sum_{i=1}^{s} H_i(x,y) \approx H^R(-x,y) \qquad (3.68)$$

因为

$$\overline{H}_i^t(x,y) = \frac{1}{s}\sum_{i=1}^{s} H_i^t(x,y) \sim N(0,\sigma^2/s) \tag{3.69}$$

$\overline{H}_i^t(x,y)$ 的方差减小到 $1/s$ 倍,当子孔径数 s 充分大(例如 $s > 50$)时,$\overline{H}_i^t(x,y)$ 的方差远小于 $H^t(x,y)$ 的方差。

参考面误差的高频分量利用上述平均法估计后可从子孔径测量数据中直接扣除,剩余低频误差用 Zernike 多项式 Z 描述,且不考虑 Z_0,Z_1,Z_2,Z_3,Z_4 与 Z_5;像素 (u,v) 上测得相位记作 φ。对于平面干涉仪,像面坐标减去参考面后可按式(3.70)变换到物面坐标:

$$[x \quad y \quad z] = [\beta u \quad \beta v \quad \varphi - Z] \tag{3.70}$$

其中 β 是横向坐标比例因子。上述物体坐标在子孔径(局部坐标系)中描述,需要变换到全局直角坐标系中:

$$f_i w_{j,i} = g_i^{-1}[x_{j,i}, y_{j,i}, z_{j,i}, 1]^T \tag{3.71}$$

其中 $i = 1,2,\cdots,s,s$ 为子孔径数目,$j = 1,2,\cdots,N_i,N_i$ 为子孔径 i 采样点总数。g_i 为全局坐标系相对于子孔径 i 的局部坐标系的位形。在全局坐标系中通过最小化重叠区偏差,找到最优的位形参数,从而将所有子孔径测量数据变换到全口径中,得到全口径面形误差,并且已经分离了参考面误差的影响。

综上所述,分离参考面误差的平面子孔径拼接程序如下:首先,应用改进的三平面互检测试校准参考面的 2 阶误差;其次,测量各个子孔径并用 Zernike 多项式拟合波前,拟合的残余波前取平均后获得参考面误差高频分量的一个近似;然后,对所有子孔径测量数据进行预处理,减去 2 阶分量和高频分量;最后,应用自校准的 SASL 算法进行子孔径拼接,同时分离残余的 Zernike 多项式参考面误差。

实验验证的被测平面为 SiC 平面反射镜,口径约为 604mm,划分为如图 3.24 所示的 81 个子孔径,干涉仪口径为 $4''$,在子孔径拼接工作站上依次测量各个子孔径,如图 3.25 所示。

采用分离参考面误差的子孔径拼接算法得到拼接结果如图 3.26(a)所示,其中 PV 0.665λ,RMS 0.072λ,与图 3.26(b)所示 $24''$ 干涉仪直接进行全口径测量的结果(PV 0.585λ,RMS 0.066λ)一致。但是如果没有分离参考面误差进行子孔径拼接,则得到明显错误的结果,存在很大的正离焦,如图 3.26(c)所示。

3.6.2　大型平面透射波前的子孔径拼接测量

众所周知,一台大口径干涉仪与一个大口径平面反射镜可以实现大型平面

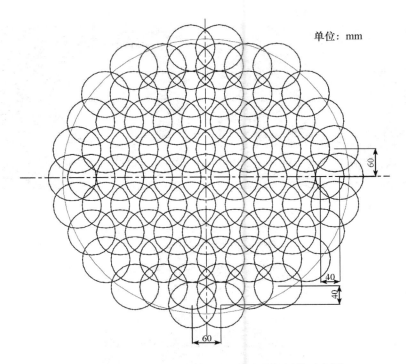

单位: mm

图 3.24　大型 SiC 平面镜的 81 个子孔径划分示意图

图 3.25　大型 SiC 平面镜的子孔径测量现场

透射波前的测量。而且如果 TF 与平面反射镜之间形成的空腔保持稳定,采用两步法能够达到很高精度。第一步是不放入被测光学零件,测量空腔;第二步将空腔从放入被测光学零件后的透射波前测量数据中扣除,从而能够理想去除系统

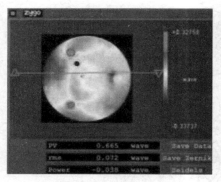
（a）分离了参考面误差的拼接结果

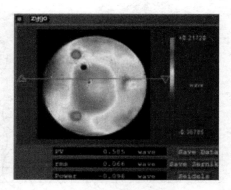
（b）24″干涉仪测量结果

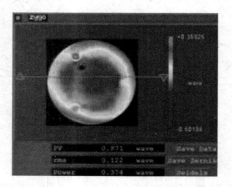
（c）包含参考面误差的拼接结果

图3.26　大型SiC平面镜的面形误差拼接测量结果

误差。但是，大口径干涉仪系统同样受到口径的严格限制，不能测量米级光学零件，除非将其倾斜测量。并且对于那些对中高频波前误差有要求的场合，横向分辨率不够高。例如ICF系统中的基频连续相位板（Continuous Phase Plate，CPP）可能要求相位轮廓的梯度接近$4\mu m/10mm$，如果采用600mm口径干涉仪进行测量，在CCD像面上的斜率约为$\lambda/2.3$像素，超出了Nyquist采样频率限制，因此直接用大口径波面干涉仪测量已不满足要求，需要引入子孔径拼接测量方法。

　　由于空腔可以预先测得并从子孔径测量数据中扣除，透射波前的拼接不存在平面反射镜拼接时的2阶误差累积效应的问题。但是大型透射波前的子孔径拼接仍然很难，因为平面子孔径拼接算法没有横向对准能力。特别对于准平面自由曲面波前，更具挑战性，即使很小的横向对准误差都可能引入相当大的子孔径重叠区域一致性误差。

图 3.27(a)给出了某一个透过 CPP 的子孔径波前,当它横向平移 1 像素(约为 0.245mm)再与原波前相减,得到的差具有中低频误差成分,如图 3.27(b)所示。因为拼接测量要求子孔径的测量重复性更高,横向不对准引入误差是不能接受的,除非子孔径定位准确使得引入的误差小于测量噪声。这意味着传统的平面子孔径测量装置的像素级定位精度已经不能满足要求了,而需要一个微米级的两轴定位平台,否则横向不对准误差应该利用先进的子孔径拼接算法予以补偿。

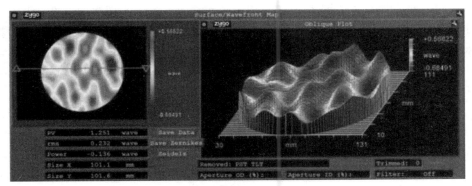

(a) 子孔径波前

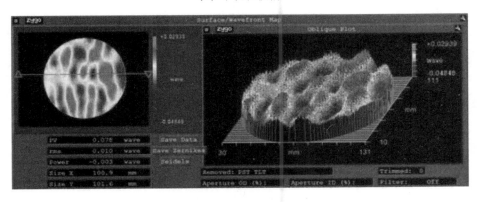

(b) 不对准引入的重叠区偏差

图 3.27　横向不对准引入子孔径重叠区偏差

在子孔径拼接基本算法中,通过消去子孔径之间的相对平移和倾斜,使得重叠区域不一致性最小,从而将子孔径波前拼接在一起。事实上,当用于平面波前拼接时,不考虑离焦项,式(3.72)可看作是微分变换的简化形式

$$\begin{bmatrix} x \\ y \\ z \\ 1 \end{bmatrix} = \begin{bmatrix} 1 & 0 & -b & 0 \\ 0 & 1 & -c & 0 \\ b & c & 1 & a \\ 0 & 0 & 0 & 1 \end{bmatrix} \begin{bmatrix} u \\ v \\ \varphi \\ 1 \end{bmatrix} \tag{3.72}$$

因为 x 倾斜和 y 倾斜角度都充分小,倾斜引入的横向平移 $b\varphi$ 和 $c\varphi$ 均可忽略。然而另一方面,通过消平移和倾斜进行拼接是不够的,因为它不影响横向对准。

子孔径拼接与定位算法(SASL)用于平面波前也不能实现横向对准,因为两个重叠子孔径之间的偏差是各自测量点到名义平面的有向距离之差,横向平移对目标函数没有贡献。这个问题源于平面的对称性。如图 3.28 所示,子孔径 k 中的点 A_k 和子孔径 i 中的点 A_i 均向名义平面投影得到投影点 p,两点之间的偏差计算为其到平面的有向距离之差

$$\boldsymbol{d} = \overrightarrow{pA_k} - \overrightarrow{pA_i} \tag{3.73}$$

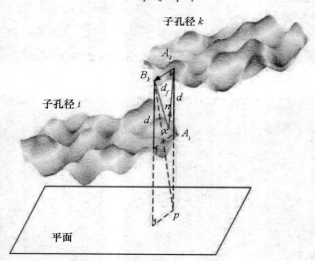

图 3.28　横向平移对偏差的影响

假设点 A_k 平行于平面平移到点 B_k,因为在位形优化子问题中,投影点是固定不变的,点 B_k 到平面的有向距离仍然等于 d:

$$\boldsymbol{d}^{\mathrm{new}} = \left\langle \overrightarrow{pB_k}, \begin{bmatrix} 0 & 0 & 1 \end{bmatrix}^{\mathrm{T}} \right\rangle - \overrightarrow{pA_i} = \boldsymbol{d} \tag{3.74}$$

其中 $\begin{bmatrix} 0 & 0 & 1 \end{bmatrix}^{\mathrm{T}}$ 是平面的单位法向。无论平面怎样横向平移,点到平面的距离保持不变。尽管在 SASL 算法中,6 自由度运动不确定性都考虑了,横向平移对

于平面确实冗余。我们只能期望在数次迭代后,由倾斜引入的横向平移偏差能起到横向对准的作用。

相比之下,如果相对于子孔径 i 的数据点集所代表的自由曲面计算偏差,则会引起偏差改变。如图 3.29 所示,点 A_k 向曲面投影得到投影点 x 和曲面法向 $\boldsymbol{n}$,有向距离表示了偏差:

$$\boldsymbol{d}_f = \overrightarrow{xA_k} \tag{3.75}$$

而点 B_k 的新偏差则很可能改变:

$$\boldsymbol{d}_f^{\text{new}} = \langle \overrightarrow{xB_k}, \boldsymbol{n} \rangle \tag{3.76}$$

这意味着横向平移会影响目标函数值。因此为了克服横向对准的问题,采用准平面自由曲面匹配进行子孔径拼接,偏差计算是相对自由曲面的。因为对于自由曲面,横向平移不再是冗余的,必定会改变偏差值进而影响目标函数值。

考虑到大量子孔径上海量数据需要同时处理,我们提出基于曲面三角化的方法,快速准确计算子孔径重叠区域的偏差。假设两个点集 S_A 和 S_B,完全表示了名义波前和被测波前。首先两个重叠子孔径 S_i 和 S_k 上的点逆向投影到 OXY 平面,产生两个 2D 点集 P_i 和 P_k,对 P_i 进行 Delaunay 三角化,很容易找到包含 P_k 中每个点的三角形,如果 P_k 中某点没有包围它的三角形,那么该点就不属于对应点对也不会计入目标函数;三角形的三个顶点正向投影到名义数据点集 S_A 得到三个对应点,形成一个三角形可以局部近似表示曲面。因此从测量点到此三角形的距离可以近似代替点 – 曲面距离。图 3.29 所示为此过程,测量点 B 的最近点由其到三角形顶点 A_1,A_2,A_3 所确定的平面的距离确定。这个方法很简单而且不需要迭代,计算几何中有成熟算法可用。注意这种近似仅仅在采样很

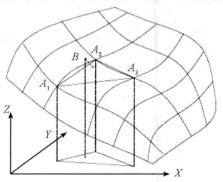

图 3.29　基于三角化的对应关系

密而且垂直方向起伏很小的情况下有效。

实验验证采用4″干涉仪测量一个CPP,两个TF分别用作参考面和平面反射镜。CPP口径为324mm×314mm,一共测量了25个子孔径,采用亚毫米级定位精度的两轴平台,如图3.30所示。平台为手动,运动量由游标卡尺测量。

 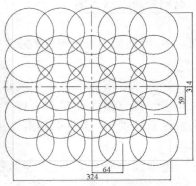

（a）实验装置　　　　　　　　（b）25个子孔径布局(单位 mm)

图3.30 CPP的子孔径拼接测量

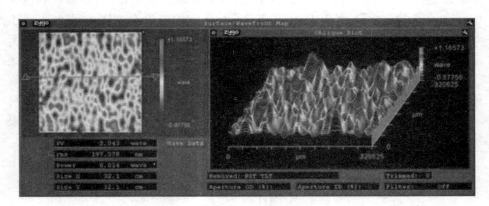

图3.31　名义轮廓

CPP叠加的波纹度轮廓设计如图3.31所示。为了评估测量精度并进一步通过确定性加工修正误差,将测量结果与名义轮廓进行自由曲面匹配计算。图3.32是采用平面子孔径拼接算法得到的结果进行匹配后的残差分布,而用24″干涉仪及性能全口径测试并匹配后的残差分布与之不同,如图3.33所示。显然平面子孔径拼接算法给出的结果是错误的,因为不能横向对准。拼接结果同时

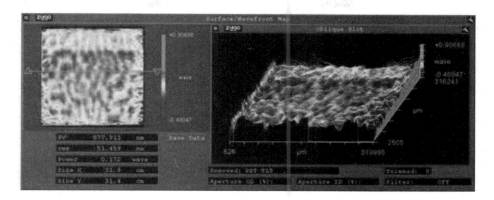

图 3.32　采用平面子孔径拼接得到的匹配后残差分布

给出了子孔径的估计位形,横向对准只有微米级。若据此进行后续的误差修形将会导致更大误差。相反,采用准平面自由曲面匹配的拼接能够克服这个问题,匹配后的残差分布如图 3.34 所示,与全口径测试结果一致。表 3.5 给出了子孔径估计位形的平移分量,横向对准误差最大到了 3.5872mm,这归因于游标卡尺测量横向平移的误差累积,并且实验后发现,升降台升降过程中会引入毫米级的横向窜动。

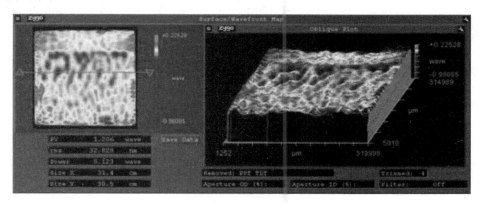

图 3.33　全口径测试的匹配后残差

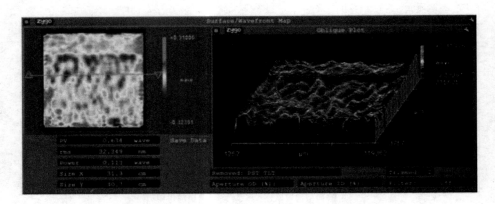

图 3.34　采用自由曲面匹配的拼接的匹配后残差

表 3.5　采用自由曲面匹配的拼接对横向偏移的修正结果　　　　　（mm）

子孔径	X	Y	Z	子孔径	X	Y	Z
1	3.587 2	− 0.199 3	− 0.000 2	14	0.753 7	− 0.993 1	0
2	3.187 1	− 0.546 9	0.000 1	15	0.714 2	− 1.171 6	0.000 1
3	2.951 3	− 0.805 6	− 0.000 2	16	− 0.543 0	− 1.079 2	0.000 3
4	2.728 0	− 0.995 4	− 0.000 1	17	− 0.330 0	− 0.806 6	0.000 1
5	2.653 7	− 1.168 7	0.000 1	18	− 0.409 6	− 0.693 1	0.000 1
6	1.946 4	− 1.228 9	0.000 2	19	− 0.448 5	− 0.426 1	0.000 1
7	2.151 8	− 1.135 9	0.000 1	20	− 0.565 1	0.048 5	0
8	2.205 6	− 0.969 4	0.000 1	21	− 2.046 2	− 0.673 0	− 0.000 2
9	2.437 9	− 0.653 0	0.000 1	22	− 2.179 4	− 0.890 9	− 0.000 2
10	3.175 1	0.313 3	0.000 3	23	− 2.097 8	− 1.228 7	− 0.000 2
11	0.879 8	− 0.109 5	0.000 1	24	− 2.136 9	− 1.396 6	0.000 1
12	0.860 0	− 0.627 6	0	25	− 2.051 7	− 1.481 7	− 0.000 3
13	0.829 3	− 0.755 8	0				

3.6.3　大型球面反射镜拼接测量

　　被测球面是粗抛光表面,通光口径 460mm,顶点曲率半径 1000mm。由于存在较大的局部误差,使得所用国产 CXM－100 干涉仪在全口径测量时并不能成功获得被测面形。选用 $f/7$ 透射球,将全口径划分为 37 个子孔径,如图 3.35 所示,重叠系数是37%～40%。在图3.19所示的拼接装置上逐一测量37个子孔径,图3.36所示为中心子孔径和最外圈一个子孔径的测得面形,CCD像素为512×512,其中最外圈子孔径位于镜面以外的无效数据点已被剔除。

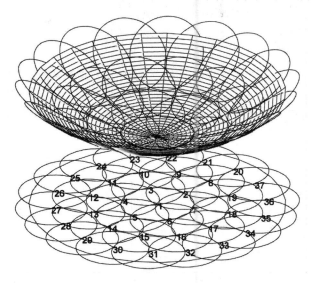

图3.35　大中型球面镜的子孔径划分示意图

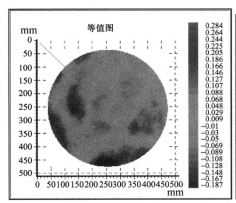
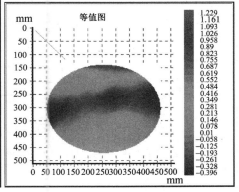

（a）中心子孔径　　　　　　　（b）最外圈的一个子孔径

图3.36　大中型球面镜的子孔径测量结果

子孔径测量过程中除了获得37个子孔径的面形误差数据以外,每个子孔径对应的五轴运动的位移也被依次记录下来。在进行子孔径拼接之前,需要根据五轴位移计算各个子孔径相对工件坐标系的初始位形,为此就需要建立五轴拼接装置的运动学模型。

与 SASL 算法中坐标系的建立规则一致,子孔径 i 的测量坐标系 $\{i\}$ 建立在透射球的顶点处(对于会聚透镜组则是顶点关于焦点的对称像),模型坐标系 $\{M\}$ 建立在被测表面的顶点处,SASL 算法的目的之一就是要找到每个子孔径上 $\{M\}$ 相对 $\{i\}$ 的位形。

SASL 的运动学机构可以用图 3.37 所示的参考位形说明。从干涉仪到基面再到被测面是一个开链。假设五轴(X,Y,Z,B 和 C 轴)运动量记录在数组 $[x,y,z,b,c]^{\mathrm{T}}$ 中,根据开链机器人正向运动学公式,$\{M\}$ 相对 $\{i\}$ 的位形为

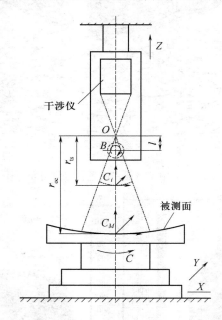

图 3.37　大中型球面镜的子孔径拼接装置的等效运动学机构

$$\boldsymbol{g}_i = \boldsymbol{g}_0 \exp(-\hat{\boldsymbol{\xi}}_z z) \exp(-\hat{\boldsymbol{\xi}}_b \beta) \exp(\hat{\boldsymbol{\xi}}_x x) \exp(\hat{\boldsymbol{\xi}}_y y) \exp(\hat{\boldsymbol{\xi}}_c \gamma) \qquad (3.77)$$

式中

$$\boldsymbol{g}_0 = \begin{bmatrix} 1 & 0 & 0 & 0 \\ 0 & 1 & 0 & 0 \\ 0 & 0 & 1 & r_{\mathrm{ts}} - r_{\mathrm{oc}} \\ 0 & 0 & 0 & 1 \end{bmatrix}, \hat{\boldsymbol{\xi}}_x = \begin{bmatrix} 0 & 0 & 0 & 1 \\ 0 & 0 & 0 & 0 \\ 0 & 0 & 0 & 0 \\ 0 & 0 & 0 & 0 \end{bmatrix}, \hat{\boldsymbol{\xi}}_y = \begin{bmatrix} 0 & 0 & 0 & 0 \\ 0 & 0 & 0 & 1 \\ 0 & 0 & 0 & 0 \\ 0 & 0 & 0 & 0 \end{bmatrix},$$

$$\hat{\boldsymbol{\xi}}_z = \begin{bmatrix} 0 & 0 & 0 & 0 \\ 0 & 0 & 0 & 0 \\ 0 & 0 & 0 & 1 \\ 0 & 0 & 0 & 0 \end{bmatrix}, \hat{\boldsymbol{\xi}}_b = \begin{bmatrix} 0 & 0 & 1 & l-r_{oc} \\ 0 & 0 & 0 & 0 \\ -1 & 0 & 0 & 0 \\ 0 & 0 & 0 & 0 \end{bmatrix}, \hat{\boldsymbol{\xi}}_c = \begin{bmatrix} 0 & -1 & 0 & 0 \\ 1 & 0 & 0 & 0 \\ 0 & 0 & 0 & 0 \\ 0 & 0 & 0 & 0 \end{bmatrix}$$

$$(3.78)$$

l 为测试光束焦点到 B 轴中心的距离,r_{oc} 为焦点到被测面顶点的距离,由子孔径划分给出,通常可用 r 近似,即中心子孔径的最佳拟合球半径。

最佳拟合球半径的初始值也是由子孔径划分给出,一般可以直接取为子孔径中心处的顶点曲率半径,因为 SASL 算法的收敛范围足够大。初始的横向比例可由干涉仪给出,或利用人工标记点进行简单标定。

建立了拼接装置的运动学模型后,可将测量数据和五轴运动量记录文件导入软件进行拼接,子孔径的粗 – 精拼接流程如图 3.38 所示。

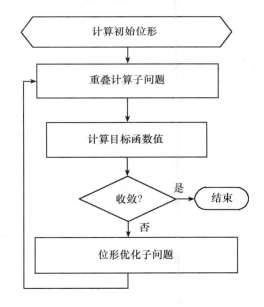

图 3.38　大中型球面镜的子孔径粗 – 精拼接流程

由于一共有大约 $37 \times 512 \times 512$ 个数据点需要同时处理,采用了粗 – 精拼接策略。首先在每个子孔径上进行 64×64 网格的二次采样,对该低分辨率数据应用 SASL 算法,初始条件由 SASL 运动学确定。算法经过 38 次迭代后收敛。将得到的最优解作为初始条件,对原始高分辨率数据应用 SASL 算法进行精确拼接,经过 2 次迭代后收敛。图 3.39 所示为全口径结果,图 3.39(a)为全口径测量(f/1.5 透射球)结果,图 3.39(b)为拼接结果。可见由于被测面存在较大局部误差,全口径测量进行相位恢复时出现了局部失效(例如左下角部位),而子孔径拼接仍然能够获得真实的误差分布结果。注意图 3.39 中的坐标系与图 3.36 中的坐标系关于中心对称。

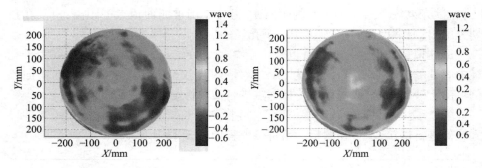

(a) CXM－100 全口径测量　　　(b) 子孔径拼接(PV 2.08λ, RMS 0.275λ)

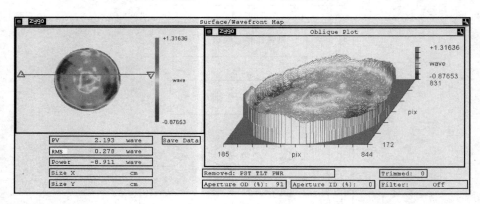

(c) Zygo GPI 干涉仪全口径测量(PV 2.19λ, RMS 0.278λ)

图 3.39　大中型球面镜的面形测量结果

为进一步验证该结果的正确性,采用 Zygo GPI XP/D 1000 干涉仪重新进行全口径测试,如图 3.40 所示,其中位于干涉仪与被测球面镜之间的大口径平面反射镜在本实验中不起作用。图 3.39(c)为测量结果,与拼接结果非常一致。

图 3.40　大中型球面镜的 Zygo 干涉仪全口径测量现场

3.6.4　超半球面的子孔径拼接测量

超半球面(hyper hemisphere)是指半球面、大半球面以及全球面和球碗内表面,是球面上立体角超过 2π 的一部分表面。高精度的超半球面存在于众多精密装备中,如轴承滚珠、计量标准球、核聚变靶球、陀螺转子等。特别是在高精度陀螺仪表中,敏感结构大多采用球体类部件,如静电悬浮陀螺、半球谐振陀螺的核心敏感部件均为球面或半球面零件,并且球面的形状精度要求非常高,成为制约陀螺仪性能的关键因素。

通常一个超半球面可以通过高精度的圆度测量实现检测,圆度仪利用气浮主轴和主轴误差分离技术,可以实现超精密圆度测量。例如,例如美国宇航局的"引力探测 B"(Gravity Probe B,GP–B)卫星,其核心部件是 4 个世界上最精密的静电悬浮陀螺仪,其转子球度采用 Taylor Hobson 的圆度仪测量 16 条经线圆和 1 条赤道圆间接获得(将 16 条经线圆数据关联起来),要求球度测量值小于 25 nm PV,主轴误差为 28 nm[41]。但是将所有圆度测量数据关联起来而达到很高精度是很难的,因为不同位置和姿态的圆度测量会引入机械运动误差。而且因为采样不充分,多条圆度数据并不能充分反映整个表面的球度。波面干涉测量可以用来测量三维面形误差(球度)而不是二维轮廓误差(圆度),但是受到 TS 的 $f/\#$ 限制。如图 3.41 所示,设 TS 的 f 数为 $f/0.75$,设被测球的半径 $R=19\text{mm}$,则可测得球面上子孔径大小不超过 $d=R/f/\#=25.33\text{mm}$,也就是说在一次测量中,测量光束不能覆盖半球面,导致高陡度球面镜(特别是半球和超半球)不可能一次性完成测量,成为传统干涉测量的一个难题。而借助子孔径拼接技术,将待测镜面划分成若干子孔径,拼接后可得到整个表面的三维球度误差。

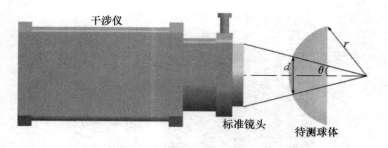

图 3.41　凸球面的波面干涉测量原理

凸曲面与凹曲面的子孔径拼接的不同之处在于物像坐标映射关系是否反向,因此可以在凹曲面的子孔径拼接理论与算法基础上进行改进和推广。设干涉仪测量数据为 $w = (u, v, \varphi)$,其中 φ 为像素坐标 (u, v) 上的相位差。球面 Fizeau 干涉仪由 TS(会聚透镜组或发散透镜组)产生测试波面的最佳拟合球面波。根据其测试几何关系,物面坐标系建立在透射球的顶点上,像面与物面平行。物体坐标由式(3.79)获得

$$[x \quad y \quad z] = \lfloor (r + \varphi)\beta u (r + \varphi)\beta v - r_{ts} + (r + \varphi)\sqrt{1 - \beta^2(u^2 + v^2)} \rfloor \qquad (3.79)$$

其中 r_{ts} 为干涉仪透射球的半径,r 为最佳拟合球的半径,$\beta = \gamma / r_{ts}$,γ 为横向坐标比例因子。

注意式(3.79)与凹曲面的式(3.8)不同,z 坐标是反向的,由此导致的位形优化子问题在线性化时也有所不同。

坐标映射中的不确定参数是利用最小二乘法,通过最小化重叠区不一致性来确定的,可以利用全局坐标系下的子孔径坐标来确定重叠对应关系。与 SASL 算法类似,所有测量点均投影到名义表面上,然后再投影到赤道平面上,此平面上的投影点包容关系确定了重叠区域。但是对于超半球面有新的问题,在南北半球的一对点会投影到赤道平面上同一点。

这种投影的二义性源于超半球面上点的直角坐标描述,如果采用经纬度坐标则能避免,因为球面上的点除了南北极外,与经纬度坐标一一对应。所以将名义表面上的点坐标继续投影到经纬平面上,而不是赤道平面:

$$\begin{cases} l_o = \arctan(y/x) \\ l_a = \arcsin(z/\sqrt{x^2 + y^2}) \end{cases} \qquad (3.80)$$

在经纬平面上的投影区域限制在 $[-\pi, \pi) \times [-\pi/2, \pi/2)$,如图 3.42 所示。

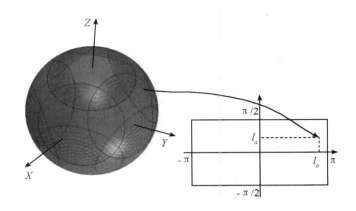

图 3.42　向经纬平面投影

　　由于经度坐标的周期性,有子孔径会对应到 π 或 − π 附近,结果其投影会是经纬平面上的两个分开的区域,即图 3.43 所示的 1_1 和 1_2。那么当计算子孔径 1 与其他子孔径的重叠时,1_1 和 1_2 的凸包会是经度为 π 到 − π 的整个区域,从而得到子孔径 3 完全包含在子孔径的重叠区内的错误结论,而事实上两者并不重叠。

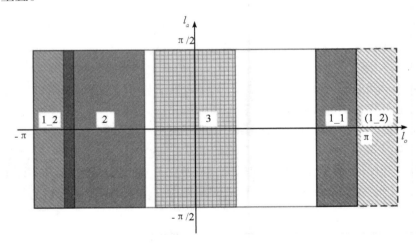

图 3.43　在经纬平面上计算重叠对应关系

　　为克服这一问题,通过周期延拓将两个分开的区域合并在一起,例如通过加上 2π,1_2 可延拓到 1_2',从而产生连续的投影区域,正确地得到子孔径 3 与子孔径 1 的重叠对应关系。

在经纬平面上计算重叠对应关系的步骤归纳如下。

- Step1：将所有测量点向名义球面投影，得到最近点的坐标(x, y, z)，根据式(3.80)投影到经纬平面上对应经纬坐标(l_o, l_a)，即s个子孔径对应在经纬平面上有s个二维点集$P_1, \cdots P_s$；令$i = 1$。

- Step2：令$k = i + 1$，若P_i中所有$l_o > 0$的点的重心位置与P_i中所有$l_o < 0$的点的重心位置之差大于$\pi/6$(预设值)，说明P_i是由分布在$-\pi$与π附近的两个点集组成，需要进行周期延拓，即P_i中所有$l_o < 0$的点的经度坐标加上2π，得到新的点集P'_i，转Step4；否则称P_i连续，不需要延拓，转Step3。

- Step3：根据P_i的凸包找出包容在凸包内的P_k中的点即重叠点，转Step7。

- Step4：若P_k是由分布在$-\pi$与π附近的两个点集组成，转Step5；否则判断P'_i的重心位置与P_k的重心位置之差大于π时，P_k的经度坐标加上2π得到新的点集P'_k；P'_i的重心位置与P_k的重心位置之差小于$-\pi$时，P_k的经度坐标减去2π得到新的点集P'_k并转Step6。

- Step5：则判断P'_i的重心位置大于0时，P_k中所有$l_o < 0$的点的经度坐标加上2π得到新的点集P'_k；P'_i的重心位置小于0时，P_k中所有$l_o > 0$的点的经度坐标减去2π得到新的点集P'_k。

- Step6：根据P'_i的凸包找出包容在凸包内的P'_k中的点即重叠点。

- Step7：若$k < s$，令$k = k + 1$，根据P_i是否连续转Step3或Step4；否则转step 8。

- Step8：若$i < s - 1$，令$i = i + 1$，转Step2；否则结束。

采用直径为$38mm$的半球面和全球面验证子孔径测量方法，选择$f/0.75$透射球，照明子孔径区域约为$25mm$。半球面采用简单的7个子孔径布局，包括6个外围子孔径和一个中心子孔径，外围子孔径与中心的轴线夹角为$60°$，如图3.44所示。

全球面需要至少变换一次装夹位置，零件需要重新装夹才可能保证全面可测。重新装夹过程通常会引入子孔径位置与姿态的扰动，造成明显的拼接误差，除非通过拼接算法予以消除。我们采用三条环带布局，利用两个正交的旋转很容易实现调整。如图3.45所示，6个子孔径均布在环带上，

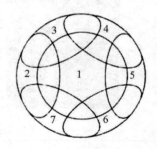

图3.44　半球面的子孔径布局

三条环带有两个子孔径重合,因此总共是 14 个子孔径。

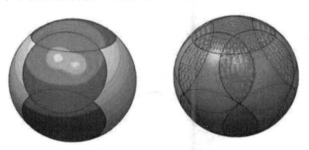

图 3.45　全球面的子孔径布局

　　超半球面要保证全面可测,不管是干涉仪测量还是圆度仪测量。理论上三个球面支撑完全确定了球面中心,因而常用来调整超半球面的姿态而保持中心不动。例如在随机球测量中校准球就是用三个小球来支撑的,测量一系列子孔径可以校准透射球[42]。Griesmann 等[43] 采用类似支撑来测量全球面。但是这种支撑机构不易电动控制,难于实现子孔径按照预期布局进行定向。Kawa 等[44] 提出圆度仪测量球面用的电动设计,通过与之两个相切的轴的摩擦驱动被测球面滚转。摩擦驱动可能会对超半球面的高质量表面造成损伤。

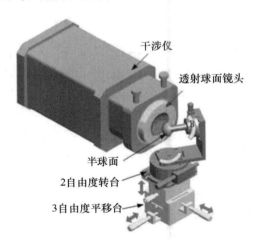

图 3.46　半球面的子孔径测量平台

　　因为被测零件较小,设计一个 2 自由度转台,可以方便地实现姿态调整而保持中心不动。如图 3.46 所示,半球面胶结到一个圆棒上,圆棒装夹于 2 自由度转台上。两个转台分别实现从中心子孔径偏摆到外围子孔径,和绕半球面轴线的回转。两个转动轴线的交点与球心重合。另加一个 3 自由度平移台以校正姿态调整过程中引入的微量中心移动。

全球面通过一对锥形夹具装夹在中心对称的两个球冠上,如图 3.47 所示。装好后依次测量一条环带上的子孔径,然后松开夹具,通过升起下面的支撑机构支撑零件,并使其偏摆到另一条环带面向干涉仪。滚转与偏摆轴的交点与球心重合。另加一个 3 自由度平移台以校正姿态调整过程中引入的微量中心移动。

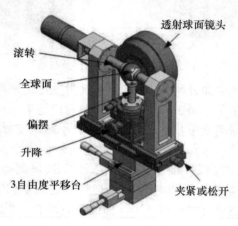

图 3.47　全球面的子孔径测量平台

现有方法很难测量半球面和全球面,因此没有交叉验证手段。但是拼接测量可以通过将其置于修形与测量的迭代过程中进行间接验证。因为离子束的确定性修形过程已经验证了可以修正高陡度的面形误差[45],如果拼接测量成果获得了真实的面形误差,那么半球面和全球面的面形误差在修形后应该会减小。下面的半球面和全球面实验中,首先应用自校准的拼接算法测得初始面形误差分布,用作离子束修形的依据,修形后再次测量并拼接。比较修形前后拼接算法获得的参考面误差,并与透射球的检验报告比较,其相似性可间接验证拼接的正确性。这里采用 49 项 Zernike 多项式来描述参考面。

实验装置如图 3.48 所示。半球面的误差分布仍然可以投影到赤道平面上显示,因此将拼接后的数据输入到 Zygo MetroPro 软件以便于比较分析。因为子孔径面形与参考面误差相当(约 60nm PV),图 3.49(a)所示的拼接面形图中可看到明显的重叠区偏差,即有子孔径痕迹。事实上我们比较子孔径测量数据也可以看到,参考面误差在重叠区占主导地位。应用自校准的拼接算法,得到真实的面形误差图,不再有子孔径痕迹,如图 3.49(b)和(c)所示。初始误差是 130.

图 3.48　半球面的子孔径拼接测量实验装置

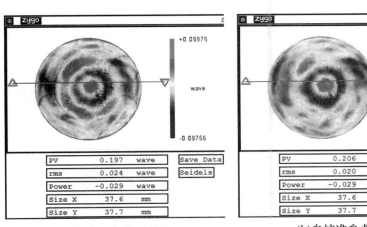

(a)包含了参考面误差　　　　　　　(b)自校准参考面误差后

(c)三维动态显示

图 3.49　半球面的初始误差分布

图 3.50　半球面的修形实验装置

1nm PV 和 12.7nm RMS。随后应用离子束修形对这一误差进行修正加工。因为实验中离子束始终是沿着竖直方向的,整个表面修形必须采用拼接的方式,即逐个子孔径进行修形。首先加工中心球冠部分,然后将半球面重新装夹以加工赤道附近区域,如图 3.50 所示。这种拼接加工也产生了一道纬线圈痕迹,在子孔径测量数据和拼接面形图中都可以看到。面形误差减小到 110.2nm PV 和 11.5nm RMS,如图 3.51(a)和(b)所示。自校准的参考面上下翻转后如图 3.52(d)所示,与图 3.52(a)给出的 Zygo 的透射球检验报告有相似的误差分布特征。注意图 3.52(d)的横向尺寸在应用 Zernike 多项式时是归一化的。同时用另一个同样 f/数的更高精度的透射球(λ/40 PV)测量了这个参考面误差,如图 3.52(b)所示,其 49 项 Zernike 多项式拟合如图 3.52(c)所示。误差分布上的相似性

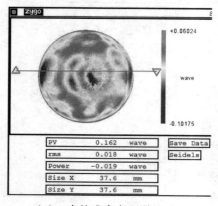

（a）　自校准参考面误差后　　　　　　　　（b）　三维动态显示

图 3.51　半球面修形后的误差分布

间接验证了方法的准确性,其差别则可能由不同的装夹条件和测试条件引起。

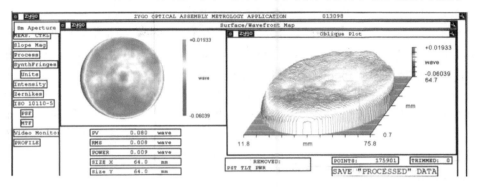

（a）Zygo 的检验报告

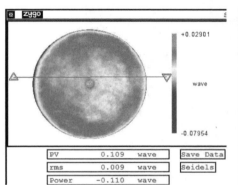

（b）用更高精度透射球校准的结果

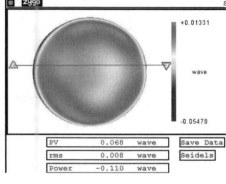

（c）校准结果的多项式拟合

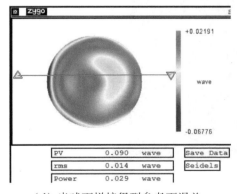

（d）半球面拼接得到参考面误差

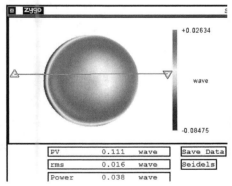

（e）全球面拼接得到参考面误差

图 3.52　参考面误差

拼接测量和修形的实验装置如图 3.53 和图 3.54 所示,实际上两者用同一个滚转调整机构。全球面也是采用拼接方式加工的,因此加工一条环带。应该自校准的拼接算法,得到初始面形误差如图 3.55(a)所示。北半球数据输入到 MetroPro,误差为 84.4nm PV 和 8.3nm RMS,如图 3.55(b)所示。图 3.56(a)和(b)中分别是全球面和北半球在修形后的误差分布,误差减小到 65.4nm PV 和 6.2nm RMS。拼接得到的参考面误差如图 3.52(e)所示,与图 3.52(a)~(d)有相似特征,间接验证了该方法是正确的。注意在球面上存在一些局部误差,是来自子孔径测量数据。当测量硅球面时,其对称的后半球面涂抹了凡士林,以避免前后球面自干涉。为了保持被测小球稳定装夹,凡士林不易擦除干净。这一问题可以用傅里叶相移干涉技术[41]解决。

图 3.53　全球面的子孔径拼接测量实验装置

图 3.54　全球面的修形实验装置

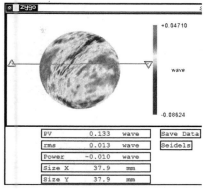

（a）自校准参考面误差后 （b）北半球投影

图 3.55 全球面的初始误差分布

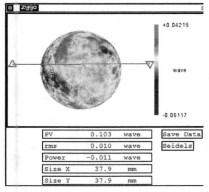

（a）自校准参考面误差后 （b）北半球投影

图 3.56 全球面修形后的误差分布

3.6.5 非球面镜拼接测量

为了验证子孔径拼接干涉测量方法对于非球面的适应性,搭建了简易的拼接装置,实现 200mm 口径抛物面的拼接测量,如图 3.57 所示。该装置为 5 自由度平台,包括 3 个数控的平移运动(X、Y 和 Z)和 2 个手动的转台(俯仰和偏摆),没有任何机械校准,因而对准和调零运动的误差相当大。

被测镜面有效口径 185mm,顶点曲率半径 640mm,非球面度约 8.7μm,超出了干涉仪的垂直测量范围。一共测量了 7 个子孔径(中心 1 个加上边缘 6 个),

图 3.57　口径 200mm 的抛物面的子孔径拼接测量现场

图 3.58 给出了中心子孔径和边缘子孔径(之一)的测得结果。应用球面 SASL 算法恢复得到了全口径面形误差,如图 3.61(a)所示。由于算法是对直角坐标进行操作的,偏差计算均是相对名义抛物面的,因此所得面形误差已经去除了名义非球面形状的影响,与子孔径拼接基本算法获得的是相对于某个球面的偏差存在本质区别。

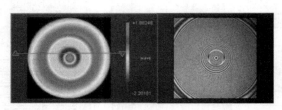

(a) 中心子孔径

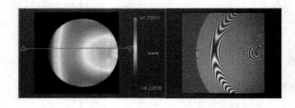

(b) 边缘的一个子孔径

图 3.58　口径 200mm 的抛物面的子孔径测量结果

　　原则上 SASL 算法适用于任何形状的子孔径,因而对该抛物面在同一平台上进行了环带子孔径测试,只用到一个平移(调焦)和未知的倾斜调整。测量了

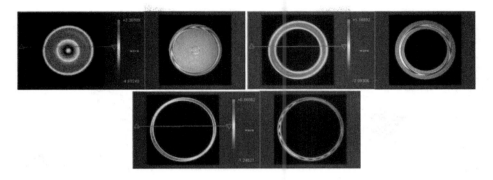

图 3.59　口径 200mm 的抛物面的环带子孔径测量结果

三个环带如图 3.59 所示,SASL 算法再次恢复得到了全口径面形,如图 3.61(b)所示。与 Hou 等[31]的算法比较,SASL 算法不要求数据预处理,不要求子孔径互补,唯一要求是子孔径互相有重叠。

最后采用自准直方法对抛物面进行了全口径测试(图 3.60)。中心遮拦52mm,结果如图 3.61(c)所示,与子孔径拼接测量获得的面形误差分布一致。

图 3.60　口径 200mm 的抛物面全口径自准直测量现场

进一步对更高精度的另一块口径 200mm 的抛物面在同一个拼接装置上进行了子孔径拼接测量验证。被测镜的有效口径为 160mm,非球面度约 5.5μm。图 3.62(a)和(b)分别是子孔径拼接测量结果和全口径自准直测量结果,两者的分布相似,其中后者包含了准直平面镜的面形误差。

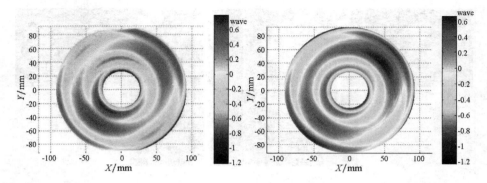

（a）圆形子孔径（PV 2.00λ，RMS 0.326λ）　　　（b）环带子孔径（PV 1.88λ，RMS 0.311λ）

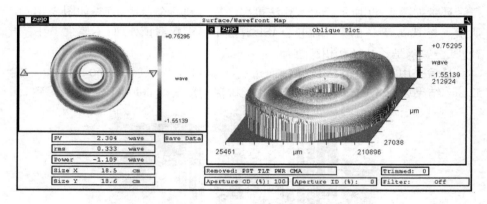

（c）全口径自准直测量（PV 2.30λ，RMS 0.333λ）

图 3.61　口径 200mm 的抛物面的面形测量结果

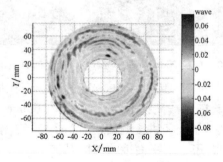

（a）子孔径（PV 0.186λ，RMS 0.019λ）

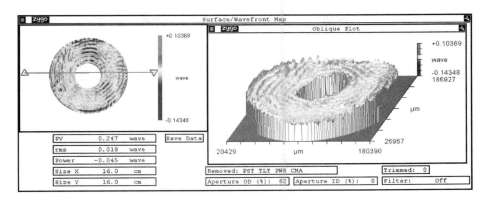

（b）全口径自准直测量（PV 0.247λ，RMS 0.018λ）

图 3.62　高精度抛物面的面形测量结果

3.7　子孔径拼接测量方法的发展趋势

子孔径拼接测量方法因其可同时增大垂直测量范围和提高横向分辨率的优点，在现代光学测量中迅速占领一席之地。光学系统的面形越来越复杂，高陡度非球面、离轴非球面甚至自由曲面正在得到越来越广泛的应用；并且光学系统对低、中、高频面形误差均提出了越来越严格的要求，可以预见，子孔径拼接测量方法将发挥日益重要的作用，甚至在某些条件下成为必不可少的测量方法。

1. 子孔径拼接测量方法将成为大口径平面、大口径凸球面和大口径凸非球面的面形测量主要方法。

第 1 章已经指出，无论是大口径平面镜测量的 Ritchey-Common 方法，还是大口径凸非球面测量的无像差点法或补偿法，都不可避免地存在局限性，子孔径拼接是突破这些局限的有效手段。特别是大口径平面镜的子孔径拼接测量装置非常简单，名义上只需要平面内的两维直线运动，容易实现，测量和求解效率也较高，并且同时能够有效提高横向分辨率，获得更多的面形误差细节信息，与其他方法相比具有显著优势。

大口径凸非球面反射镜的面形检测历来是个技术难题，也是国际研究热点。一方面，非球面度较大，决定了其不能直接用干涉仪进行测量，而需要附加辅助光学元件如 Hindle 球面、补偿器和非球面样板等，不同的被测镜要求专门设计辅助元件，且其本身的高精度加工、检测与装调同样面临挑战；另一方面，凸镜干涉测量要用到口径相当或更大的辅助元件将测试光束返回到干涉仪,例如 Hindle 检验法通常要求采用被测镜口径 1.5～2 倍以上的 Hindle 球面,或者采用如图 1.26 所示的非球面样板测量凸非球面,且样板口径应略大于被测凸非球面的口径,从而带来大口径辅助元件本身的材料均匀性、加工、检测与装调等一系列问题,是限制测量精度提高的主要障碍。子孔径拼接方法解决了测量口径受限问题,同时子孔径像差比全口径更小,也缓解了对像差补偿能力的要求。但是凸非球面在不同位置的子孔径像差并不相同,并且随着口径增大和面形复杂性增加,子孔径像差也将超出干涉仪的垂直测量范围(条纹太密)。图 3.63 为口径 360 mm 的凸双曲面,非球面度约为 150.7 μm。由于边缘子孔径的像散越来越严重,为满足条纹少到可解析的条件,子孔径数目迅速增加,从而极大增加了拼接测量的难度。因此复杂面形的拼接测量必须引入可变补偿的思想,通过补偿器产生可调的像差,灵活补偿不同形状光学表面在不同位置子孔径的大部分像差,使得每个子孔径的干涉条纹均少到可解析。

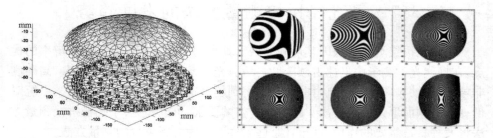

图 3.63 凸双曲面的 142 个(6 圈离轴)子孔径划分及不同离轴位置子孔径的干涉图仿真

为解决这个问题,QED 公司 2009 年初推出非球面子孔径拼接工作站 ASI(图 3.64)[46],利用可变零镜技术,可测非球面度达到 1000λ($\lambda=632.8nm$),但测量口径不大于 300mm,不能满足大口径凸次镜的测量需要。可变零镜实际上是一对 Risley 棱镜,即一对楔形平板,两个平板相向回转时主要引入彗差;调整两个平板相对干涉仪光轴的整体倾斜,主要引入像散。通过这两个自由度,产生大小可调的像差,补偿子孔径的大部分像差。该方法的缺点是需要两个调整自由度,对回转和倾斜调整的精度要求很高,对准比较困难;并且由于需要调整补偿器的整体倾斜(可能达到 40°),要求波面干涉仪与被测镜面之间预留足够多的空间,不利于测试光路安排。

利用 Zernike 多项式的旋转属性,我们提出一种新的补偿器设计,通过调整一对相向回转的 Zernike 相位板的回转角度(如图 3.65),产生大小可调的彗差

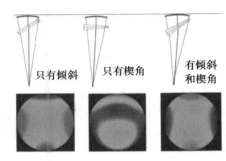

只有倾斜　　只有楔角　　有倾斜和楔角

图 3.64　QED 公司的 ASI 与可变零镜

和像散,实现不同形状曲面在不同位置的子孔径的大部分像差的补偿,达到近零位测试(near-null test)条件,即到达被测子孔径的测试波前既不是与之完全匹配,也不是球面波,而是接近子孔径面形。设相位板的相位函数由 Zernike 多项式的 Z5(45°方向的像散与离焦)和 Z7(彗差与 Y-倾斜)两项组成,且两个相位板的多项

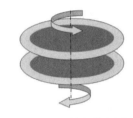

图 3.65　双回转相位板示意图

式系数互为相反数,即分别为 c_5,c_7 和 $-c_5$,$-c_7$。当两个相位板相向回转一个角度 θ 时,测试波前透过后附加的像差主要由 Zernike 多项式的 Z4(0°方向的像散与离焦)和 Z6(彗差与 X-倾斜)两项组成,并且其系数大小为 $c_5\sin2\theta$ 和 $c_7\sin\theta$。由于只需要调整回转角度,成本低廉,机械精度更容易保证,并且结构简单紧凑;不涉及补偿器的整体倾斜调整,因而避免了圆形孔径畸变为椭圆形的问题;此外,相位板可用 CGH 实现,通过制作各种对准图样,实现精确光路对准[47]。

2. 子孔径拼接测量方法是大数值孔径镜面的面形测量必不可少的方法。

受干涉仪透射球的 $f/\#$ 影响,普通干涉仪不能直接用于大数值孔径曲面的面形测量。例如半球面甚至全球面的高精度测量,是计量领域的传统难题,通常用圆度截线测量方法,即通过测量球面上多条大圆截线的圆度间接评价球度,使二维测量实现三维球度评价,存在采样不充分的缺陷,子孔径拼接方法则提供了新的解决思路,一旦发展成熟,可取代截线圆度法成为标准测量方法。

3. 子孔径拼接测量方法将迅速在复杂曲面的面形测量中占领一席之地。

复杂曲面的干涉测量目前仍然是一个世界性难题,缺乏有效的手段。对于离轴非球面测量,子孔径拼接方法本质上没有增加难度,因为回转对称非球面的测量中,除了中心子孔径外,其余子孔径也都是离轴的。高陡度非球面的测量不能直接用子孔径拼接方法,例如保形头罩(conformal dome)的内外表面通常是高陡度的椭球面,其长径比(非球面矢高与直径之比)大于1.0。此时采用普通干涉仪直接测量将产生致密条纹而不能解析,但若采用无像差点法子孔径拼接测量方法,则有望解决问题。如图3.66和图3.67所示,在被测椭球面上划分若干子孔径,利用辅助的球面反射镜,在满足无像差点法的测试条件下进行零位子孔径拼接测量[48]。对于更复杂的柱面甚至自由曲面测量,适当引入辅助光学元件进行部分补偿,使得各子孔径产生可解析的干涉条纹,即所谓的近零位测量,有望解决问题。

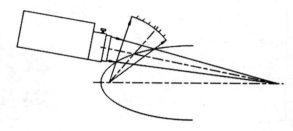

图3.66 无像差点法子孔径拼接测量方法原理

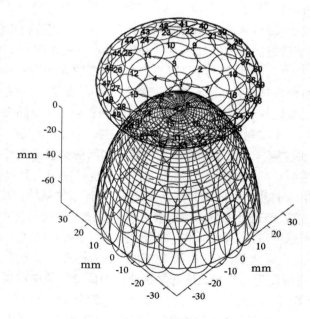

图3.67 无像差点法的子孔径划分

光学非球面镜制造中的面形测量技术

4. 测量精度仍是子孔径拼接测量方法的主要问题。

子孔径拼接测量方法的原理很容易理解,真正阻碍其发展并工程化的仍然是测量精度问题,而关键又在子孔径拼接算法。如何对子孔径拼接测量精度进行科学合理的评价,进而从算法的数学模型入手,提高子孔径拼接测量精度,仍是其主要的理论问题。

5. 工程化是子孔径拼接测量方法的发展目标。

为了适应现代光学系统的迅速发展和应用,作为其检测与评价手段之一,子孔径拼接测量方法必将逐渐工程化,并形成独立的计量设备——子孔径拼接工作站。工作站上除了集成先进的子孔径拼接算法和抗振动干涉仪外,其主体是多轴运动平台。高效自动化是子孔径拼接工作站的发展趋势,需要开发先进的运动控制算法,在干涉仪逐一测量子孔径的过程中,实时快速对准。

参 考 文 献

[1] Kin C J, Wyant J C. Subaperture test of a large flat or a fast aspheric surface[J]. Journal of the Optical Society of America A-optics Image Science and Vision, 1981, 71: 1587.

[2] Thunen J G, Kwon O Y. Full aperture testing with subaperture test optics[C]//Proceedings of SPIE. 1982, 351(1): 19 – 27.

[3] Chow W W, Lawrence G N. Method for subaperture testing interferogram reduction[J]. Optics Letters, 1983, 8(9): 468 – 470.

[4] Jensen S C, Chow W W, Lawrence G N. Subaperture testing approaches: a comparison[J]. Applied Optics, 1984, 23(5): 740 – 745.

[5] Stuhlinger T W. Subaperture optical testing: experimental verification[C]//1986 International Symposium/Innsbruck, Proceedings of SPIE, 1986, 656: 350 – 359.

[6] Chen M Y, Cheng W M, Wang C W W. Multiaperture overlap-scanning technique for large-aperture test[C]//San Diego-DL tentative, Proceedings of SPIE, 1992, 1553: 626 – 635.

[7] Cheng W M, Chen M Y. Transformation and connection of subapertures in the multiaperture overlap-sacnning technique for large optics tests[J]. Optical Engineering, 1993, 32: 1947 – 1950.

[8] Cheng W M, Lin Y L, Chen M Y. Accuracy analysis of multiaperture overlap-scanning technique (MAOST)[C]// SPIE′s 1993 International Symposium on Optics, Imaging, and Instrumentation, Proceedings of SPIE, 1993, 2003: 283 – 288.

[9] Otsubo M, Okada K, Tsujiuchi J. Measurement of large plane surface shape with interferometric aperture synthesis[C]//International Symposium on Optical Fabrication, Testing, and Surface Evaluation, Proceedings of SPIE, 1992, 1720: 444 – 447.

[10] Otsubo M, Okada K, Tsujiuchi J. Measurement of large plane surface shapes by connecting small-aperture interferograms[J]. Optical Engineering, 1994, 33(2): 608 – 613.

[11] Chen M Y, Wu D Z. Multiaperture overlap-scanning technique for moire metrology [C]//SPIE's 1996 International Symposium on Optical Science, Engineering, and Instrumentation, Proceedings of SPIE, 1996, 2861: 107 – 112.

[12] Bray M. Stitching interferometer for large plano optics using a standard interferometer [C]//Optical Science, Engineering and Instrumentation, Proceedings of SPIE, 1997, 3134: 39 – 50.

[13] Tang S H. Stitching: high-spatial-resolution microsurface measurements over large areas [C]// Proceedings of SPIE, 1998, 3479: 43 – 49.

[14] Wyant J C, Schmit J. Large field of view, high spatial resolution, surface measurements [J]. International Journal of Machine Tools and Manufacture, 1998, 38(5): 691 – 698.

[15] Schmit J, Schmucker M A. Selection process for sequentially combining multiple sets of overlapping surface-profile interferometric data to produce a continuous composite map: U. S. Patent 5991461 [P]. 1999 – 11 – 23.

[16] Bray M. Stitching interferometer for large optics: recent developments of a system [C]//Third International Conference on Solid State Lasers for Application to Inertial Confinement Fusion, Proceedings of SPIE, 1999, 3492: 946 – 956.

[17] Bray M. Stitching interferometry and absolute surface shape metrology: similarities [C]//International Symposium on Optical Science and Technology, Proceedings of SPIE, 2001, 4501: 375 – 383.

[18] Sjöedahl M, Oreb B F. Stitching interferometric measurement data for inspection of large optical components [J]. Optical Engineering, 2002, 41(2): 403 – 408.

[19] Assoufid L, Bray M, Qian J, et al. 3D surface profile measurements of large X-ray synchrotron radiation mirrors using stitching interferometry [C]//International Symposium on Optical Science and Technology, Proceedings of SPIE, 2002, 4782: 21 – 28.

[20] Yu Y J, Chen M Y. Correlative stitching interferometer and its key techniques [C]//International Symposium on Optical Science and Technology, Proceedings of SPIE, 2002, 4777: 382 – 393.

[21] Chen M Y, Guo H W, Yu Y J, et al. Recent developments of multi-aperture overlap-scanning technique [C]//Optical Science and Technology, SPIE's 48th Annual Meeting, Proceedings of SPIE, 2004, 5180: 393 – 401.

[22] Murphy P, Forbes G, Fleig J, et al. Stitching interferometry: a flexible solution for surface metrology [J]. Optics and Photonics News, 2003, 14(5): 38 – 43.

[23] Fleig J, Dumas P, Murphy P E, et al. An automated subaperture stitching interferometer workstation for spherical and aspherical surfaces [C]//Optical Science and Technology, SPIE's 48th Annual Meeting, Proceedings of SPIE, 2003, 5188: 296 – 307.

[24] 何海涛, 郭红卫, 于赢洁, 等. 基于虚拟圆柱的曲面拼接方法 [J]. 光学学报, 2004, 24(7): 978 – 982.

[25] Bray M. Stitching interferometry: recent results and absolute calibration [C]//Optical Systems Design, Proceedings of SPIE, 2004, 5252: 305 – 313.

[26] Day R D, Beery T A, Lawrence G N. Sphericity measurements of full spheres using subaperture optical testing techniques [C]//1986 Quebec Symposium, Proceedings of SPIE, 1986, 661: 334 – 341.

[27] Lawrence G N, Day R D. Interferometric characterization of full spheres: data reduction techniques [J].

Applied optics, 1987, 26(22): 4875 – 4882.

[28] Murphy P, Fleig J, Forbes G, et al. Subaperture stitching interferometry for testing mild aspheres[C]// SPIE Optics Photonics, Proceedings of SPIE, 2006: 62930J – 1—62930J – 10.

[29] Liu Y M, Lawrence G N, Koliopoulos C L. Subaperture testing of aspheres with annular zones[J]. Applied optics, 1988, 27(21): 4504 – 4513.

[30] Hou X, Wu F, Yang L, et al. Full-aperture wavefront reconstruction from annular subaperture interferometric data by use of Zernike annular polynomials and a matrix method for testing large aspheric surfaces[J]. Applied optics, 2006, 45(15): 3442 – 3455.

[31] Hou X, Wu F, Yang L, et al. Experimental study on measurement of aspheric surface shape with complementary annular subaperture interferometric method[J]. Optics Express, 2007, 15(20): 12890 – 12899.

[32] Melozzi M, Mazzoni A, Pezzati L. Testing aspheric surfaces using multiple annular interferograms[J]. Optical Engineering, 1993, 32(5): 1073 – 1079.

[33] Bruning J H, Fleig J F, Huang C, et al. Method of testing aspherical optical surfaces with an interferometer: U. S. Patent 5416586[P]. 1995 – 5 – 16.

[34] Nishino K, Ikeuchi K. Robust simultaneous registration of multiple range images [M]//Digitally Archiving Cultural Objects. Springer US, 2008: 71 – 88.

[35] Gloub G H, Van Loan C F. Matrix computations[M]. 3rd ed. Baltimore and London: The Johns Hopkins University Press, 1996.

[36] Golini D, Forbes G, Murphy P. Method for self-calibrated sub-aperture stitching for surface figure measurement: U. S. Patent 6956657B2[P]. 2005 – 10 – 18.

[37] Murray R M, Li Z, Sastry S S, et al. A mathematical introduction to robotic manipulation[M]. Florida: CRC press, 1994.

[38] Li Z X, Gou J B, Chu Y X. Geometric algorithms for workpiece localization[J]. IEEE Transactions on Robotics and Automation, 1998, 14(6): 864 – 878.

[39] 刘万勋, 刘长学. 大型稀疏线性方程组的解法[M]. 国防工业出版社, 1981.

[40] Gander W, Gautschi W. Adaptive quadrature-revisited[J]. BIT Numerical Mathematics, 2000, 40(1): 84 – 101.

[41] Buchman S, Everitt C W F, Parkinson B, et al. Cryogenic gyroscopes for the relativity mission[J]. Physica B: Condensed Matter, 2000, 280(1): 497 – 498.

[42] Zhou P, Burge J H. Limits for interferometer calibration using the random ball test[C]//SPIE Optical Engineering + Applications, Proceedings of SPIE, 2009: 74260U – 1—74260U – 12.

[43] Griesmann U, Soons J, Wang Q, et al. Measuring form and radius of spheres with interferometry[J]. CIRP Annals-Manufacturing Technology, 2004, 53(1): 451 – 454.

[44] Kanada T, Kawa H, Watanabe T, et al. Development of spherical form error measuring system (design and some experimental results)[J]. ASPE 17th Annual Meeting, 2002.

[45] Dai Y F, Liao W L, Zhou L, et al. Ion beam figuring of high-slope surfaces based on figure error compensation algorithm[J]. Applied Optics, 2010, 49(34): 6630 – 6636.

[46] Tricard M, Kulawiec A, Bauer M, et al. Subaperture stitching interferometry of high-departure aspheres

by incorporating a variable optical null[J]. Cirp Annals-Manufacturing Technology, 2010, 59(1): 547 –550.

[47] 陈善勇,戴一帆,李圣怡,等. 用于非球面子孔径拼接测量的近零位补偿器及面形测量仪和测量方法:中国. 201210110946.4[P]. 2012.

[48] 陈善勇,戴一帆,李圣怡,等. 高陡度凸二次非球面的无像差点法子孔径拼接测量方法:中国. 200810030819.7[P]. 2008.

附录 A   线性化位形优化子问题的推导

将式(3.21)代入式(3.18),并注意到

$$n_{j,i}^{\mathrm{T}}(g_i^{-1}[\beta_i u_{j,i}, \beta_i v_{j,i}, -\sqrt{1-\beta_i^2(u_{j,i}^2+v_{j,i}^2)}, 1]^{\mathrm{T}} - x_{j,i}) = d_{j,i}$$

$$n_{j,i}^{\mathrm{T}}\hat{\xi}_t g_i^{-1}[\beta_i u_{j,i}, \beta_i v_{j,i}, -\sqrt{1-\beta_i^2(u_{j,i}^2+v_{j,i}^2)}, 1]^{\mathrm{T}} = n_{j,i}^{\mathrm{T}}\hat{\xi}_t x_{j,i}$$

从而有

$$
\begin{aligned}
\min F = & \mu_1 \sum_{j=1}^{N_1} \Big\{ \tilde{r}_1 n_{j,1}^{\mathrm{T}} g_1^{-1}[\beta_1 u_{j,1}, \beta_1 v_{j,1}, -\sqrt{1-\beta_1^2(u_{j,1}^2+v_{j,1}^2)}, 0]^{\mathrm{T}} + \\
& d_{j,1} - \sum_{t=1}^{h} m_{t,1} n_{j,1}^{\mathrm{T}} \hat{\eta}_t x_{j,1} + \\
& \tilde{\beta}_1 n_{j,1}^{\mathrm{T}} g_1^{-1}(r_1+\varphi_{j,1})\Big[u_{j,1}, v_{j,1}, \frac{(u_{j,1}^2+v_{j,1}^2)\beta_1}{\sqrt{1-\beta_1^2(u_{j,1}^2+v_{j,1}^2)}}, 0\Big]^{\mathrm{T}} \Big\}^2 \Big/ \sum_{i=1}^{s} N_i + \\
& \mu_1 \sum_{i=2}^{s} \sum_{j=1}^{N_i} \Big\{ \tilde{r}_i n_{j,i}^{\mathrm{T}} g_i^{-1}[\beta_i u_{j,i}, \beta_i v_{j,i}, -\sqrt{1-\beta_i^2(u_{j,i}^2+v_{j,i}^2)}, 0]^{\mathrm{T}} + \\
& d_{j,i} - \sum_{t=1}^{6} m_{t,i} n_{j,i}^{\mathrm{T}} \hat{\xi}_t x_{j,i} + \\
& \tilde{\beta}_i n_{j,i}^{\mathrm{T}} g_i^{-1}(r_i+\varphi_{j,i})\Big[u_{j,i}, v_{j,i}, \frac{(u_{j,i}^2+v_{j,i}^2)\beta_i}{\sqrt{1-\beta_i^2(u_{j,i}^2+v_{j,i}^2)}}, 0\Big]^{\mathrm{T}} \Big\}^2 \Big/ \sum_{i=1}^{s} N_i + \\
& \mu_2 \sum_{k=2}^{s} \sum_{jo=1}^{1kN_o} \Big\{ {}^{1k}d_{jo,k} - {}^{1k}d_{jo,1} - \sum_{t=1}^{6} m_{t,k}^{1k} n_{jo,k}^{\mathrm{T}} \hat{\xi}_t^{1k} x_{jo,k} + \sum_{t=1}^{h} m_{t,k}^{1k} n_{jo,k}^{\mathrm{T}} \hat{\eta}_t^{1k} x_{jo,k} + \\
& \tilde{r}_k^{1k} n_{jo,k}^{\mathrm{T}} g_k^{-1}[\beta_k^{1k} u_{jo,k}, \beta_k^{1k} v_{jo,k}, -\sqrt{1-\beta_k^2({}^{1k}u_{jo,k}^2+{}^{1k}v_{jo,k}^2)}, 0]^{\mathrm{T}} - \\
& \tilde{r}_1^{1k} n_{jo,k}^{\mathrm{T}} g_1^{-1}[\beta_1^{1k} u_{jo,1}, \beta_1^{1k} v_{jo,1}, -\sqrt{1-\beta_1^2({}^{1k}u_{jo,1}^2+{}^{1k}v_{jo,1}^2)}, 0]^{\mathrm{T}} + \\
& \tilde{\beta}_k^{1k} n_{jo,k}^{\mathrm{T}} g_k^{-1}(r_k+{}^{1k}\varphi_{jo,k})\Big[{}^{1k}u_{jo,k}, {}^{1k}v_{jo,k}, \frac{({}^{1k}u_{jo,k}^2+{}^{1k}v_{jo,k}^2)\beta_k}{\sqrt{1-\beta_k^2({}^{1k}u_{jo,k}^2+{}^{1k}v_{jo,k}^2)}}, 0\Big]^{\mathrm{T}} - \\
& \tilde{\beta}_1^{1k} n_{jo,k}^{\mathrm{T}} g_1^{-1}(r_1+{}^{1k}\varphi_{jo,1})\Big[{}^{1k}u_{jo,1}, {}^{1k}v_{jo,1}, \frac{({}^{1k}u_{jo,1}^2+{}^{1k}v_{jo,1}^2)\beta_1}{\sqrt{1-\beta_1^2({}^{1k}u_{jo,1}^2+{}^{1k}v_{jo,1}^2)}}, 0\Big]^{\mathrm{T}} \Big\}^2 \Big/ N_o + \\
& \mu_2 \sum_{i=1}^{s-1} \sum_{k=i+1}^{s} \sum_{jo=1}^{ikN_o} \Big\{ {}^{ik}d_{jo,k} - {}^{ik}d_{jo,i} - \sum_{t=1}^{6} m_{t,k}^{ik} n_{jo,k}^{\mathrm{T}} \hat{\xi}_t^{ik} x_{jo,k} + \sum_{t=1}^{6} m_{t,i}^{ik} n_{jo,k}^{\mathrm{T}} \hat{\xi}_t^{ik} x_{jo,k} + \\
& \tilde{r}_k^{ik} n_{jo,k}^{\mathrm{T}} g_k^{-1}[\beta_k^{ik} u_{jo,k}, \beta_k^{ik} v_{jo,k}, -\sqrt{1-\beta_k^2({}^{ik}u_{jo,k}^2+{}^{ik}v_{jo,k}^2)}, 0]^{\mathrm{T}} - \\
& \tilde{r}_i^{ik} n_{jo,k}^{\mathrm{T}} g_i^{-1}[\beta_i^{ik} u_{jo,i}, \beta_i^{ik} v_{jo,i}, -\sqrt{1-\beta_i^2({}^{ik}u_{jo,i}^2+{}^{ik}v_{jo,i}^2)}, 0]^{\mathrm{T}} +
\end{aligned}
$$

$$\tilde{\beta}_k^{ik} n_{jo,k}^{\mathrm{T}} g_k^{-1} (r_k + {}^{ik}\varphi_{jo,k}) \left[{}^{ik}u_{jo,k}, {}^{ik}v_{jo,k}, \frac{({}^{ik}u_{jo,k}^2 + {}^{ik}v_{jo,k}^2)\beta_k}{\sqrt{1 - \beta_k^2({}^{ik}u_{jo,k}^2 + {}^{ik}v_{jo,k}^2)}}, 0 \right]^{\mathrm{T}} -$$

$$\tilde{\beta}_i^{ik} n_{jo,i}^{\mathrm{T}} g_i^{-1} (r_i + {}^{ik}\varphi_{jo,i}) \left[{}^{ik}u_{jo,i}, {}^{ik}v_{jo,i}, \frac{({}^{ik}u_{jo,i}^2 + {}^{ik}v_{jo,i}^2)\beta_i}{\sqrt{1 - \beta_i^2({}^{ik}u_{jo,i}^2 + {}^{ik}v_{jo,i}^2)}}, 0 \right]^{\mathrm{T}} \Big\}^2 / N_o$$

令 $\lambda_1 = \sqrt{\mu_1 / \sum_{i=1}^{s} N_i}$，$\lambda_2 = \sqrt{\mu_2 / N_o}$，半径 r、参数 β 与位形变量一起作为优化变量

$$m = [m_{1,1}, \cdots, m_{h,1}, \tilde{r}_1, \tilde{\beta}_1, m_{1,2}, \cdots, m_{6,2}, \tilde{r}_2, \tilde{\beta}_2, m_{1,s}, \cdots, m_{6,s}, \tilde{r}_s, \tilde{\beta}_s]^{\mathrm{T}}$$

定义

$$A_1 = \begin{cases} \lambda_1 n_{j,1}^{\mathrm{T}} \hat{\eta}_t x_{j,1} & 1 \leq t \leq h \\ -\lambda_1 n_{j,1}^{\mathrm{T}} g_1^{-1} [\beta_1 u_{j,1}, \beta_1 v_{j,1}, -\sqrt{1 - \beta_1^2(u_{j,1}^2 + v_{j,1}^2)}, 0]^{\mathrm{T}} & t = h+1 \\ -\lambda_1 n_{j,1}^{\mathrm{T}} g_1^{-1} \left[(r_1 + \varphi_{j,1}) u_{j,1}, (r_1 + \varphi_{j,1}) v_{j,1}, (r_1 + \varphi_{j,1}) \frac{(u_{j,1}^2 + v_{j,1}^2)\beta_1}{\sqrt{1 - \beta_1^2(u_{j,1}^2 + v_{j,1}^2)}}, 0 \right]^{\mathrm{T}} & t = h+2 \\ 0 & \text{otherwise} \end{cases}$$

$$b_1 = (\lambda_1 d_{j,1})$$
$$j = 1, 2, \cdots, N_1; \quad t = 1, 2, \cdots, L$$

$$A_i = \begin{cases} \lambda_1 n_{j,i}^{\mathrm{T}} \hat{\xi}_{t-\langle h+2\rangle - 8(i-2)} x_{j,i} & h+2+8(i-2)+1 \leq t \leq h+2+8(i-1)-2 \\ -\lambda_1 n_{j,i}^{\mathrm{T}} g_i^{-1} [\beta_i u_{j,i}, \beta_i v_{j,i}, -\sqrt{1 - \beta_i^2(u_{j,i}^2 + v_{j,i}^2)}, 0]^{\mathrm{T}} & t = h+2+8(i-1)-1 \\ -\lambda_1 n_{j,i}^{\mathrm{T}} g_i^{-1} \left[(r_i + \varphi_{j,i}) u_{j,i}, (r_i + \varphi_{j,i}) v_{j,i}, -(r_i + \varphi_{j,i}) \frac{(u_{j,i}^2 + v_{j,i}^2)\beta_i}{\sqrt{1 - \beta_i^2(u_{j,i}^2 + v_{j,i}^2)}}, 0 \right]^{\mathrm{T}} \\ \qquad\qquad\qquad\qquad\qquad t = h+2+8(i-1) \\ 0 & \text{otherwise} \end{cases}$$

$$b_i = (\lambda_1 d_{j,i})$$
$$j = 1, 2, \cdots, N_i; \quad t = 1, \cdots, L; \quad i = 2, \cdots, s$$

$$
A_o^{1k} = \begin{cases}
-\lambda_2 \, {}^{1k}n_{jo,k}^{\mathrm{T}} \, \eta_t \, {}^{1k}x_{jo,k} & t \leqslant h \\[4pt]
\lambda_2 \, {}^{1k}n_{jo,k}^{\mathrm{T}} g_1^{-1}[\beta_1 \, {}^{1k}u_{jo,1}, \beta_1 \, {}^{1k}v_{jo,1}, -\sqrt{1-\beta_1^2({}^{1k}u_{jo,1}^2 + {}^{1k}v_{jo,1}^2)}, 0]^{\mathrm{T}} & t = h+1 \\[8pt]
\lambda_2 \, {}^{1k}n_{jo,k}^{\mathrm{T}} g_1^{-1}\Big[(r_1 + {}^{1k}\varphi_{jo,1}){}^{1k}u_{jo,1}, (r_1 + {}^{1k}\varphi_{jo,1}){}^{1k}v_{jo,1}, (r_1 + {}^{1k}\varphi_{jo,1})\dfrac{({}^{1k}u_{jo,1}^2 + {}^{1k}v_{jo,1}^2)\beta_1}{\sqrt{1-\beta_1^2({}^{1k}u_{jo,1}^2 + {}^{1k}v_{jo,1}^2)}}, 0\Big]^{\mathrm{T}} & t = h+2 \\[12pt]
\lambda_2 \, {}^{1k}n_{jo,k}^{\mathrm{T}} \, \xi_{t-(h+1)-7(k-2)} \, {}^{1k}x_{jo,k} & h+2+8(k-2)+1 \leqslant t \leqslant h+2+8(k-1)-2 \\[4pt]
-\lambda_2 \, {}^{1k}n_{jo,k}^{\mathrm{T}} g_k^{-1}[\beta_k \, {}^{1k}u_{jo,k}, \beta_k \, {}^{1k}v_{jo,k}, -\sqrt{1-\beta_k^2({}^{1k}u_{jo,k}^2 + {}^{1k}v_{jo,k}^2)}, 0]^{\mathrm{T}} & t = h+2+8(k-1)-1 \\[8pt]
-\lambda_2 \, {}^{1k}n_{jo,k}^{\mathrm{T}} g_k^{-1}\Big[(r_k + {}^{1k}\varphi_{jo,k}){}^{1k}u_{jo,k}, (r_k + {}^{1k}\varphi_{jo,k}){}^{1k}v_{jo,k}, (r_k + {}^{1k}\varphi_{jo,k})\dfrac{({}^{1k}u_{jo,k}^2 + {}^{1k}v_{jo,k}^2)\beta_k}{\sqrt{1-\beta_k^2({}^{1k}u_{jo,k}^2 + {}^{1k}v_{jo,k}^2)}}, 0\Big]^{\mathrm{T}} & \\[6pt]
 & t = h+2+8(k-1) \\[4pt]
0 & \text{otherwise}
\end{cases}
$$

$$\boldsymbol{b}_o^{1k} = \lambda_2({}^{1k}d_{jo,k} - {}^{1k}d_{jo,1})$$

$$jo = 1,2,\cdots,{}^{1k}N_o; \quad t = 1,\cdots,L; \quad k = 2,\cdots,s$$

$$
A_o^{ik} = \begin{cases}
-\lambda_2 \, {}^{ik}n_{jo,k}^{\mathrm{T}} \, \xi_{t-(h+1)-7(i-2)} \, {}^{ik}x_{jo,k} & h+2+8(i-2)+1 \leqslant t \leqslant h+2+8(i-1)-2 \\[4pt]
\lambda_2 \, {}^{ik}n_{jo,k}^{\mathrm{T}} g_i^{-1}[\beta_i \, {}^{ik}u_{jo,i}, \beta_i \, {}^{ik}v_{jo,i}, -\sqrt{1-\beta_i^2({}^{ik}u_{jo,i}^2 + {}^{ik}v_{jo,i}^2)}, 0]^{\mathrm{T}} & t = h+2+8(i-1)-1 \\[8pt]
\lambda_2 \, {}^{ik}n_{jo,k}^{\mathrm{T}} g_i^{-1}\Big[(r_i + {}^{ik}\varphi_{jo,i}){}^{ik}u_{jo,i}, (r_i + {}^{ik}\varphi_{jo,i}){}^{ik}v_{jo,i}, (r_i + {}^{ik}\varphi_{jo,i})\dfrac{({}^{ik}u_{jo,i}^2 + {}^{ik}v_{jo,i}^2)\beta_i}{\sqrt{1-\beta_i^2({}^{ik}u_{jo,i}^2 + {}^{ik}v_{jo,i}^2)}}, 0\Big]^{\mathrm{T}} & \\[6pt]
 & t = h+2+8(i-1) \\[4pt]
\lambda_2 \, {}^{ik}n_{jo,k}^{\mathrm{T}} \, \xi_{t-(h+1)-7(k-2)} \, {}^{ik}x_{jo,k} & h+1+7(k-2)+1 \leqslant t < h+1+7(k-1) \\[4pt]
-\lambda_2 \, {}^{ik}n_{jo,k}^{\mathrm{T}} g_k^{-1}[\beta_k \, {}^{ik}u_{jo,k}, \beta_k \, {}^{ik}v_{jo,k}, -\sqrt{1-\beta_k^2({}^{ik}u_{jo,k}^2 + {}^{ik}v_{jo,k}^2)}, 0]^{\mathrm{T}} & t = h+2+8(k-1)-1 \\[8pt]
-\lambda_2 \, {}^{ik}n_{jo,k}^{\mathrm{T}} g_k^{-1}\Big[(r_k + {}^{ik}\varphi_{jo,k}){}^{ik}u_{jo,k}, (r_k + {}^{ik}\varphi_{jo,k}){}^{ik}v_{jo,k}, (r_k + {}^{ik}\varphi_{jo,k})\dfrac{({}^{ik}u_{jo,k}^2 + {}^{ik}v_{jo,k}^2)\beta_k}{\sqrt{1-\beta_k^2({}^{ik}u_{jo,k}^2 + {}^{ik}v_{jo,k}^2)}}, 0\Big]^{\mathrm{T}} & \\[6pt]
 & t = h+2+8(k-1) \\[4pt]
0 & \text{otherwise}
\end{cases}
$$

$$\boldsymbol{b}_o^{ik} = (\lambda_2({}^{ik}d_{jo,k} - {}^{ik}d_{jo,i}))$$

$$jo = 1,2,\cdots,{}^{ik}N_o; \quad t = 1,\cdots,L; \quad i = 2,\cdots,s; \quad k = i+1,\cdots,s$$

令

$$\boldsymbol{A} = \begin{bmatrix} \boldsymbol{A}_1^{\mathrm{T}} & \boldsymbol{A}_2^{\mathrm{T}} & \cdots & \boldsymbol{A}_s^{\mathrm{T}} & \cdots & (\boldsymbol{A}_o^{ik})^{\mathrm{T}} & \cdots & (\boldsymbol{A}_o^{(s-1)s})^{\mathrm{T}} \end{bmatrix}^{\mathrm{T}}$$

$$\boldsymbol{b} = \begin{bmatrix} \boldsymbol{b}_1 & \boldsymbol{b}_2 & \cdots & \boldsymbol{b}_s & \cdots & \boldsymbol{b}_o^{ik} & \cdots & \boldsymbol{b}_o^{(s-1)s} \end{bmatrix}^{\mathrm{T}}$$

则位形优化子问题线性化为下面的线性最小二乘问题

$$\min \| \boldsymbol{A}m - \boldsymbol{b} \|^2$$

注意求解上面问题时,由于 m 所含变量的量纲不一致,施加球约束时对各变量的约束程度不同,为了保证收敛性能,有必要先统一量纲。

附录 B　线性最小二乘问题的分块顺序 QR 分解程序

全局拼接的主要问题是内存不足,很可能就发生在矩阵 $\boldsymbol{A}$ 的存储。虽然可以应用稀疏存储技术,但是当子孔径数目太多时,还是会有问题。分块顺序 QR 分解程序可以有效解决这个问题。假设式(3.22)所定义的矩阵 $\boldsymbol{A}$ 一共分成了 N_A 块,每块有相同的列数为 L,向量 $\boldsymbol{b}$ 也相应分成 N_A 块。简单起见,第 i 块分别记作 $\boldsymbol{A}_i,\boldsymbol{b}_i$,应用下面的程序可以得到问题 3.3 的一个最小二乘解。

步骤 0:令 $i = 1$,$[R_{i-1}, c_{i-1}]$ 为空矩阵,记增广矩阵为

$$\boldsymbol{M}_i = \begin{bmatrix} \boldsymbol{R}_{i-1} & \boldsymbol{c}_{i-1} \\ \boldsymbol{A}_i & \boldsymbol{b}_i \end{bmatrix}$$

步骤 1:(a) 用 QR 分解将增广矩阵三角化:

$$\boldsymbol{Q}_i\boldsymbol{M}_i = \begin{bmatrix} \boldsymbol{R}_i & \boldsymbol{c}_i \\ \boldsymbol{0} & \boldsymbol{0} \end{bmatrix}$$

(b) 若 $i < N_A$,令 $i = i + 1$,更新增广矩阵并返回步骤 1(a);否则三角化后得到

$$\boldsymbol{Q}_{N_A}\boldsymbol{M}_{N_A} = \begin{bmatrix} \boldsymbol{R} & \boldsymbol{c} \\ 0 & e \end{bmatrix}$$

式中 e 为标量,则可以证明 $\boldsymbol{R}m = \boldsymbol{c}$ 的最小二乘解是问题 3.4 的一个最小二乘解。

第 *4* 章

光学镜面相位恢复在位检测技术

4.1　相位恢复检测技术综述

4.1.1　相位恢复在位检测技术的意义

相位恢复(Phase Retrieval，PR)是一种根据光场的强度信息来反推相位分布的方法。相位恢复技术通常利用光波场的衍射模型，通过对入射光场进行衍射计算，得到输出面光场的场强分布，并以测量得到的(或特定的)场强分布为约束，经过优化运算，找到符合场强约束条件的入射光场相位。相位恢复技术作为一种测量方法，由于其一系列的优点，在光波前测量(wavefront sensing)、光学系统的参数估计以及光学系统点扩展函数(Point Spread Fouction，PSF)测量等光学领域得到了广泛的应用[1-9]。

大中型光学镜面的制造对检测技术提出了较高的要求，这些要求可以概括为：

1) 测量精度和灵敏度要求高。大多数光学镜面的最终加工误差控制在 0.25λ PV 以下，相应的要求检测设备有更高的精度；

2) 能够适应非球面镜测量，且操作简单；

3) 测量空间分辨率高，能够识别镜面上的中高频误差；

4) 能够适应加工环境，具有抗振动和空气扰动的能力；

5) 能够提供定量化的检测结果，直接支持计算机数控加工；

6) 希望提供多种测量方法相互验证，提高大中型镜面制造工程的可靠性，降低测量失误的风险。

相位恢复技术在大中型光学镜面测量中可以发挥其结构简单，能够适应在位环境,便于定量计算分析等优点。相位恢复测量,与干涉测量相比,只需要一束测量光而不需要参考光,因此一般不会受振动影响,对空气扰动也不敏感。同时测量装置简单,只需要光源和 CCD 等少量设备,应用较为灵活,可以适应各种环境条件,同时容易保证较高的测量精度。这对大中型镜面的加工有重要意义,因为大中型镜面的体积和质量较大,为测量而移动镜面会带来一定风险以及造成精度和效率的下降。对于有些特殊加工场合情况更是如此,例如离子束加工要求在真空环境下进行,为了测量而多次取出工件则需要系统反复建立真空环境,这极大地限制了加工效率。因而相位恢复测量在大中型光学镜面测量领域有着良好的应用前景,可成为一种有效的大中型镜面在位检测方法。

国防科技大学精密工程研究室开展了大中型非球光学镜面的相位恢复检测方法研究[65-69],试图从理论和实验方面探索新的大中型非球光学镜面在位测量方法及仪器,本章将着重介绍相位恢复测量的基本原理、算法和实验结果[65]。

4.1.2 相位恢复方法应用

相位恢复的研究涉及很多应用光学领域,随着应用的深入和推广而不断发展。而且不同光学领域中的相位恢复的研究成果也被不断地被借鉴到其他领域中,形成从应用到研究再到应用的发展趋势。

相位恢复思想最早是 R. W. Gerchberg 和 W. O. Saxton 由电子显微镜成像问题提出的[31,32]。对于一个实际的光学测量系统,例如地基望远镜,自身存在的误差以及大气湍流会给系统引入像差,使得拍摄的图像变得不清晰,Gerchberg和 Saxton 提出用系统焦点和离焦位置上的两幅图像,对系统像差进行识别,获取系统的实际光学传递函数,然后对图像进行反卷积,以获得真实的图像。此方法由于人为地引入了离焦像差,因此称为相位差(phase diversity)法。相位差法获取了接近衍射极限的观测分辨率,其后相位恢复在图像恢复问题中得到了广泛应用[13-18],例如,在太阳米粒组织、双星以及人造卫星的观测等领域中都取得了成功。

哈勃(Hubble)望远镜发射升空后不久,发现由于其主镜存在制造误差,因而引入了严重的像差,造成望远镜成像不准。而在太空中无法使用干涉仪等设备对系统像差进行测量。但由于相位恢复在天文图像恢复以及电子显微镜波前测量中的成功应用加之其简单的应用条件,人们很自然地将其运用于这一特殊场合之中。J. R. Fienup[19-21] 等人通过哈勃上的 CCD 图像对主镜的二次常数、像差分布等进行了详细而准确的测量,为哈勃望远镜的修复提供了重要的信息。

哈勃望远镜于 2013 年退役,取代它的是 NASA 新一代空间望远镜 James

Webb Space Telescope（JWST），该望远镜是由 18 个分块镜组成的口径 6.5m 的大型空间光学系统。JWST 的制造和维护较哈勃更加复杂。JWST 系统在空间运行时要进行实时检测，一方面掌握其系统性能，另一方面要对分块镜系统进行对齐。为了在太空中方便可靠地实现光学检测，借鉴哈勃的经验，NASA 同样采用了相位恢复方法来实现其检测功能。其中对相位恢复检测的精度要求很高，要检测各个分块镜的对齐误差以及系统的整体像差，以便驱动镜面调整系统进行像差补偿，最终保持望远镜整体上达到 $2\mu m$ 的衍射成像指标[26]。JWST 相位恢复像差检测和反馈控制系统如图 4.1 所示。

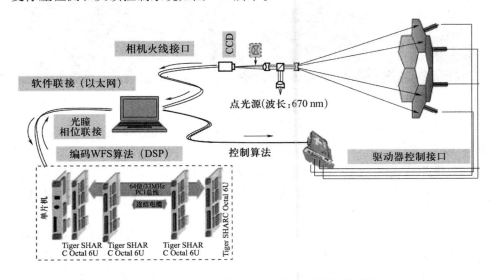

图 4.1　JWST 相位恢复测量及像差反馈控制系统

为了实现图 4.1 中的系统功能并将其运用到实际望远镜中，NASA 构建了相位恢复相机（Phase Retrieval Camera，PRC）[22,23]、反馈能动控制系统、相位恢复和像差控制算法的计算系统。

相位恢复相机，由光纤激光光源发出球面波作为测试光，测试光经过准直和发散照射到被测对象上，反射后的测试光经成像透镜汇聚后照射到 CCD 相机上。CCD 相机被安置在一个运动平台上，可以在焦点前后移动采集离焦图像。

离焦图像被采集后，由相位恢复算法进行处理，来实现实时计算。相位恢复算法通过迭代的方式，使用多幅离焦图像，得到每个分块镜的平移误差（Piston）和面形误差[24,25]。反馈能动控制系统根据误差数据控制驱动电机，动态地调整主镜和次镜的状态。为了实现快速实时的计算，NASA 构建了由多个 DSP 构成的分布式计算系统[86]。从上可见 PRC 项目已经达到实用化程度。

为了验证系统的性能，NASA 建造了 JWST 的模型检测实验系统[26]，如图 4.2 所示。在这个验证环境下，对 PRC 各模块进行了测试性实验。

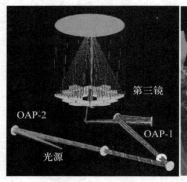 

图 4.2　JWST 的模型检测实验系统

以上 NASA 的工作将相位恢复作为一种检测方法进一步推向了工程化，使其在 JWST 系统中担当了重要的角色。在 JWST 项目中，相位恢复技术的算法以及参数优化成为研究的重点。其中 Dean 等提出了混合相位差算法（Hybrid Diversity Algorithm，HDA）[26]，此算法将波面的 Zernike 多项式拟合与 GS 迭代运算结合在一起，解决了大误差范围的测量问题。

由于 CCD 采样的分辨率都是有限的，在相位恢复中应用有时需要在图像数据不满足采样定理的情况下，通过不完整的信息来恢复被测对象。也就是通过算法来弥补硬件上不足。Fienup[27] 在解决哈勃望远镜的像差测量时，为了能够使用多波长的宽频图像数据，设计了专门的算法。他将光场在 CCD 像素的积分引入到计算中，使得算法能够处理多波长非相干的图像数据。另外在实现高分辨率检测方面，Almoro 和 Pedrini 等在设计图像序列光斑重构法时，通过将 CCD 上下左右移动半个像素的距离，使测量的分辨率提高了一倍[29]。

4.1.3　相位恢复算法理论

相位恢复是一种从实际应用中产生并发展起来的理论。从本质上讲，相位恢复是一种逆向的优化计算理论。它是从光学过程的结果，如光强信息，来反推其原因，即入射光场的相位分布。在计算过程中不断地寻找满足已知信息的最优化解。相位恢复理论从 20 世纪 70 年代起，经过几十年的发展，已经积累了很多成功的方法。现有的算法从形式上看，可以大致分为两种：一种是基于反复迭代的算法,如盖师贝格－撒克斯通(Gerchberg-Saxton,GS)算法;另一种是典型的优化搜索方法,如模拟退火(Simulated Annealing,SA)算法和遗传算法(Genetic Algorithm,GA)。另外在有些应用中还将两者结合使用,产生了多种混合算法。

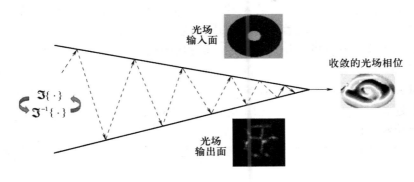

图 4.3　GS 迭代算法示意图

GS 算法[30,31]是 Gerchberg 和 Saxton 于 1971 年首次提出的一种迭代优化算法。其基本思路如图 4.3 所示,首先对初始相位和事先给定的入射光场做正向衍射变换,得到输出平面光场分布。在输出平面引入限制条件,以期望的振幅分布取代原光场振幅分布,同时保持相位不变。然后做逆向衍射变换,得到输入平面光场分布。在输入平面引入限制条件,即以给定的光场振幅分布取代原光场振幅分布,同时保持相位不变;接着再次做正向衍射变换,如此循环下去,直至得到满意结果或达到足够多的循环次数,或者当光场相位变化很小时为止。由于该算法随着迭代次数的增加,误差函数逐渐减小,故又被称为误差递减(Error Reduction,ER)算法。

杨－顾算法[32-35]是中国科学院物理研究所杨国祯和顾本源于 1981 年提出的相位恢复问题更广义的一般描述方法,是一种更为普遍的局部搜索优化算法,并已成功地应用于二元光学中各种衍射相位元件的设计。GS 算法可看成是该方法的一种特例。

GS 算法在最初几次迭代时,收敛速度较快,但随后收敛速度减慢。为此许多学者相继提出了多种改进的 GS 算法,引进一些参数控制误差函数并改善其收敛速度[36-38]。其中一个较为重要的突破来自于 1982 年 Fienup 基于非线性控制思想提出的混合输入输出(Hybrid Input-Output,HIO)算法,扩展了 GS 算法的形式。虽然此算法的数学原理还在讨论中,但它能取得较为显著的收敛效果,因而得到广泛应用。

在 HIO 算法之后,Millane 和 Stroud 进一步提出了广义混合输入输出

（Generalized HIO，GHIO）算法[39]。GHIO 放宽了对光场幅值约束的条件,实现了基于对称条件下欠采样图像的相位恢复。该算法被用于晶体结构的 X 射线成像研究[40,41]。

以上算法的基本点是建立在两约束域,即一个输入和一个输出约束域的相位恢复系统上的算法。随着相位恢复应用的深入,在一些应用领域出现了多约束域的相位恢复系统以及相应的多约束域相位恢复算法。其中较为典型的是由 Pedrini 和 Osten 等提出并发展的单光束图像序列光场重构法（Single-Beam Multiple-Intensity Reconstruction，SBMIR）[42,43]。其主要方法为在沿光场传播的方向上连续采集一系列图像。利用这些图像之间的衍射传播关系来重构入射光场的相位和幅值。

除以上迭代式的算法外,各种典型的优化搜索方法也可应用于相位恢复计算。

如模拟退火法[44-46]是模拟热力学中经典粒子系统的降温过程,来求解规划问题的极值。当孤立粒子系统的温度以足够慢的速度下降时,系统近似处于热力学平衡状态,最后系统将达到本身的最低能量状态,即基态,这相当于能量函数的全局极小值点。模拟退火算法是一种适合解决大规模组合优化问题的方法,它具有描述简单、使用灵活、应用广泛、运行效率较高和受初始条件限制较少等优点。

4.2　相位恢复测量的基本原理和算法

光场的相位信息通常不能被直接观测得到,但相位分布会在光波传播一定距离并聚焦后表现为光强分布,这给相位恢复测量提供了信息来源。对于光学镜面检测而言,通过检测光路将镜面的面形误差转换为汇聚的波面误差是较为常用的方法,例如干涉检测常用的球面镜检测、大型平面镜检测光路以及非球面镜检测中的无像差点和补偿镜检测光路等[47]。因此研究焦点附近的光场传播和分布规律,建立基于离焦光场的相位恢复测量方法,对实现光学镜面的相位恢复检测具有基础和普遍的意义。

4.2.1　相位恢复测量原理

相位恢复测量在实际应用中发展出了不同的形式和方法,但是它们的核心思想是相同的,即通过一个或多个不同时间和空间上的图像信息来恢复光场的相位。为了结合实际应用更为具体地描述相位恢复测量的原理,本节列举了三种典型的相位恢复测量应用形式,包括相位差图像恢复、图像序列光场重构以及离焦图像镜面面形测量。这些不同的相位恢复测量方法都可以直接或间接地应用到光学镜面检测中。

1. 相位差图像恢复

相位差(phase diversity)图像恢复法最早是由 Gonsalves 等于 1982 年提出的[13,14],其原理是在成像系统的焦面和离焦面上采集两幅图像,如图 4.4 所示,利用这两幅图像恢复出成像系统的像差,再利用像差反求出真实的物体成像。因为此方法是利用已知离焦量得到具有离焦相位差的图像,以获得更多的图像信息来恢复系统相差,因而被称为相位差法。

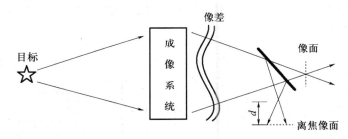

图 4.4　相位差法图像恢复系统示意图

设入射光为相干光,焦面和离焦面上的图像 I_1,I_2 分别为

$$I_1(x,y) = o(x,y)h_1(x,y), \; I_2(x,y) = o(x,y)h_2(x,y) \tag{4.1}$$

其中,$o(x,y)$ 为目标函数,$h_1(x,y)$ 和 $h_2(x,y)$ 为两个不同像面上的点扩展函数,可表示为

$$h_1(x,y) = F^{-1}\{A(\xi,\eta)\mathrm{e}^{\mathrm{j}\varphi(\xi,\eta)}\}, \; h_2(x,y) = F^{-1}\{A(\xi,\eta)\mathrm{e}^{\mathrm{j}[\varphi(\xi,\eta)+\theta(\xi,\eta)]}\}$$

$$\tag{4.2}$$

$\varphi(\xi,\eta)$ 为像差函数,$A(\xi,\eta)$ 为光瞳函数,(ξ,η) 为光瞳面上的坐标;$\theta(\xi,\eta)$ 为离焦引入的相位差函数,可表示为

$$\theta(\xi,\eta) = \frac{2\pi}{\lambda}\Delta w(\xi^2 + \eta^2) \tag{4.3}$$

其中 $\Delta w = d/8(F^{\#})^2$,λ 为波长,$F^{\#} = f/D$,f 和 D 分别为成像系统的焦距和口径。

离焦作为一种简单并容易实现的相位差实现方法而广为应用,如 Hubble 望远镜的像差校正[19-21]。但除离焦以外,利用其他相位函数如球差等也可以实现相位差法[48]。

2. 基于图像序列的光场重构

基于图像序列的单光束图像序列光场重构法由 Pedrini 和 Osten 等提出

的$^{[42-43]}$,如图4.5所示。其主要方法为在光场传播的方向上每隔一段距离采集一幅图像表示为$I_1,I_2,\cdots,I_N$,各个图像截面光场之间的衍射传播关系可由式(4.4)表示。

$$U_{p+1}(x',y') = \mathscr{F}^{-1}\left(\mathscr{F}\{U_p(x,y)\} \times \exp\left[j\frac{2\pi}{\lambda}(d_{p+1}-d_p) \times (1-\lambda^2 f_x^2 - \lambda^2 f_y^2)^{1/2}\right]\right)$$

$$(4.4)$$

其中$U_{p+1}(x',y')$和$U_p(x,y)$分别为d_{p+1}和d_p平面上的光场函数,$\mathscr{F}$和$\mathscr{F}^{-1}$表示正反傅立叶变换;f_x和f_y是x和y方向的空间频率。

获取图像后,用图像强度的平方根作为光场各个截面的幅值,再利用光场各截面之间的衍射关系,通过专门的相位恢复算法,重构出整个入射光场的幅值和相位信息,即$\sqrt{I_0}$和φ_0。

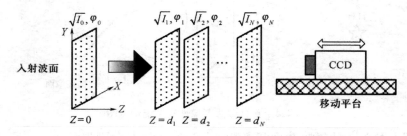

图4.5 图像序列光场重构系统示意图

图像序列的光场重构法表明,相干光在自由空间传播时(不经过任何光学系统)能够由一系列平面上的强度信息来唯一地恢复光场的相位,这给下面离焦图像镜面面形测量系统的建立提供了物理保证。

3. 离焦图像镜面面形测量

基于离焦图像的镜面面形测量方法,是利用相位恢复原理进行镜面面形误差测量的方法。这种方法是在相位差法和图像序列光场重构法的基础上发展起来的。它利用一束测试光照射被测镜面,通过在汇聚的反射光焦点附近采集离焦图像来重构被测镜面的面形误差,如图4.6所示。

对于球面镜检测而言,激光点光源发出球面波,被镜面反射后形成含有相位误差的球面波,经过分光镜,一部分反射光传播到焦点附近的CCD像元阵列平面上。CCD相机被安置在一个移动平台上,可以沿光轴移动,以便在焦点前后采集不同位置上的图像,如图4.6(a)所示。如果被测镜为非球面镜,可以用补偿镜来校正非球面像差,如图4.6(b)所示。

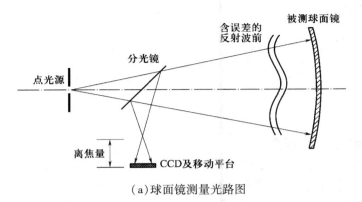

（a）球面镜测量光路图

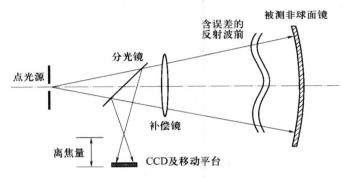

（b）非球面镜测量光路

图 4.6　离焦图像镜面面形测量系统

4.2.2　光场衍射传播计算

对于图 4.6 所示的检测系统,要进行面形误差测量首先要建立从镜面光场到离焦面光场的衍射传播计算。假设被测镜为球面镜(非球面镜补偿后可等效为球面镜),以球心焦点为坐标原点,镜面上的反射光场函数为 $g_m(x, y, z_m)$,离焦面上的光场函数为 $g_d(\xi, \eta, z_d)$。根据实际情况,$g_m(x, y, z_m)$ 可表示为

$$g_m(x, y, z_m) = A_m(x, y) \exp\left[j \frac{2\pi(W_S + W_E)}{\lambda}\right] \tag{4.5}$$

其中 $A_m(x, y)$ 为幅值分布,W_S 为测试球面波,W_E 为镜面的面形误差,λ 为光波长。

1. 近场衍射积分

从精确的意义上讲,$g_m(x, y, z_m)$ 与 $g_d(\xi, \eta, z_d)$ 之间的衍射传播关系可以用

基尔霍夫衍射积分公式描述[49]，如式(4.6)所示。

$$g_d(\xi, \eta, z_d) = \frac{1}{\mathrm{j}\lambda} \int_{-\infty}^{\infty} \int_{-\infty}^{\infty} g_m(x, y, z_m) \frac{\mathrm{e}^{\mathrm{j}kr}}{r} K(\theta) \mathrm{d}x\mathrm{d}y \qquad (4.6)$$

式中，$k = \dfrac{2\pi}{\lambda}$，光波传播距离 $r = \sqrt{(\xi - x)^2 + (\eta - y)^2 + (z_m - z_d)^2}$，倾斜因子 $K(\theta) = \dfrac{r + z_m - z_d}{2r}$。

2. 快速菲涅耳衍射变换

基尔霍夫衍射积分虽然能够较为精确地计算光场的衍射传播，但由于二维积分运算的计算量太大，而实际相位恢复中通常需要多次衍射计算。因此在计算条件有限的情况下，对于大多数球面波衍射，在满足旁轴条件的情况下，可以用菲涅耳衍射计算公式表示，如式(4.7)~式(4.9)所示[50]。

$$F_m(v_x, v_y) = \iint g_m(x, y, z_m) \exp(-\mathrm{j}2\pi v_x x - \mathrm{j}2\pi v_y y) \mathrm{d}x\mathrm{d}y \qquad (4.7)$$

$$F_d(v_x, v_y) = F_m(v_x, v_y) \exp[-\mathrm{j}\pi\lambda(v_x^2 + v_y^2) \times (z_d - z_m)] \qquad (4.8)$$

$$g_d(\xi, \eta, z_d) = \iint F_d(v_x, v_y) \exp(\mathrm{j}2\pi v_x \xi + \mathrm{j}2\pi v_y \eta) \mathrm{d}v_x \mathrm{d}v_y \qquad (4.9)$$

其中 λ 为光波长，$\mathrm{j} = \sqrt{-1}$。

式(4.7)式表示对入射的光场进行傅里叶变换得到 $g_m(x, y, z_m)$ 的频谱 $F_m(v_x, v_y)$。式(4.8)将 $F_m(v_x, v_y)$ 衍射到输出平面，得到 $g_d(\xi, \eta, z_d)$ 的频谱 $F_d(v_x, v_y)$，再通过式(4.9)对 $F_d(v_x, v_y)$ 进行傅里叶逆变换可得到 $g_d(\xi, \eta, z_d)$。

菲涅耳衍射计算公式中可以使用二维 FFT 进行计算，大大地提高了计算的效率。对于误差波面 W_E，由于其大小在波长量级，可以由式(4.7)~式(4.9)用 FFT 算法进行计算。对于测试球面波 W_s（在旁轴条件下可表示为 $\exp[-\mathrm{j}k(x^2 + y^2)/(2z_m)]/z_m$）直接应用式(4.7)~式(4.9)会遇到两方面的问题。首先进行 FFT 计算时需要满足采样定理，而基准球面波复光场 $\exp(\mathrm{j}2\pi W_s/\lambda)$ 的相位空间变化速度快（因为一般 λ 很小），要求 FFT 的空间采样间隔足够小。另外，进行式(4.78)的频谱衍射计算时，要求有足够的频谱分辨率，频谱分辨率小则要求空间的采样范围足够大。以上两点会造成采样点数过多，同样无法进行计算处理。为了提高计算效率，可以引入 Sziklas 和 Siegman 提出的坐标变换的方法[51]。

该变换方法从波函数 $g_m(x, y, z_m)$ 和 $g_d(x, y, z_d)$ 中分离球面波因子，如式(4.10)所示。

$$\begin{cases} g_m(x,y,z_m) = \left[g_m'(x',y',z_m')/z_m \right] \exp\left[\dfrac{-jk(x^2+y^2)}{2z_m} \right] \\ g_d(x,y,z_d) = \left[g_d'(x',y',z_d')/z_d \right] \exp\left[\dfrac{-jk(x^2+y^2)}{2z_d} \right] \end{cases} \qquad (4.10)$$

其中 $g_m'(x,y,z_m)$ 不含球面波因子,只含有波面误差的函数 W_E,同时将原有坐标进行坐标变换,坐标变换方程如式(4.11)所示。

$$\begin{cases} x' = \dfrac{x}{z_m},\ y' = \dfrac{y}{z_m} \\ \xi' = \dfrac{\xi}{z_d},\ \eta' = \dfrac{\eta}{z_d} \\ z'_m - z'_d = \dfrac{z_m - z_d}{z_m z_d} \end{cases} \qquad (4.11)$$

坐标变换后的波函数 $g_m'(x',y',z_m')$ 以及 $g_d'(\xi',\eta',z_d')$ 同样满足菲涅耳衍射公式,也就是通过坐标变换使得原先的含有误差 W_E 的球面波的衍射变成了含有误差 W_E 的平面波衍射。此时采样点数大为减少,实现了快速的离焦光场衍射计算。

4.2.3 镜面检测相位恢复算法

从衍射图像重构出光场的相位需要借助相位恢复算法来实现。现有的相位恢复算法有很多,这里从约束集投影的角度重点介绍基于 GS 迭代式的相位恢复算法。因为 GS 迭代算法可以得到二维的点对点面形误差数据,相对于用参数拟合描述的误差,二维点对点面形数据既可描述全局误差又可以描述局部中高频误差,这对大型镜面测量比较有意义。

1. PR 检测系统的约束集和投影运算

在图 4.6 所示的检测系统中,假设镜面被已知的均匀球面波照亮,而在离焦位置上图像被 CCD 正确采样。这样镜面入射光场的幅值以及离焦光场的幅值可以看作是已知的对光场的约束。

设由满足镜面幅值约束的光场组成的集合为 C_m,而将光场函数 g_m 映射到 C_m 的投影运算为 P_m,P_m 可以表示为

$$P_m g_m(x,y) = \begin{cases} A_m \exp\{ j\varphi[g_m(x,y)] \}, & (x,y) \in \sigma \\ 0, & (x,y) \notin \sigma \end{cases} \qquad (4.12)$$

其中 A_m 为已知的镜面光场幅值,σ 为镜面区域。

相应地,设由满足离焦面幅值约束的光场组成的集合为 C_d,将光场函数 g_m

映射到 C_d 的投影运算为 P_d，P_d 可以表示为

$$P_d g_m(x,y) = iFrt\left[\sqrt{I_d}\exp\left(j\varphi\{Frt[g_m(x,y)]\}\right)\right] \tag{4.13}$$

其中 Frt 和 $iFrt$ 分别为正、逆菲涅耳运算；I_d 为离焦光场图像。P_d 使 g_m 衍射到离焦平面，然后保留相位并结合 I_d 产生新的离焦光场函数，再反向衍射回镜面位置。这样得到的光场符合离焦面光场约束条件，也就成为了 C_d 内的一个元素。

根据上述对 P_m 和 P_d 投影的定义，容易得到，对于任意 $\|g_m\| < +\infty$ 的 g_m（$\|\cdot\|$ 为二范数），$P_m g_m$ 和 $P_d g_m$ 分别为 C_m 和 C_d 空间中距离 g_m 最近的点。这里的"距离"可表示为 $\|g_m - P_m g_m\|$ 和 $\|g_m - P_d g_m\|$。这也是 P_m 和 P_d 之所以被称为投影的原因。

设镜面光场和离焦光场都用 $N \times N$ 点离散抽样。而光场是复变量，当光场中的某一点满足幅值约束，此点上光场的取值空间将在一个以幅值为半径的圆上，如图 4.7(a) 所示。而 $N \times N$ 点的幅值约束，将构成 2 倍 $N \times N$ 维空间中的一个"超球面"，如图 4.7(b) 所示。相位恢复的目的是寻找同时满足 C_d 和 C_m 的光场 g_m^*，也就是寻找 $g_m^* \in C_m \cap C_d$。

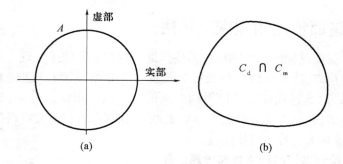

图 4.7　PR 幅值约束集示意图

2. 两平面投影迭代算法

根据对相位恢复唯一性的研究[52-55]可知，同时满足镜面和离焦面幅值约束的光场，从衍射光学意义上将是唯一的。也就是 g_m^* 处于 C_d 和 C_m 两个超球相切的点上，如图 4.8 所示。因此从理论上讲，只要确定了 C_d 和 C_m，任意选定一个初始光场 g_m^0，就能通过对 g_m^0 反复加以 GS 算法式的迭代来得到 g_m^*，即

$$g_m^* = \cdots P_d P_m P_d P_m g_m^0 \tag{4.14}$$

这一迭代过程可由图 4.8(a) 形象地说明。因为投影运算总是将 C_m 中的点投影到距离该点最近的 C_d 中的点上，反之亦然。所以如果约束集如图 4.8(a)

所示,则每次投影的距离将逐渐减少,并最终收敛到一点。

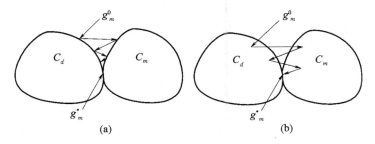

图4.8　PR幅值约束集及收敛过程

除 GS 算法外还可引入加权松弛因子 $w^{[56]}$,加快收敛的速度,降低算法进入局部收敛的可能。加权投影可表示为

$$\begin{cases} T_m g_m = w P_m g_m + (1-w) g_m \\ T_d g_d = w P_d g_d + (1-w) g_d \end{cases} \tag{4.15}$$

其中 $w \in (0,2)$ 。取 w 大于 1 时,迭代过程可由图 4.8(b) 描述。将 T_m 和 T_d 带入式(4.13),得到

$$g_m^* = \cdots T_d T_m T_d T_m g_m^0 \tag{4.16}$$

相位恢复投影问题本质上属于非凸约束投影(nonconvex projection),也就是约束集内任意两点间的连线上的点不一定在约束集内。对于此类问题,理论上不保证算法一定能稳步地收敛。例如图 4.9(a) 的情况,表明在有些情况下算法有可能陷入局部最优解。图 4.9(b) 表示,如果引入加权松弛因子 w ,且 w 大于 1,则算法有可能摆脱局部最优解,但 λ 取值过大会带来算法的“振荡”,一般根据经验 w 可以在 1.5~1.9 之间取值[28]。虽然现有算法在相位恢复测量实验中

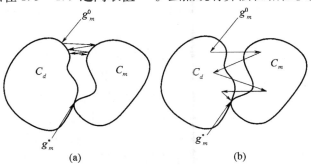

图4.9　含局部最优解的 PR 幅值约束集及收敛过程

还没有观察到其陷入局部最优解的情况,但从严格的理论意义上讲,任何一种相位恢复算法都不能严格地保证非凸约束问题的收敛性。

3. 多平面约束集相位恢复算法

在实际应用中,测试光的幅值分布和离焦图像的采集以及光场的采样计算不可能完全准确。相当于幅值约束会在一定误差范围内摄动。这样,约束集将不是一个"超球"面,而是有一定体积空间的区域。设此时的约束集为 C'_d 和 C'_m,而 C'_d 和 C'_m 的交集将不是一个点,如图 4.10(a)所示。C'_d 和 C'_m 的变化量与测量系统的衍射性质有关。如果镜面与离焦平面之间的衍射现象不明显,也就是镜面光场的相位变化不容易反映到离焦平面上,则当幅值在一定范围内变化时,约束集 C'_d 和 C'_m 的变化量较大。也就是很多相位不同的光场会产生相似的衍射幅值。满足摄动量条件的解会大量增加。如果镜面与离焦平面之间的衍射现象明显则情况相反。对于约束集 C'_d 和 C'_m 同样的迭代运算将收敛到 C'_d 和 C'_m 的交集,但收敛的精度和速度会受到影响。

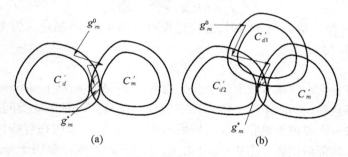

图 4.10　幅值摄动条件下的约束集

当幅值约束产生变化时,约束集范围会扩大,随之解空间也会变大,这显然会造成测量结果的误差。为了减小误差,可以引入多个离焦图像作为约束。记 N 个离焦图像为 $I_1, I_2, \cdots, I_N$。每个图像将引入一个约束集记为 $C_{d1}, C_{d2}, \cdots, C_{dN}$。在图像有摄动的情况下,约束集记为 $C'_{d1}, C'_{d2}, \cdots, C'_{dN}$。而真实的光场函数 g^*_m 要满足所有 $C'_{d1}, C'_{d2}, \cdots, C'_{dN}$ 约束条件,即 $g^*_m \in C'_m \cap C'_{d1} \cap C'_{d2} \cap \cdots \cap C'_{dN}$。这样 g^*_m 的解空间将缩小,有利于求解的准确性,如图 4.10(b)所示。

引入多个约束集除了可以缩小解空间以外,还可以减小算法陷入局部最优解的可能。因为对于图 4.9 中的两约束集之间的局部最优解不一定还是多约束集下的局部最优解。这样通过多约束集的迭代有利于算法"摆脱"局部最优解,如图 4.11 所示。

在多个约束集条件下的迭代过程可以表示为

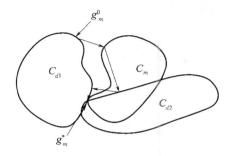

图 4.11　多约束集下的非凸集合迭代

$$g_m^* \leftarrow \cdots P_{dN} \cdots P_{d2} P_{d1} P_m P_{dN} \cdots P_{d2} P_{d1} P_m g_m^0 \qquad (4.17)$$

或引入松弛因子 w

$$g_m^* \leftarrow \cdots T_{dN} \cdots T_{d2} T_{d1} T_m T_{dN} \cdots T_{d2} T_{d1} T_m g_m^0 \qquad (4.18)$$

多图像约束下算法的收敛过程也可由图 4.10(b)中看出。每一次向约束集投影后,g_m 将逐渐接近约束集的交集区域。当 g_m 接近交集区域时,算法会减慢速度,并在交集内或附近来回变化。变化的幅度取决于交集的空间大小。这与图像选取的数目和离焦位置量有关,将在下一节讨论。

而作为迭代算法,当 g_m 接近交集区域时,可设置如下收敛条件:

(1)当两次相邻迭代之间的 g_m 相对变化量或 g_m 的相位变化小于一定量 δ,即

$$\frac{\| g_m^{n+1} - g_m^n \|}{\| g_m^n \|} < \delta, \quad \text{or} \quad \| \varphi(g_m^{n+1} - g_m^n) \| < \delta \qquad (4.19)$$

(2)当 g_m 对测量图像的误差符合误差小于一定量 δ,即

$$A_m \frac{\sum_{i=1}^{N} \| I_{di}^n - I_{di} \|}{\sum_{i=1}^{N} \| I_{di} \|} < \delta \qquad (4.20)$$

其中 I_{di} 为实测的图像,I_{di}^n 为第 n 次迭代后计算出的图像。当算法结束后,如果 g_m 的相位超过 2π,则需要对其相位进行解包络运算后,即可得到镜面的面形分布。

从原理上讲,引入多图像约束并不能保证加快算法的收敛速度(即使从实际观察上看是可以的)。但只要各个图像的误差在正常范围内,多图像约束对收敛精度的提高无疑有很大的实际意义。

需要补充的是,如果镜面光场幅值 A_m 未知或光源强度不是理想的均匀分布,则可以将 P_m 从式(4.17)和式(4.18)中去除,只保留 P_{di}。只要图像数量足

够多,P_m 的缺失并不影响算法的唯一性。

4.3 球面波的相位恢复检测

4.3.1 测量装置

球面波的检测是 PR 镜面检测的基础。为了验证 PR 检测算法,我们以球面镜为被测对象进行了球面波测量实验研究。构建的球面镜测量系统如图 4.12 所示。测量系统主要包括光源、CCD 相机、分光镜以及运动调整平台。

图 4.12　球面镜 PR 测量实验系统

试验中的光源借用干涉仪发出的波长为 632.8nm 的氦氖激光,通过干涉仪镜头发出球面波。测量采用的 CCD 相机为德国 AVT 公司的工程级 CCD 相机,其 CCD 技术参数列于表 4.1 中。采用立方形分光镜,大小为 1 英寸(1 英寸 = 25.4mm)。CCD 移动平台可以使 CCD 沿光传播方向移动并进行角度姿态微调,位移测量精度为 5μm,移动范围 100mm。

表 4.1　CCD 参数指标

参数	分辨率	像素尺寸	靶面面积	采样灰度级	信噪比
指标	1392 × 1040	6.5 μm × 6.5 μm	8 mm × 6 mm	12 位	1024 : 1

4.3.2　大口径球面镜的测量

对一块口径 500mm、曲率半径 1000mm 的球面反射镜进行了检测,镜面用皮带吊起竖直安装,如图 4.13 所示。为了模拟加工条件下的检测环境条件,测试平台不做气浮隔振处理,对空气扰动不做专门控制。这样的条件下,干涉仪已经无法正常工作,有利于考察 PR 测量对在位环境的适应能力。

图 4.13　口径 500mm 球面镜 PR 检测系统

被测镜经小磨头抛光加工,但还处于研抛的初期阶段。其面形误差分布用 Zygo 干涉仪检测得到,如图 4.14 所示。镜面面形经去倾斜离焦处理后,面形误差为 1.351λ PV,0.139λ RMS。被测镜还处于加工过程中,其面形误差还未充分

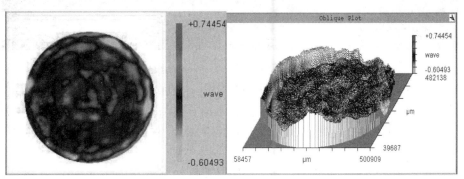

图 4.14　口径 500mm 球面镜干涉检测结果

收敛。由于使用的研抛盘相对于镜面口径较小,因而镜面呈现一定的局部误差。

进行相位恢复测量时,操作与上一试验相同。但由于镜面口径较大,且安装方式不同,需要在镜面安装后稳定一段时间再进行测量。CCD 对衍射图像的动态监测表明图像不受振动的影响,但图像中含有一些气流扰动的痕迹。特别是人为地加强气流扰动时,图像的反映更为明显。

采样图片的空间范围确定在焦点前后 ±2mm ~ ±5mm 范围之内,如图 4.15 所示。从有利于获取局部误差的原则选取图像,取图 4.15 中的 8 幅图像参与优化迭代计算。

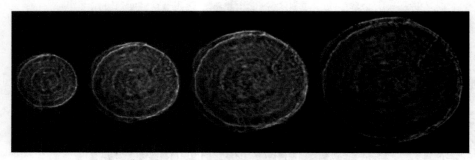

(a)离焦 z 为 −2mm ~ −5mm 光强图像

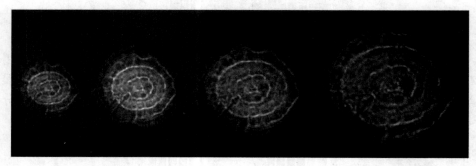

(b) 离焦 z 为 2mm ~ 5mm 光强图

图 4.15   口径 500mm 球面镜焦点前后衍射图像

计算时对镜面的采样分辨率为 512 × 512。因为该实验中的镜面口径较大,且图像中局部明暗变化快而含有较高的频率成分,需要较高的采样分辨率来保证计算的可靠性。

PR 算法采用加权松弛迭代算法,其中加权松弛迭代因子 $w = 1.5$。以零值作为镜面的初始面形。通过 200 次迭代循环,处理时间为 18min。最终相邻两次迭代中 E 的变化量小于 0.001,可认为算法已经收敛。其中计算光强相对实

光学非球面镜制造中的面形测量技术

际光强的能量误差 E 的具体表达为

$$E = \frac{1}{MN} \sum_{i=1}^{M} \sum_{n=1}^{N} |I_i(n) - I_i'(n)|$$ (4.21)

其中 M 为图像数目,这里可以取 $M = 10$,即将 $z = \pm 2\text{mm} \sim \pm 6\text{mm}$ 图像全部带入误差统计;N 为图像中的像素数目,这里取 $N = 200 \times 200$;$I_i(n)$ 和 $I_i'(n)$ 分别为实际采集的图像以及计算得到的图像。PR 结果越接近实际误差面形,图像误差 E 越小,这可在一定程度上反映出算法的收敛情况。

为了有效地考察 PR 测量的准确性,引入面形功率谱密度(PSD)来描述面形的频域特征[61-64]。一维 PSD 的定义为

$$PSD(v) = \frac{|\mathcal{F}[\varphi(x)]|^2}{Lx}$$ (4.22)

其中 $\varphi(x)$ 为面形分布,$\mathcal{F}$ 为傅立叶变化,Lx 为 $\varphi(x)$ 分布范围,v 为空间频率。

二维面形 PSD 可由二维面形数据的 N 条截线的一维 PSD 平均得到,且为了有助于观察而取指数形式为

$$PSD(v) = \ln\left\{\frac{\sum_{i=1}^{N} PSD(v)}{N}\right\}$$ (4.23)

PSD 利于对比和分析面形在各个频谱上的分布,给 PR 的验证带来方便。

最终图像误差 E 接近 0.05,可认为 PR 结果比较可靠。由于误差高于一个波长,因而最终的光场相位分布被包裹在 $-\pi \sim \pi$ 之间。对相位做解包裹运算后,得到的面形误差去倾斜和离焦后统计计算结果,如图 4.16 所示,其 PV 为 1.181λ,RMS 0.125λ。

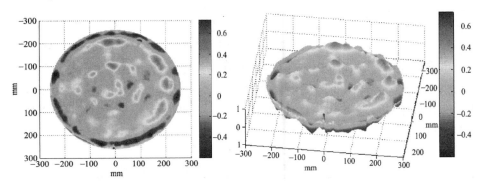

图 4.16　口径 500mm PR 测量结果

对比图 4.16 与图 4.14,可看出相位恢复测量结果与干涉测量结果基本一致,镜面上的碎带误差被很好地重构出来。但值得注意的是,气流扰动等误差因素还是给局部的测量结果带来了一些偏差。另外,由于镜面的边缘翘边较为明显(实际上边缘的面形还处于粗加工水平),陡度较大而且不规则,造成后焦面图像的边缘较为黯淡模糊。这给 PR 对镜面边缘的测量带来了困难,并降低了测量的可靠性。因此镜面边缘测量结果的翘边幅度不如干涉测量明显。这也是 PR 测量的 PV 值小于干涉测量的主要原因。但以上问题不影响把 PR 测量结果作为进一步加工的参考依据。

图 4.17 表明 PR 结果的 PSD 曲线与干涉测量结果的 PSD 曲线基本一致。特别是 $0.05\mathrm{mm}^{-1} \sim 0.25\mathrm{mm}^{-1}$ 的中间频段 PSD 分布较为一致,这表明了 PR 测量对镜面局部误差测量的准确性。

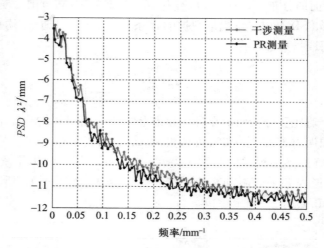

图 4.17　ϕ500mm 球面镜干涉和 PR 测量的 PSD 曲线

虽然该被测镜口径不算太大,测量光路也不长,但其加工工艺和误差分布特征与很多 1m 以上口径的大型镜面非常相似。测量结果说明,相位恢复检测方法具有在位条件环境下对大型镜面的检测能力,可以为大镜的加工过程提供可靠的测量支持。

4.4　亚像素分辨率相位恢复测量

任何光学检验设备的空间分辨率,也就是横向分辨率,都是有限的。而对于大中型镜面检测而言,随着镜面口径的增大,设备能够分辨的误差最小尺度也会随之加大。例如具有 256 × 256 分辨率的干涉仪在检测 100mm 口径的镜面时,最高可分辨 1mm 尺度上的误差波动(2~3 个采样点每毫米)。而此干涉仪检验 1m 口径的镜面时只能分辨 10mm 尺度上的误差。而尺度较小的误差,或称之为中高频误差,对于镜面的光学性能有重要影响,且在应用中不能被自适应光学系统补偿,因而在光学加工和检测中必须予以充分的重视。

根据美国国家点火装置(NIF)对镜面误差尺度的定义[57],周期大于 33mm 的误差称为低频误差;周期小于 33mm 而大于 0.2mm 的误差称为中频误差;周期小于 0.2mm 的误差为高频误差。干涉检测以及 PR 检测的分辨率主要受 CCD 采样分辨率的限制。也就是 CCD 采样条纹图和衍射光强图的分辨率决定了波面测量的分辨率。对于现有干涉检测设备而言,其分辨率大多在 1024 × 1024 水平,还不能对几米口径的镜面做到有效的中高频检测。为了实现更高的分辨率,曾有人提出了亚像素干涉仪[58],也就是将 CCD 上下左右移动半个像素的距离,得到 4 幅干涉条纹图,然后将其综合为一幅亚像素分辨率的条纹图,来提高一倍分辨率。Almoro 和 Pedrin 的相位恢复测量中也采用过相同的通过移动 CCD 来得到亚像素图像的方法[59]。但这类方法很难提高一倍以上的分辨率,而且要增加高精度的调节装置以及测量时间,对稳定性的要求也大大提高。

为了进行更为有效的高分辨率 PR 检测,本节提出了新的亚像素 PR 测量方法,在保持现有 PR 系统不变的情况下,通过采集一系列图像,使用亚像素相位恢复算法(Subpixel Phase Retrieval,SPR),实现较高的测量分辨率。

4.4.1 亚像素分辨率相位恢复测量原理

1. 亚像素光场约束分析

PR 检测是利用光强信息来重构相位,而光强图像由 CCD 相机采集。因此通常 PR 测量的分辨率受限于 CCD 相机的分辨率,也就是 CCD 的像素尺寸。而 CCD 像素尺寸是有一定大小的,将像素变小固然可以提高分辨率,但不能保证 CCD 的信噪比和动态范围。

为了在原有测量系统基础上提高 PR 分辨率,借鉴亚像素干涉仪的思想,可以把 CCD 像素分为多个亚像素。如果能够在亚像素分辨率上重构光场,也就达到了提高分辨率的目的。在亚像素分辨率上重构光场,其实就是要恢复各个亚像素的强度和相位。这点不同于常规 PR 测量,因为在常规 PR 测量中,光强是已知的,只有相位未知。

为了获得充足的信息来恢复亚像素光场,必然需要获取更多的图像。也就是 SPR 将利用三维空间中的低分辨率光场信息来恢复高分辨率的二维入射光场,如图 4.18 所示。

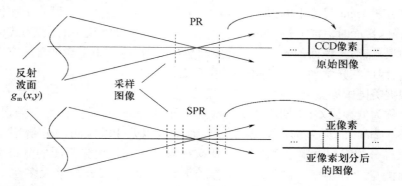

图 4.18   亚像素相位恢复原理示意图

从镜面上反射的亚像素光场 $g_m(x,y)$ 要符合每一张图像的约束,也就是每张图像可以看作是对镜面亚像素光场 $g_m(x,y)$ 的约束。假设沿光传播方向上取 M 张图像,记为 $I_1,I_2,\cdots,I_M$。而对一张图像而言,符合其约束的亚像素光场 $g_m(x,y)$ 并不唯一。设符合 I_i 约束的 $g_m(x,y)$ 集合为 C_{di},即 $g_m(x,y) \in C_{di}$。而满足全部图像约束的 $g_m(x,y)$ 必然属于 M 个约束集合的交集,即 $g_m(x,y) \in C_{d1} \cap C_{d2} \cap \cdots \cap C_{dM}$。因此获取的图像越多,交集空间越小,越有利于充分获取亚像素光场的信息,增强结果的唯一性,参见图 4.10。

各个亚像素的光强虽然不能由 CCD 直接获得,但根据能量守恒原理易知,每个 CCD 像素的光强等于其包含的各个亚像素光强之和。同时光场是在三维空间传播的,其信息也分布在三维空间中。也就是说,对于一个用亚像素分辨率描述的二维入射光场而言,当其沿光轴传播时,会在每个 CCD 采样面上留下投影,即被 CCD 像素积分的光强图像。设相干光在两个 CCD 采样平面间传播时,根据光的波动性,出射平面上的像素光强是由入射平面上的各个亚像素光场衍射叠加而成的,如图 4.19 所示。

图 4.19 可知,由于微观尺度上的衍射效应,每个入射平面上 CCD 像素内的光场不只影响其波面法线方向上对应的出射波面上的 CCD 像素的光场,同时也会影响其他像素内的光场。也就是说,出射平面上图像的光强分布是由特定的亚像素光场决定的,包含有隐含的入射亚像素光场的信息。

综上所述,能量守恒构建了一个平面内的亚像素光场与本平面上的 CCD 像素强度值之间的关系;而衍射传播构建起一个平面内的亚像素光场与其他平面

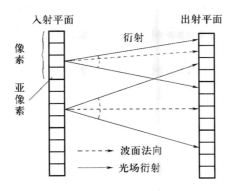

图 4.19　亚像素光场的衍射传播

上的 CCD 像素强度值的关系。

2. 亚像素相位恢复算法设计

利用上述约束关系条件,可以在原 PR 算法的基础上增加亚像素重构功能,形成 SPR 算法。

首先获取 M 张图像设为 $I_1 \sim I_M$,设图像的分辨率为 $N \times N$。然后将图像进行亚像素分割,将每个像素在 x 和 y 方向上分成 $K \times K$ 个亚像素。这样对光场的采样分辨率实际为 $NK \times NK$。设 $g_m(x, y)$ 的离散化形式为 $g_m(m, n; a, b)$,其中 m, n 为像素标号,a, b 为第 m, n 个像素中的亚像素标号。

SPR 可以在 4.2 节 PR 算法的基础上构建。设每次迭代向 C_{di} 的投影为 SP_{di},向镜面光场强度约束的投影为 SP_m。

如果假设镜面光场强度均匀分布,则 SP_m 的定义与式(4.12)相似

$$SP_m g_m(m, n; a, b) = \begin{cases} A_m \exp\left[\mathrm{j}\varphi(g_m(m, n; a, b))\right], & (x, y) \in \sigma \\ 0, & (x, y) \notin \sigma \end{cases} \quad (4.24)$$

其中 A_m 为已知的镜面光场幅值,σ 为镜面区域。

同样将 $g_m(m, n; a, b)$ 衍射至第 i 个离焦平面,保留 $g_{di}(m, n; a, b)$ 的相位,对 $g_{di}(m, n; a, b)$ 的强度施加约束。这里将对亚像素施加光强约束的函数称为亚像素光强约束函数(Subpixel Intensity Constraint Function, SICF),如式(4.25)所示。

$$\left| g'_{di}(m, n; a, b) \right|^2 = \left| g_{di}(m, n; a, b) \right|^2 + SICF(m, n; a, b) \quad (4.25)$$

式(4.25)使每一个像素内的 $g'_i(m, n; a, b)$ 的强度之和等于 $I_i(m, n)$,得到新的光场函数 $g'_{di}(m, n; a, b)$,满足

$$I_i(m, n) = \sum_{a=1}^{K} \sum_{b=1}^{K} \left| g'_{di}(m, n; a, b) \right|^2 \quad (4.26)$$

然后将 $g'_{di}(m,n;a,b)$ 和 $g_{di}(m,n;a,b)$ 的相位反向传播回镜面,得到满足 C_{di} 约束的镜面亚像素光场。在多个图像约束集条件下,SPR 的迭代过程可以表示为

$$g^*_m(m,n;a,b) \leftarrow \cdots SP_{dN} \cdots SP_{d2} SP_{d1} SP_m g_m(m,n;a,b) \qquad (4.27)$$

其中 $g^*_m(m,n;a,b)$ 为最终收敛结果。

设图像误差 E 为计算出的亚像素图像与实际图像之间的误差和,即

$$E = \frac{1}{MN^2} \sum_{i=1}^{M} \sum_{m=1}^{N} \sum_{n=1}^{N} \left| I_i(m,n) - \sum_{a=1}^{K} \sum_{b=1}^{K} |g'_{di}(m,n;a,b)|^2 \right| \qquad (4.28)$$

当达到一定的迭代次数,或者图像误差 E 小于一个充分小的值,或者两次相邻迭代之间的 g_m 的相位变化小于一定量时,可以认为算法已经收敛。

4.4.2 亚像素光强约束函数设计

要实现上述 SPR 算法,关键在于如何设计 SICF,将每个 CCD 像素的光强值作为光强约束作用到每个亚像素上,并保证 SPR 算法平稳收敛。常规 PR 算法中施加的光强约束是直接用实测光强替换计算出的光场强度。而对于 SPR 而言,不同之处在于要以实际像素强度值作为参考,修正像素内的每一个亚像素强度,使其朝正确的方向收敛。根据能量守恒原则,SICF 基本的形式可定义为

$$SICF(m,n;a,b) = \frac{c\left[I_i(m,n) - \sum_{a=1}^{K} \sum_{b=1}^{K} |g_{di}(m,n;a,b)|^2 \right]}{K^2} \qquad (4.29)$$

其中 c 为控制系数,控制算法收敛的速度。当 $c = 1$ 时,将式(4.29)带入式(4.25),可得到式(4.26)的结果。考虑到光强应大于 0,则将式(4.26)修改为

$$|g'_{di}(m,n;a,b)|^2 = \max\{|g_{di}(m,n;a,b)|^2 + SICF(m,n;a,b), 0\}$$

$$(4.30)$$

虽然式(4.30)定义的 SICF 可以满足能量守恒原则,但此时 SICF 会给光场带来额外的高频分量。因为 SICF 在一个像素区域上保持相等,而在相邻的 CCD 像素上会有阶跃性跳变,如图 4.20(a)所示。

这些幅值上的高频成分在衍射计算时会耦合到相位分布中,形成相位上的噪声,如不加以控制,噪声会淹没真实的亚像素信息,使 SPR 难以收敛。为了控制高频成分的引入,最直接的方法是对 SICF 进行平滑滤波,如式(4.31),将 SICF 与平滑滤波器 F_M 相卷积。被平滑后的 $SICF_M$,如图 4.20(b)所示,在相邻像素边缘上的亚像素的 SICF 变得相近。这一点符合实际情况,因为有理由认为相邻的两个亚像素之间的强度差异相对较小。

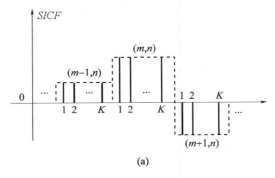

(a)

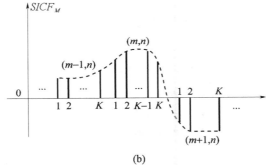

(b)

图 4.20　阶跃和平滑后的 SICF

$$SICF_M(m,n;a,b) = SICF(m,n) * F_M(m,n;a,b) \qquad (4.31)$$

$SICF_M$ 还不一定能够使得 SPR 顺利收敛。因为在一个像素区域内的各个亚像素的 $SICF_M$ 基本上还保持相同,但各个亚像素之间的当前强度是不同的,因此 $SICF$ 的设计还要体现出对各个亚像素的差异性的控制。

同样,假设相邻的亚像素之间的强度差异相对较小,因此为了控制一个像素区域内的各个亚像素之间的强度差异,可以用加权方法来修正 $SICF_M$,如式 (4.32)所示。

$$SICF_M^W(m,n;a,b) = SICF_M(m,n;a,b) \times W(m,n;a,b) \qquad (4.32)$$

其中 $W(m,n;a,b)$ 可定义为

$$W(m,n;a,b) = \begin{cases} |g_{di}(m,n;a,b)|^2 / \sum\limits_{a=1}^{K} \sum\limits_{b=1}^{K} |g_{di}(m,n;a,b)|^2, & \text{if } SICF_M(m,n) < 0 \\[4mm] 1 - |g_{di}(m,n;a,b)|^2 / \sum\limits_{a=1}^{K} \sum\limits_{b=1}^{K} |g_{di}(m,n;a,b)|^2, & \text{if } SICF_M(m,n) > 0 \end{cases}$$

$$(4.33)$$

式（4.33）的加权处理原则是，当 $SICF_M(m,n)<0$ 时，也就是 $|g_{di}(m,n;a,b)|^2$ 比实际光强 $I_i(m,n)$ 大时，$|g_{di}(m,n;a,b)|^2$ 较大的亚像素应比较小的亚像素削减的更多；反之，当 $SICF_M(m,n)>0$ 时，也就是 $|g_{di}(m,n;a,b)|^2$ 比实际光强 $I_i(m,n)$ 小时，$|g_{di}(m,n;a,b)|^2$ 较小的亚像素应比较大的亚像素增加的更多。

式（4.33）的加权处理使得同一个像素内的各个亚像素的强度值在 SPR 运算过程中保持一定的相对集中，有利于 SPR 平稳的收敛性。如果任各个亚像素的强度值自由变化，则相邻的各个亚像素的强度值有可能互相分散而产生高频分量，使算法无法收敛。后面的实验验证了以上 SICF 设计的合理性。

4.4.3 亚像素分辨率镜面测量实验

为进一步实践 SPR 算法的性能，下面以一面含有一定中高频面形特征的球面镜为例进行亚像素分辨率测量。被测镜口径 250mm，曲率半径 1000mm。该镜面面形经过初步的小工具抛光修形，表面存在一定量的中高频误差，其面形分布如图 4.21 所示。镜面面形经去倾斜离焦处理后，结果为 PV = 0.384λ，RMS = 0.037λ。干涉测量的分辨率为 300×300。

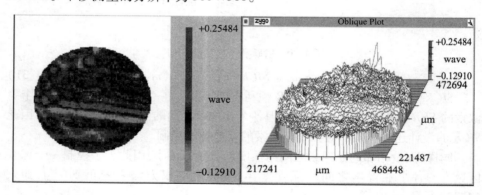

图 4.21　ϕ250mm 球面镜 Zygo 干涉仪检测结果

进行相位恢复测量时，CCD 的像素尺寸为 6.45μm × 6.45μm。首先将光源置于镜面顶点曲率半径处，然后将 CCD 相机的像元靶面置于焦点附近，寻找最佳聚焦点作为焦点。然后将 CCD 前后移动，拍摄不同位置的光强图像。

图像采样区域为从焦点前 4mm ~ 2.5mm 以及焦点后 4mm ~ 2.5mm 的空间范围内，每隔 0.5mm 采样一幅图像，衍射图像如图 4.22 所示。这些图像较为靠近焦点，图像的尺寸较小，分辨率较低，约为 150×150。这样有利于仿真大口径镜面的情形。因为当测量大口径镜面时,250mm 口径的镜面只是其中的一部分,其衍射图像也只占大镜衍射图像的一部分。同时在低分辨率图像条件下有利于验证 SPR 算法的效果。

（a）焦点前 4mm～2.5mm 衍射图像

（b）焦点后 4mm～2.5mm 衍射图像

图 4.22　φ250mm 球面镜焦点前后衍射图像

首先用图 4.22 中的图像进行常规 PR 测量,得到的相位分布,如图 4.23（a）所示。由于现有图像分辨率是干涉测量分辨率的一半,因此在一定程度上图4.23（a）比图 4.21 模糊。

下面采用 SPR 算法来获得分辨率高一倍的面形分布。也就是在同样数据条件下,以 SPR 进行 300 × 300 分辨率的相位恢复,每个亚像素的尺寸为 3.225μm × 3.225μm。计算时算法控制参数取 $c = 0.6$。进行 100 次迭代运算后得到的 SPR 相位恢复结果,如图 4.23（b）所示。PR 检测结果为 PV 0.322λ, RMS 0.029λ,SPR 检测结果为 PV 0.342λ,RMS 0.032λ。

与干涉测量结果相比,SPR 测量结果中含有同样分布特征的中高频误差分布。可见 SPR 对镜面的中高频误差做出了应有的反映。在一些细节方面,SPR结果与干涉结果之间具有很好的一致性。

但并不是所有的测量结果细节都能与干涉检测相一致。这首先是因为此处测量结果中的中高频分布幅度较小,RMS 在 0.037λ。另外,一方面导轨存在直线度误差,另一方面 CCD 相机在导轨上移动时由于重心位置的移动使得平台产生位姿变化,因此难免出现图像离轴误差。

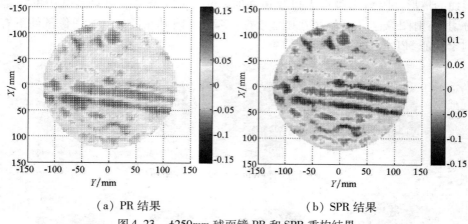

（a）PR 结果 （b）SPR 结果

图 4.23 $\phi 250\text{mm}$ 球面镜 PR 和 SPR 重构结果

测量结果的 PSD 曲线如图 4.24 所示。从图 4.24 可知,干涉测量与 SPR 测量的 PSD 曲线虽然不如仿真实验的 PSD 曲线重合度高,但在各个频段的变化趋势比较一致。而 PR 测量结果的 PSD 曲线(为了对比将 PR 结果线性插值为 300 ×300 点)在竖线以上频段,特别是中间部分频段,明显低于干涉测量 PSD 曲线,未能反映出真实的频谱分布。

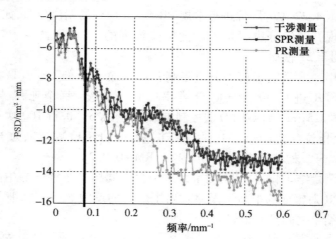

图 4.24 干涉与相位恢复测量结果 PSD 曲线

本实验验证了 SPR 测量的可行性,但要进一步提高测量的精度还需相应地提高设备性能和实验条件。

4.5　非球面镜的相位恢复检测

非球面镜具有良好的光学性能,能简化光学系统的结构,因此现代大型光学系统的主镜通常设计成凹非球面镜。非球镜面加工中的检测技术是决定镜面精度的关键因素。通常使用的干涉检测法,如补偿器法、无像差点法和计算全息法等,都需要辅助光学元件。这些辅助检测元件包括补偿器、反射镜、衍射全息图以及折衍混合元件等。但制造和装调这些辅助元件会给测量带来不便,引入误差,降低测量的可靠性。

PR 测量在使用同样辅助补偿元件的条件下可以将对非球面镜的检测转化为对球面波的测量。但基于上述原因,在使用辅助补偿元件时进行 PR 检测同样面临诸多不确定因素。如果不使用辅助元件,则可从根本上消除它们对测量的影响,简化测量系统结构,增加测量的可靠性。因而有必要研究无补偿条件下的非球面镜 PR 检测。

我们针对非球面镜的特点,分析了非球面镜的面形和非球面度特征,研究了非球面光场的汇聚分布特征,给出了非球面光场衍射的快速计算方法,提出了非球面镜相位恢复检测方法(Aspheric Phase Retrieval,APR)[66]。

4.5.1　非球面度

从光学检测角度上讲,非球面度是指非球面和一个球面之间沿球面的法线方向上的光程差,记为 δ,因为测试光将是球面波。这里与非球面相比较的球面称为参考球。非球面度的直观表示如图 4.25 所示。在不同的法线角度上,非球面度的大小和正负不同。

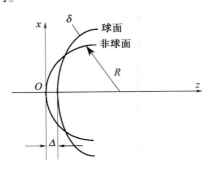

图 4.25　非球面度示意图

在已知非球面和其参考球的面形方程的情况下,非球面度可以由几何关系来精确地计算,即

$$\delta(x, y, R_0, \Delta) = \sqrt{x^2 + [R_0 + \Delta - z(x, y)]^2} - R_0 \qquad (4.34)$$

其中 R_0 为参考球曲率半径,Δ 为参考球顶点离原点的偏移量。

非球面度的最大值 δ_{max} 的大小决定了测量的难度。δ_{max} 越大,测量越困难。当 δ_{max} 超过一定值时,会导致干涉检验条纹过密而不能直接以标准球面波方式检测。为了减小非球面度,需要寻找一个最佳拟合参考球,也就是找到最佳拟合球的 R_0' 和 Δ' 使得 δ_{max} 最小,即

$$\delta_{max}(R_0', \Delta') = \min\left\{\max\left\{\sqrt{x^2 + [R_0' + \Delta' - z(x, y)]^2} - R_0', (x, y) \in A\right\}\right\}$$

$$(4.35)$$

其中 A 为拟合区域。最佳拟合球参数可以用最优化或解析的方法计算得到[60]。

4.5.2 非球面镜离焦光场特性

APR 测量是应用 PR 方法在不使用任何辅助元件的条件下对非球面镜进行直接检测,测量光路如图 4.26 所示。

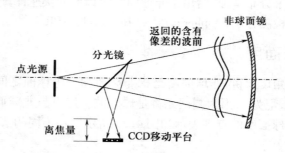

图 4.26 非球面镜 APR 测量方案

设点光源放置在非球面镜的最佳拟合球的球心附近。测试球面波被非球面镜反射后在点光源附近汇聚,汇聚的光场被 CCD 相机采集接收。

在所有的非球面面形中,除椭球面可能以双焦点的方式等效为球面波检测以外,其余的面形都会给反射波面带来非球面光程差。具体来说,反射波面一般分三部分叠加组成:一是光源发射的测试球面波,可称为基准球面波 W_S;二是非球面度光程差 δ;三是实际镜面与理想镜面之间的面形误差波面 W_E。在不考虑基准球面波 W_S 的条件下(因为 W_S 可由光场坐标变换的方法去除),镜面光场 $g_m(x, y)$ 可表示为:

$$g_m(x,y) = A(x,y)\exp\left[j\frac{2\pi(W_E+\delta)}{\lambda}\right] \qquad (4.36)$$

其中 $A(x,y)$ 为幅值。与球面镜反射光场相比,非球面反射光场 $g_m(x,y)$,由于非球面度影响,并不完全汇集到一个焦点。不同镜面位置上的反射光线将在不同的光轴位置上汇聚,形成一个聚焦区,如图 4.27 所示。对于 APR 而言,需要关心的是聚焦区附近衍射光场的分布规律。很明显在图 4.27 中的聚焦区域附近,来自不同镜面区域的光线由于传播方向的改变,会在汇聚的前后与来自其他区域的光线相交叉。

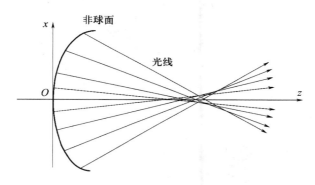

图 4.27　非球面镜反射光场光线追踪示意图

图 4.27 中,在光线汇聚前,也就是前焦面,光线的交叉区域在光场中心;而在后焦面,光线的交叉现象出现在光场边缘。对于不同类型的非球面,光线的交叉分布有可能不同,但光场的重叠无法避免。如果测试光束是相干光,则光场将在光线交叉叠加的区域产生干涉,这里称之为"自干涉"现象。也就是来自同一束测试光束的光之间发生的干涉。

为了形象地描述"自干涉"现象,下面以一面口径 200mm、焦距 350mm 的抛物面镜为例,计算其衍射光场分布。设镜面含有一定的误差分布,如图 4.28 所示。

设点光源放置在镜面的顶点曲率中心上,并取 $\lambda=632.8$nm。计算距点光源后 12mm 处的光强分布,如图 4.29 所示。

由图 4.29 可以看出,光场明显可分为两个区域,即边缘发生"自干涉"的区域以及中心没有"自干涉"的区域。在"自干涉"区域,由于干涉光之间的光程差较大,因而形成非常密集的干涉条纹,且光强较高。在没有"自干涉"的区域,虽然光场的强度分布有些变形,但对比图 4.28,图像的明暗分布还可以与误差分布相对应。

"自干涉"给 APR 带来了一定的困难,因为在"自干涉"区域内的光强来自

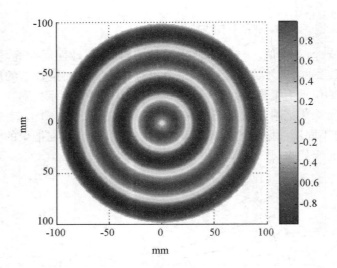

图 4.28　仿真的非球面上的误差

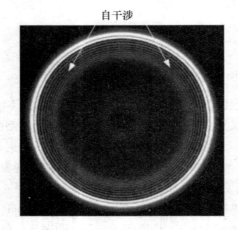

图 4.29　含有自干涉的非球面镜衍射光强

不同区域的光强的叠加,难以分离出不同区域内各自的光强信号,同时由于"自干涉"条纹过于密集,无法被 CCD 相机充分地采集。

　　远离聚焦区域或降低非球面度时,不同光轴位置上的光场重叠会减轻,甚至消失。但由灵敏度分析可知,远离聚焦区域的图像灵敏度太低不适于检测。同时远离聚焦区域的图像尺寸较大,不便于 CCD 采集。另外相对口径和非球面度不断增大,已成为现今非球面镜的发展趋势。因此根据客观条件,在进行 APR

测量时,需要将图像数据划分为干涉区和非干涉区。在实际测量中,干涉区域的划分可以使用光线追迹软件预先划分,然后根据图像表征做人为的修正。只有处于非干涉区的数据才能用于 APR 检测。

4.5.3　非球面相位恢复测量规划

1. APR 测量规划

由于"自干涉"现象的影响,使得镜面有可能存在一定的区域不能检测。同时由于非球面度改变了光线的方向,使得衍射图像的尺寸有可能超出 CCD 相机的视场范围。为了克服上述问题,借鉴环带拼接干涉测量方法,可以用遮光的方法来分环带对被测镜进行光照,如图 4.30 所示。同时在每个不同的光照环带下,调节光源与被测环带之间的距离使得光源球面波与光照环带区域之间的非球面度达到最小。

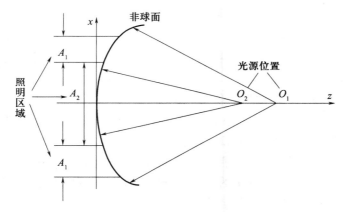

图 4.30　APR 测量规划

变换光源与被测镜之间的距离可以使镜面不同环带区域的非球面度降低,并且调节图像的尺寸;改变被测镜的光照范围,也就是将镜面划分为不同的区域并采用遮挡的方法分别照射,可以减少光场重叠的现象。这样使得镜面上任何区域理论上都能够找到适当的非重叠图像区域,保证测量的完整性和可靠性。

在进行 APR 测量时要根据测量系统和被测镜的情况进行合理规划,制定出光源位置、镜面照明区域以及图像的采样位置等参数,同时不显著增加操作。

设照明区域划分为 P 种,即存在 P 个幅值区域函数 $A_i(x,y)$, $i=1,\cdots,P$, $A_i(x,y)$ 在所代表区域内为 1,其他区域内为 0。相应的有 P 个非球面度函数 δ_i, $i=1,\cdots,P$。综合起来,将形成 P 个非球面光场,可组成一个 P 维向量 $\boldsymbol{G}_m$,向量

元素为 $A_i(x,y)\exp[\,\mathrm{j}2\pi(W_E+\delta_i)/\lambda\,]$，向量元素中公共的部分 $\exp(\mathrm{j}2\pi W_E/\lambda)$ 为误差光场函数，也就是相位恢复的对象，记为 g_E。

$$G_m = g_E \times \begin{bmatrix} \cdots \\ A_i(x,y)\exp\left(\dfrac{\mathrm{j}2\pi\delta_i}{\lambda}\right) \\ \cdots \end{bmatrix} \tag{4.37}$$

因此进行 APR 测量方案的规划实际上是设计向量 G_m 参数，使得对于任何一个镜面区域的测量条件达到最佳，尽可能地减少光场的重叠，从而保证测量的完整性和可靠性。也就是设计 $A_i(x,y)$ 的参数以及相应的 δ_i，使得在有限个 P 条件下，对于 A_i 范围内的非球面度的最大值达到最小。

每个 A_i 有两个参数，即内径 r_i 和外径 r'_i（圆可以看作内径为零的环带）。每个 δ_i 也有两个参数描述，即曲率半径 R_i 和偏移量 Δ_i，两者相加为光源的位置 O_i。规划的目的是，在 P 有限的情况下，求得最优参数集合 $\{r_i,r'_i,R_i,\Delta_i\}$ 使得 $\max\limits_i\{\max\limits_{x,y}\{\delta_i(x,y,R_i,\Delta_i),(x,y)\subset A_i\}$ 取得最小值。也就是对于每个 A_i，存在对于此区域中最大非球面度 δ_i，将此最大非球面度 δ_i 优化至最小，则最有利于对镜面上的区域进行检测。

考虑到测量的可操作性，P 值不宜取得太大，且光源曲率半径 R_i 和偏移量 Δ_i 应在处于一定的范围内。因此参数优化的维数不大，对计算的要求不高。APR 测量参数的优化可以通过简单的优化搜索方法得到。

在确定了向量 G_m 后，可依照灵敏度分析的方法设计 G_m 中每个光场下的图像取样位置和图像数目。这里的灵敏度分析与球面波测量的区别只是入射光场函数增加了 A_i 和 δ_i，其余完全相同。

2. APR 测量规划实例

为了进一步说明 APR 测量方案规划，这里以抛物镜为例进行规划分析。设抛物面镜口径为 500mm、顶点曲率半径为 2 000mm。以镜面顶点为原点，最佳拟合球的球心位置为 2 007.7mm，最大非球面度为 23.5λ，$\lambda=632.8$nm。镜面全口径的非球面度相位条纹图如图 4.31(a) 所示。

设照明区域划分为 2 种，即 A_1 和 A_2，相对应的光源位置为 O_1 和 O_2。在此条件下设计照明区域和光源位置参数，使最大非球面度达到最小。

首先，确定光源位置选取范围，根据经验取在最佳拟合球的球心位置附近，这里大致取为最佳拟合球球心前后 20mm 范围内。

设照明区域 A_1 在镜面内部，A_2 在镜面外部。A_1 的参数为 r_1 和 r'_1；A_2 的参

数为 r_2 和 r'_2。设 A_1 和 A_2 包含整个镜面，且相互之间无重叠，则区域参数满足以下条件

$$\begin{cases} r_1 = 0 \\ r'_1 = r_2 \\ 0 < r'_1 < 500\text{mm} \\ r'_2 = 500\text{mm} \end{cases} \tag{4.38}$$

也就是照明区域其实只有 1 个未知量 r'_1（或 r_2）需要优化设计。

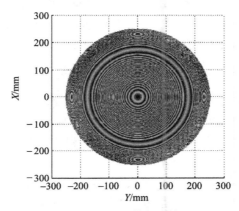

（a）全口径最佳拟合球

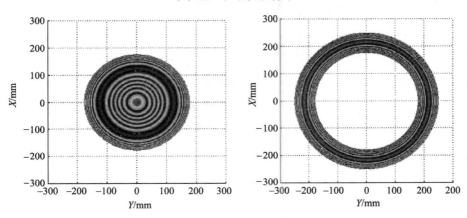

（b）177mm 半径最佳拟合球　　　（c）177mm~250mm 半径最佳拟合环带

图 4.31　非球面度相位条纹图

通过优化计算，得到的测量参数为 $r'_1 = 177\text{mm}$；$R_1 = 2\ 002.5\text{mm}$，$\Delta_1 =$

1. 4mm, $R_2 = 2\,007.9$mm, $\Delta_2 = 3.8$mm, $O_1 = 2\,003.9$mm, $O_2 = 2\,011.7$mm; 最大非球面度为 5.9λ。划分区域后的非球面度较之全口径时的非球面度显著下降, 如图 4.31(b) 和 (c) 所示。要注意的是, 在实际测量中, 口径环带的划分不能太多, 因为这会增加测量的复杂性, 引入误差。

4.5.4 APR 算法设计

1. 约束集和投影

在上述非球面测量参数规划的基础上, 对 G_m 中的每个元素代表的光场, 分别进行衍射图像的采集。设在 G_m 中第 i 个光场条件下取得 M 张图像, 记为 I_1, $I_2, \cdots, I_M$。并设第 n 张图像的光强 I_n 中非自干涉的光强区域为有效数据区域, 记为 D_n。APR 算法的任务是利用所有的 D_n 中的数据得到镜面的面形误差分布 W_E。

而对一张图像而言, 符合其约束的误差 W_E 并不唯一。设符合 I_n 约束的 g_E 集合为 C_d^n。而满足全部图像约束的 g_E 必然属于所有约束集合的交集。因此获取的图像和有效数据越多, 交集空间越小, 越有利于充分获取 g_E 的信息, 增强结果的唯一性, 参见图 4.10。

与常规 PR 算法相比, APR 有两点不同。一是在施加幅值约束的过程中增加了对有效区域 D_n 的区分。二是由于不同的图像可能来自于不同的 A_i 和 δ_i 配置, 所以在进行衍射计算时, 应使镜面误差光场函数 g_E, 即 $\exp(\mathrm{j}2\pi W_E/\lambda)$, 在不同的 A_i 和 δ_i 条件下进行衍射。

APR 可以在 PR 算法的基础上构建。对于 G_m 中每个光场元素下进行的测量可视为一次相对独立的对镜面 $A_i(x,y)$ 区域进行的测量。设镜面光场强度分布为 A_m, 向镜面 $A_i(x,y)$ 区域光场强度约束集 C_m^i 的投影为 AP_m^i, 可以表示为

$$AP_m^i g_E(x,y) = \begin{cases} A_m(x,y) A_i(x,y) \exp[\mathrm{j}\varphi(g_E(x,y))], & (x,y) \in \sigma \\ 0, & (x,y) \notin \sigma \end{cases}$$

(4.39)

其中 σ 为镜面区域。

设每次迭代中向 C_d^n 的投影为 AP_d^n, AP_d^n 将 g_E 投影到图像 I_n 所代表的 C_d^n 约束集中。假设 I_n 是在第 i 个 G_m 光场元素下得到的。AP_d^n 的操作可分如下几步:

(1) 将 g_E 连同其非球面度相位因子 $\exp(\mathrm{j}2\pi\delta_i/\lambda)$ 通过衍射计算得到第 n 个采样位置上的出射光场, 记为 $g_d^n(x,y)$, 如式 (4.40) 所示。

$$g_d^n(x,y) = Frt\left[\exp\left(\frac{\mathrm{j}2\pi\delta_i}{\lambda}\right) g_E\right]$$

(4.40)

其中 Frt 为正向菲涅耳衍射。

（2）保留 $g_d^n(x,y)$ 的相位 $\varphi\left[g_d^n(x,y)\right]$，用测量得到的衍射图像光强 I_n 中有效数据区域 D_n 内的数据作为幅值约束形成新的离焦光场估计 $\overset{\Lambda}{g_d^n}(x,y)$，如式（4.41）所示。其中对处在有效数据区 D_n 内的光场施加幅值约束，其他区域不加约束。

$$\overset{\Lambda}{g_d^n}(x,y) = \begin{cases} \sqrt{I_n(x,y)}\exp\left\{j\varphi\left[g_d^n(x,y)\right]\right\} & (x,y)\in D_n \\ g_d^n(x,y) & (x,y)\notin D_n \end{cases} \qquad (4.41)$$

（3）将 $\overset{\Lambda}{g_d^n}$ 反向衍射到镜面位置并去除非球面度相位因子，可得到属于 C_d^n 约束集的镜面误差光场函数 g_E 的一个估计 $\overset{\Lambda}{g_E}$，如式（4.42）所示。

$$\overset{\Lambda}{g_E}(x,y) = IFrT\{\overset{\Lambda}{g_d^n}(x,y)\}\exp\left(\frac{-j2\pi\delta_i}{\lambda}\right) \qquad (4.42)$$

其中 $IFrt$ 为反向菲涅耳衍射。

2. APR 并行迭代算法

基于上述投影运算，可以设计迭代算法计算镜面 $A_i(x,y)$ 区域内的光场。

$$g_{Ei}^* \leftarrow \cdots AP_d^M \cdots AP_d^2 AP_d^1 AP_m^n A_i(x,y)g_E^0 \qquad (4.43)$$

其中 AP_m^m 和 AP_d^n 代表 $A_i(x,y)$ 区域对应的图像投影，g_E^0 为初始的 g_E，g_{Ei}^* 为收敛的 $A_i(x,y)$ 区域内的 g_E。

但得到的每个独立的局部的 g_{Ei}^* 还不代表镜面整体的光场。因此可以采用加权求和的方式将 P 个不同区域的 g_{Ei}^* 联合起来，即

$$g_E^* = \sum_{i=1}^{P} a_i(x,y)AP_m^i g_{Ei}^*, \quad \text{Where} \quad a_i(x,y) = \frac{A_i(x,y)}{\sum_{i=1}^{P} A_i(x,y)} \qquad (4.44)$$

式（4.44）中将 g_{Ei}^* 用 AP_m^i 投影到 $A_i(x,y)$ 区域，再通过加权系数 $a_i(x,y)$ 将不同区域的光场叠加起来。如果 $A_i(x,y)$ 不与其他区域重叠，则 $a_i(x,y)=1$，否则 $a_i(x,y)$ 为重叠区域的平均值。

得到 g_E^* 后，为了进一步优化重叠区域的面形，加强面形的整体一致性，可以将 g_E^* 反馈到各个 $A_i(x,y)$ 区域，也就是 $A_i(x,y)g_E^*$，作为初始值再进行式（4.44）中的迭代运算。这样 APR 算法可以设计成内外循环相结合的算法结构，如图 4.32 所示。

图 4.32 中的 APR 算法是一个并行结构的迭代算法，因为内循环中的各个分支可以在相同的输入数据 g_E^0 下独立地同时进行迭代计算，然后分别输出计算

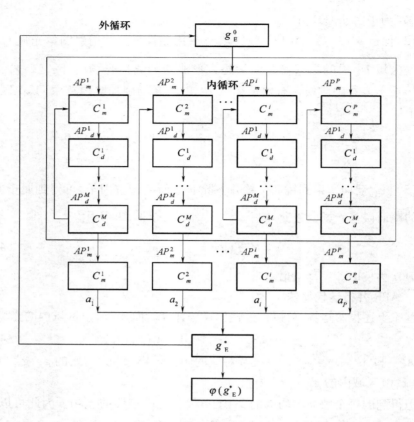

图 4.32　APR 并行算法流程

结果 g_{Ei}^*。因此这一算法结构可以在多个 CPU 上实现。可以用一个主 CPU 控制算法的外循环；P 个子 CPU 各负责一个 G_m 光场元素下的所有图像的内循环迭代处理。所有 CPU 共同在数据总线上获取数据并输出结果。

　　并行算法的意义在于,当 APR 用于口径和相对口径较大的非球面镜检测时,由于非球面度随口径的增大而增大,会使计算的采样数据量大幅增加。虽然对镜面进行遮光后部分照明有利于降低每个子孔径内的非球面度,从而在一定程度上减少了采样数据,但从可操作性上考虑,对镜面的遮光区域划分不能太多。因此,整个镜面的整体计算量依然可能较大。采用多 CPU 的并行算法有利于实现快速的算法处理,提高 APR 的实用性。

4.5.5 口径170mm抛物面镜的检测实验

1. 测量条件及光源定位

为了验证APR方法的有效性,以一面口径170mm、顶点曲率半径640mm的抛物面反射镜为实验对象进行测量实验。被测镜经研磨抛光加工,中心有50mm口径中心孔,其面形误差用Zygo干涉仪以自准直方法检测得到,如图4.33所示。镜面面形经去倾斜离焦处理后,面形误差PV为1.169λ,RMS为0.213λ。

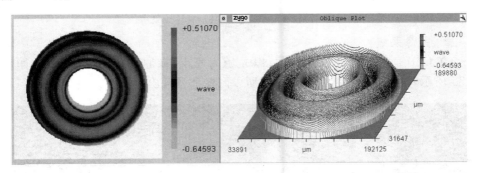

图4.33 口径170mm抛物面镜干涉仪检测结果

相位恢复测量系统装置与第3章中球面镜测量实验装置相同。只是为了调整镜面与光源的位置,在被测镜装夹平台上增加了平移导轨。由于镜面的口径不大,因而非球面度不高。因此测量方案比较简单,只要将光源放置在整个镜面的最佳拟合球球心上即可。根据镜面参数,可得到最佳拟合球半径为642.6mm,即应将光源放置在距镜面中心642.6mm处。

进行相位恢复测量时,首先定位光源与被测镜之间的距离。可以先用光阑遮光,使光束只照亮被测镜中心70mm口径内的环带。由于镜面中心环带处的非球面度不大,所以可以近似地看作球面,因而可以将反射光汇聚到一个焦点。利用此性质,先通过使反射光点与入射光点重合的方法,将光源大致放置在此环带的曲率中心上。

然后进行APR预处理过程,为光源和图像定位。首先每隔4mm采集一张图像,如图4.34所示。

图像的大小分别为1.22mm、1.83mm、2.47mm、3.23mm和4.22mm。将图像尺寸带入定位计算,得到光源O_1在距镜面645.0mm处,第一张图像a_1在距光源1.125mm处。然后将镜面从645.0mm处移动到642.6mm处。

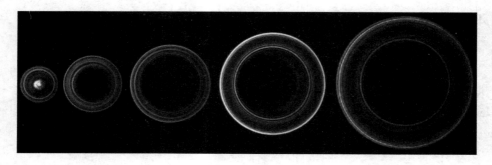

图4.34　口径170mm抛物面镜 APR 预处理图像

2. 图像采集

在 CCD 面阵尺寸允许范围内,以光源为原点,在原点前后采集图像,如图4.35 所示。由于镜面存在环带误差,所以图像上呈现出环形图案。

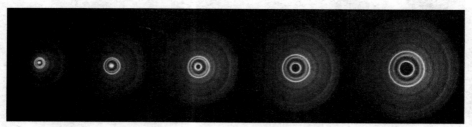

（a）从距原点前2mm处每隔2mm采集一张

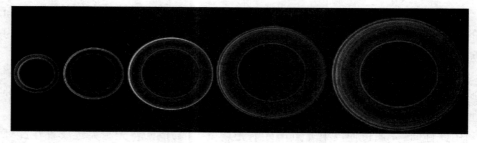

（b）从距原点后15mm处每隔4mm采集一张

图4.35　口径170mm抛物面镜 APR 测量图像

对于抛物面而言,一般处在原点前的图像,图像中心部分光线聚焦明显;而处于原点后的图像,光线的汇聚和重叠发生在边缘部分。因而原点前图像的有效数据区在图像的外部;而原点后的图像的有效数据区在图像中间。光场重叠或局部聚焦区域的特征比较明显,一般光强较强。这样图像数据的有效区域比较容易确定。

图 4.35(a)中的靠近原点的 2 幅图像中心部分有一个亮点。这个亮点是由镜面中心孔边缘环带的光聚焦而成。而图 4.35(b)中的靠近原点的 3 幅图像的面积较小,且边缘有明显饱和,这是由光线汇聚重叠造成的。而其他图像没有饱和以及光线重合聚焦现象,可以代入 APR 计算。

3. 测量结果及误差分析

将入射波面的位置取被测镜面所在位置,对镜面的采样分辨率为 512 ×
512。假设初始面形为零,镜面光场的强度均匀且归一化。

通过 100 次循环迭代后,相邻两次迭代之间的面形变化小于 0.01λ,可以认为算法已经收敛。对最后得到的面形误差进行去倾斜和离焦处理,结果如图
4.36 所示 PV 1.103λ,RMS 0.196λ。

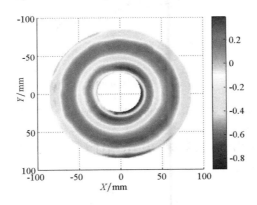

图 4.36　口径 170mm 抛物面镜 APR 测量结果

对比图 4.36 和图 4.33,可看出 APR 测量结果与干涉测量结果基本一致,误差幅度相当,可确认 APR 测量原理是正确的。图 4.37 表明 APR 结果的 PSD 曲线与干涉测量结果的 PSD 曲线比较一致,两条 PSD 曲线基本重合。

但镜面边缘的测量结果还存在一些区别。干涉测量的边缘是一个光滑且连通的环形沟;而 APR 测量结果虽然也是相同的形状,但存在一些局部凸起。而对照图 4.35(a),发现原点前的图像边缘并不是环形对称的,而是存在一些局部的明暗变化,且在各个图像中的分布相似相同。可判断是这些图像变化带来了上述测量结果的不同。

根据实验观察,这些图像变化是由于测试光源强度的非均匀性而引起的。就一般情况而言,光源强度的少量非均匀性在图像中的相对度不明显,引起的误

差相对较小。但对于本次测量,由于非球面度的影响使得光场在原点前发散,使照射在镜面边缘的光在原点前散开,造成图像边缘强度较低。这时同样强度的图像干扰会变得更为明显。相反在原点后的图像,由于边缘光线相对集中,上述情况并不明显。由此可见 APR 测量较 PR 测量对光源的要求更高。

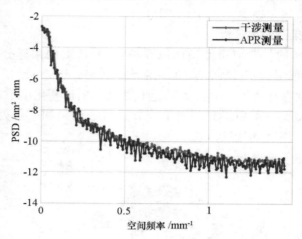

图 4.37　口径 170mm 抛物面镜干涉和 APR 测量结果 PSD 曲线

4.5.6　非球面的近轴共轭点法相位恢复检测

在最佳拟合球中心直接检测非球面的方法能够检测非球面度的范围有限,二次曲面可以利用一对成像共轭点实现无像差检验,但是受到硬件条件的限制往往难以实现,例如测量口径 600mm 的抛物面镜就要求有同样口径的平行光束入射。除了二次曲面的几何焦点,成像关系在近轴光学中依然成立。将点光源置于光学系统光轴上任一位置,在相应的近轴共轭点上也将得到带有一定像差的像点。因此可以通过选择合适的共轭点位置使直接测量非球面时的系统像差尽量小,从而减轻波前恢复的负担,我们称这种方法为近轴共轭点检测法。

为验证共轭点方法的可行性,以一块口径 290mm、中心孔直径 80mm、顶点曲率半径 754mm 的抛物面镜作为被测对象进行实验。初步计算可知其非球面度约为 32.2μm,若在最佳拟合球中心检测,系统像差将高达 101.77λ。该抛物面镜为碳化硅材料,用小磨头初抛以后面形分布如图 4.38 所示。面形 PV 1.112λ,RMS 0.084λ,此结果由 ZYGO 干涉仪采用自准直光路测得。由于此时边沿误差还比较大,有效数据范围外径约为 284mm,内径约为 95mm。

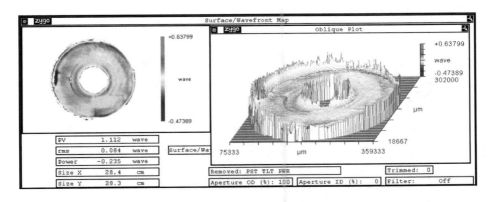

图 4.38　口径 290mm 抛物面干涉仪自准直检测结果

　　首先根据镜面参数选择合适的点光源位置。计算点光源置于不同位置时，测量系统波前像差幅值的变化情况见图 4.39。点光源离镜面距离大于 10m 以后，像差幅值降至 10λ 左右且曲线的下降趋势变缓，再增大距离改善不明显，故选择点光源位置为 13m 左右比较适当。此时近轴像点位置为 388.26mm，系统像差幅值为 11.7λ。

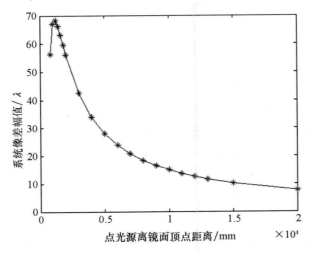

图 4.39　系统像差随点光源位置变化的曲线

　　实验设备与前面实验基本相同，除增加图 4.40 所示 CCD 立杆支撑装置以外，用南京理工大学研制的干涉仪产生点光源，并在点光源后加了滤光装置提高光源质量。图 4.40 为采用相位恢复共轭点测量方法检测抛物面的现场。实验在精密加工车间中进行,被测镜安装在五轴调整镜夹上,所有测量装置放于地面。

图 4.40　非球面近轴共轭点法相位恢复检测现场

光路调整时,先将点光源置于距镜面大约 13m 的位置。然后利用从点光源位置发出的平行于测量光轴的激光束调整被测镜面,保证镜面中心在光轴上。CCD 采集到光点以后,微调镜面姿态使光斑尽可能接近理想衍射光斑。接下来再调整 CCD 的位置,保证其沿光轴方向采集光强。在近轴共轭点测量中点光源不必精确置于某一点上,但是必须准确获知点光源的位置,才能进行有效的测量。由于光路较长以及实验条件限制,为获得点光源的准确位置依然采用非球面相位恢复光源定位预处理方法。

初步调整光路后采集光强图。图 4.41(a)为最小光斑前 1～4mm 每隔 1mm 的光强图,图 4.41(b)为最小光斑前 1～5mm 每隔 1mm 的光强图。从图像上看,光强图没有明显光线交织及饱和区域,其明暗分布主要体现了镜面的面形误差分布。图 4.41(a)从左至右图像的大小依次为 935.25μm,1 702.8μm,2 476.8μm,3 244.3μm,图 4.41(b)从左至右图像的大小依次为 670.8μm,1 380.3μm,2 147.8μm,2 896.1μm,3 670.1μm。根据图像尺寸优化搜索点光源的最佳位置约为 12 800mm。

将点光源和镜面的位置关系确定好以后,根据光线追迹计算可知,最小光斑位置在离镜面顶点 389.09mm 位置,近轴像点位置为 388.44mm,焦散结束于 391.04mm 位置,焦散区长度约为 2.6mm。除最小光斑后 1mm,2mm 位置的光强图外,其他光强图均不在焦散区内,无须再划分有效区域。

根据点光源精确位置再次计算系统像差约为 11.88λ,且最佳参考球球心与最小光斑的距离 Δd 为 0.43mm,最佳参考球曲率半径 389.73mm。将各光强图

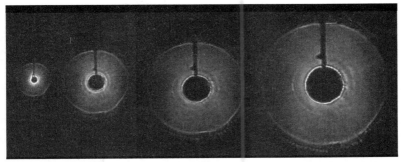

（a）最小光斑前 1mm，2mm，3mm，4mm 光强图

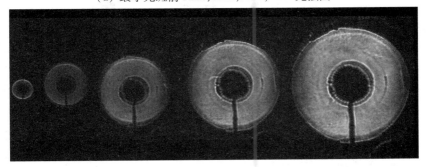

（b）最小光斑后 1mm，2mm，3mm，4mm，5mm 光强图

图 4.41　口径 290mm 抛物面共轭点测量光强图

位置加上 Δd，由于系统像差相对较小，直接用 512×512 点计算衍射光场。200 次迭代以后相邻两次迭代误差小于 0.001，退出算法。再将恢复结果转换成面形误差，最终结果如图 4.42 所示，PV 0.75λ，RMS 0.08λ。面形分布主要特征与干涉仪检测结果相符，内边沿和外边沿的翘边现象反映较为准确。

用光线追迹仿真得知点光源沿光轴方向偏差 5mm，该检测系统波前像差变化约为 0.2λ；点光源沿垂直于光轴方向偏差 1mm，系统波前像差变化约为 0.3λ。要进一步提高测量结果的准确性，必须注意控制光路调整误差，采取更为有效的手段测量点光源距离。由于条件限制，本实验仅初步验证了相位恢复近轴共轭点法的可行性。与前面双曲面检测实验相比，无论是衍射计算还是光强图处理都相对容易，体现了近轴共轭点检测的优势。

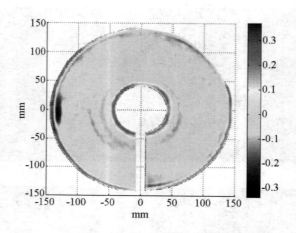

图 4.42　相位恢复检测结果 PV 0.75λ，RMS 0.08λ

4.6　大动态范围相位恢复

　　在镜面初抛过程中，面形误差幅值通常比较大。理论上相位恢复能够测量有较大面形误差的镜面，这为初抛镜面的在位面形检测提供了新的技术途径。但相位恢复测量初抛镜面时，光场将有严重的低阶像差，从而在离焦平面上形成不规则的光强图。这时用经典的 GS 算法恢复计算将存在两个方面的问题。一是相位包络的产生。三角函数的周期性决定了相位恢复的主值都在 $-\pi \sim +\pi$ 之间。若误差超过了这个范围将产生跳跃，被称为相位包络（wrap）。这意味着连续面形将被分割成一系列条纹，为了得到连续的相位就必须"解包络"（unwraping）。二是光强图预处理困难。采用多幅光强图的相位恢复对图像之间的位置关系要求较高，因此一般事先都要对图像进行对准预处理。当像差较大时，光强图形状极不规则，多幅图像之间的位置对准问题将更加突出。所以研究大动态范围相位恢复算法既是实际应用的需求，也是完善相位恢复检测本身的要求。

4.6.1　大动态范围测量算法

　　由于相位恢复的相位包络有其自身的特点，简单套用解包络算法不能得到令人满意的结果。参数算法能从根本上避免包络问题的发生，对低阶面形误差往往能取得成功。其不足在于不能表达细致的中高频误差。而初抛镜面面形既有较大的低频面形误差又有幅值较小的中高频面形误差。针对检测初抛镜面面形的应用背景,提出一种新的混合算法,称之为大动态范围测量算法(High Dynamic Range Algorithm,HDRA)。

　　HDRA 采用参数和数据点混合表达相位的方式,首先利用参数算法恢复幅值较大的低频面形误差,然后在此基础上用数据点算法完善高频成分的恢复,是一个由粗到细的恢复过程。算法基本流程如图 4.43 所示。面形误差 W 分为两

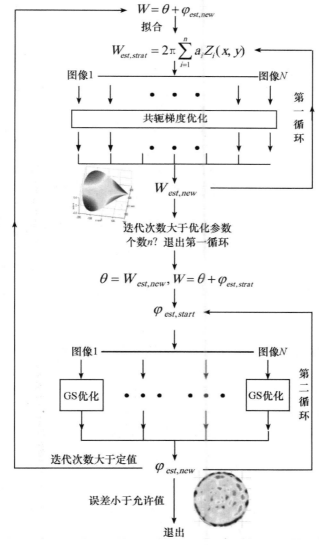

图 4.43　大动态范围相位恢复算法框图

部分：θ 是多项式表示的相位，φ 是数据点表示的相位。算法开始时，φ 的初始值设为 0，$W = \theta$。给定一组初始系数 a_i，启动算法。算法依然联合多个离焦面的图像来恢复相位。此时主要是恢复低频误差，选择离焦点较近的图像。

　　然后开始参数优化的迭代过程。对于参数优化问题有很多成熟的算法，例如准牛顿算法、共轭梯度算法、遗传算法等。综合衡量算法的复杂性和有效性后，选择共轭梯度法。通过优化估计多项式系数 $a_{i,est}$，从而得到 $W_{est,new}$。然后重新开始下一次迭代，如图 4.43 中"第一循环"所示。从理论上讲，对于 n 变量的正定二次函数，共轭梯度法不超过 n 次搜索即能到达极小点。对于一般的目标函数搜索次数一般都大于 n，但是我们依然取 n 次作为一轮迭代的结束，下次迭代开始时再以当前点作为初始点。通过参数迭代优化，可以得到面形的基本轮廓 $W_{est,new}$。此时恢复的面形是缓变的、光滑的。

　　退出第一循环后，W 分成两部分，一部分是 θ，也就是 $W_{est,new}$，另一部分是 φ。在第二循环中，参数相位 θ 作为已知量保持不变，用 GS 算法迭代优化数据点相位 φ。此时主要目标是恢复高频误差信息，因此选择离焦点较远的光强图进行计算。为避免噪声的影响，依然选择多幅离焦图。经过 GS 算法优化，得到估计的数据点相位 $\varphi_{est,new}$。此时 $\varphi_{est,new}$ 表现为小幅值的高频面形。

　　在某些情况下，由于面形误差幅值较大，第一循环恢复的面形与实际面形的差值不能减少到一个波长以内时，GS 恢复的相位 $\varphi_{est,new}$ 可能被包络，需要解包络以后再与相位 θ 合成。与直接采用 GS 法后再解包络不同，此时的相位幅值相对减少了很多，包络条纹相对简单，因此解包络的难度降低。这里我们采用分支切割法（branch cut）解包络[71]，具体算法不再赘述。

　　将参数相位 θ 和解包络后的数据点相位 $\varphi_{est,new}$ 合成 W。若 W 生成的衍射图与实际采集的衍射图差值均方根小于允许值（根据经验通常取 0.01），则认为算法已经收敛到极小点，W 为所求相位。因为迭代算法在经历最初的快速下降后，往往陷入停滞，所以根据经验一般 GS 迭代次数不宜过多。若 W 还不能满足要求，而第二循环的迭代次数又超过了设定值，则继续进入下一次大循环。

　　进入大循环之前，将 φ 设为 0，W 用多项式拟合：

$$W_{est,start} = 2\pi \sum_{i=1}^{n} a_i Z_i(x,y) \tag{4.45}$$

　　拟合的作用在于利用第二循环发现并修正第一循环的偏差，使得算法朝正确的方向收敛。由于这里 W 是连续的面形，此时的拟合比 HDA 中的拟合可行性要高。并且可适当增加 Zernike 多项式的拟合项数，以提高反映中高频面形误差的能力。拟合所得系数作为第一循环的初始值形成新的 $W_{est,start}$。经过如此循环迭代,最终可以得到全频段的面形误差信息。

4.6.2 参数共轭梯度算法

正如前面提到的,参数算法的思路是将相位用多项式描述,通过优化多项式系数来重构相位。设镜面光场函数为 $g_m(x,y)$,光场幅值 A_m 均匀,相位 θ_m 为要恢复的未知相位,其中 θ_m 可以用 Zernike 多项式描述。$Z_i(x,y)$ 为 Zernike 多项式,系数 $a_i(i=1\sim n)$ 为独立变量,以下简记为 $\boldsymbol{a}$,$\boldsymbol{Z}$:

$$\boldsymbol{a}=[a_1\cdots a_n]^{\mathrm{T}},\ \boldsymbol{Z}=[Z_1\cdots Z_n]^{\mathrm{T}} \tag{4.46}$$

设离焦平面光场函数为 $g_d(\xi,\eta)=A_d(\xi,\eta)\exp[\mathrm{j}\theta_d(\xi,\eta)]$,$A_d$ 为光场幅值,且 $A_d=\sqrt{I_d}$(I_d 为离焦位置测得的光强),θ_d 为相位。

根据菲涅尔衍射公式有

$$g_d(\xi,\eta)=\exp\left[\mathrm{j}\frac{\pi}{\lambda z}(\xi^2+\eta^2)\right]\mathrm{DFT}\left\{g_m(x,y)\exp\left[\mathrm{j}\frac{\pi}{\lambda z}(x^2+y^2)\right]\right\} \tag{4.47}$$

其中 $\mathrm{DFT}\{\cdot\}$ 表示离散傅里叶变换。采用共轭梯度法来优化多项式系数,算法优化目标函数为

$$E=\frac{\sum\limits_{\xi,\eta}^{N}(|g_d|-A_d)^2}{N\times N} \tag{4.48}$$

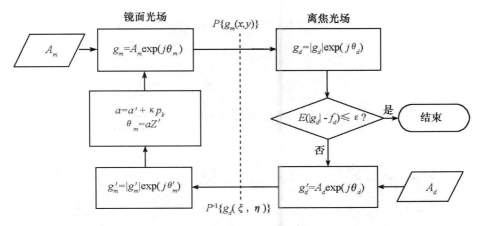

图 4.44 共轭梯度参数算法

算法的流程图如图 4.44 所示,基本过程与 GS 算法类似:通过对镜面光场和离焦光场施加相应的幅值约束,迭代求解镜面光场相位。只是在每次迭代后,形成新的估计相位 θ_m 时,不是用逆传播计算的 θ'_m 代替 θ_m,而是通过求解 $\boldsymbol{a}$ 的梯

度方向,形成新的 θ_m。其中 p_k 为共轭梯度方向,按式(4.49)计算:

$$p_0 = -\nabla E_0(a)$$

$$p_k = -\nabla E_k(a) + \frac{\|\nabla E_k(a)\|^2}{\|\nabla E_{k-1}(a)\|^2} p_{k-1} \qquad (4.49)$$

其中 $\nabla E_k(a)$ 为 E 对 Zernike 系数的导数,

$$\nabla E_k(a) = \left[\frac{\partial E_k}{\partial a_1} \cdots \frac{\partial E_k}{\partial a_n}\right]^{\mathrm{T}} \qquad (4.50)$$

用数值计算梯度显得较为繁杂,计算量大速度慢。参照 Fienup 的方法[37]可以推导出 $\nabla E_k(a)$ 的解析表达式:

$$\frac{\partial E_k}{\partial a_i} = 4\pi N^{-2}\mathrm{Re}\left(\sum_{x,y}^{N} \mathrm{j}Z_i(x,y)g_m(x,y)\cdot(g_m - g'_m)^*\right) \qquad (4.51)$$

从式(4.50)和式(4.51)可以看出,$\nabla E_k(a)$ 只与镜面光场函数有关,编程计算方便。

4.6.3　初抛镜面检测实验

被测镜面的有效口径是 420mm、曲率半径 1 344mm。由于镜面口径增大,加工工艺控制难度增加,第一次抛光后表面还残余较大的误差。按照前面提出的测量方案,采用吊带竖直装夹镜面,采集的光强如图 4.45 所示。由于光斑较大,

(a) 焦点前 1mm,2mm,3mm 的光强图

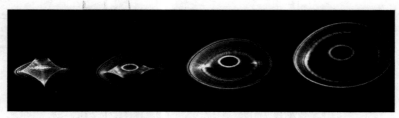

(b) 焦点后 1mm,2mm,3mm,4mm 的光强图

图 4.45　焦点前后光强图

受到实验中所用分光镜尺寸的限制,最远只能采集到焦点前 3mm 位置的光强图(图 4.45(a))。焦点后的光强图位置则不受此限制,但是 3mm 以后的光强图相似性增加,因此 4mm 以后的光强图就不再带入计算。从图中观察到,光斑呈椭圆形,根据经验可判断该镜面的像散比较严重。

在计算之前,先用对中处理程序进行预处理。由于光强图上有明显特征,没有另外施加辅助标志,焦点前的图像选择菱形中心坐标作为对准基准,焦点后的图像选择内部小椭圆的中心坐标作为对准基准。

为了说明 HDRA 的优势,先用 GS 算法进行恢复,恢复结果如图 4.46 所示。由于幅值较大,恢复面形被严重包络,且包络条纹密集又不清晰很难通过解包络得到连续的面形分布。

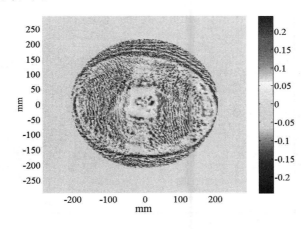

图 4.46　GS 算法恢复结果

将焦点前后 1mm,2mm 的光强图代入 HDRA 算法,经过第一循环 4000 次计算(步距为 0.001mm),迭代误差变化平稳,下降趋势变缓(图 4.49(a)),恢复的多项式系数如图 4.47(a)。从多项式系数上看,除去前四项(分别表示平移、两个方向的倾斜、离焦),第五项数值较大,而 Zernike 多项式中第五项表示的正是像散。由于恢复结果存在较大的平移量,重新设置面形零点后的面形如图 4.47(b)所示。

接着将上面恢复结果作为固定相位代入第二循环。选用焦点前后 2mm,3mm 的光强图,经过 400 次迭代,迭代误差由 0.34 左右下降至 0.17 左右,相邻两次迭代误差变化小于 0.001(图 4.49(b)),认为算法已达到极小值点,恢复结果见图 4.48(a)。相比直接恢复的包络条纹,此时的条纹较清晰。解包络以后,

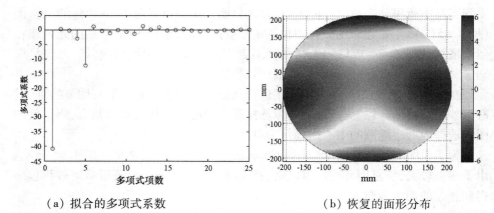

（a）拟合的多项式系数　　　　　　　　　　（b）恢复的面形分布

图 4.47　HDRA 第一循环恢复结果

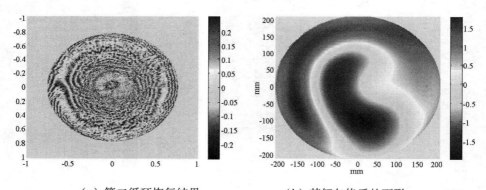

（a）第二循环恢复结果　　　　　　　　　（b）其解包络后的面形

图 4.48　第二循环恢复结果

面形分布见图 4.48（b）。将上述两次循环的结果叠加，最终的结果如图 4.50（a）所示，PV 12.482λ，RMS 3.587λ。

　　为了对比，用干涉仪测量该镜面，测量结果见图 4.50（b），PV 14.321λ，RMS 4.520λ。由于局部误差较大，某些位置干涉仪测量数据缺失，但还是能看到相位恢复与干涉仪测量结果基本相同，两者 RMS 值相差 0.933λ。图 4.48（b）中间凸起的部分，是第二循环结束后解包络时引入的误差，采取更先进的解包络算法应该可以改善。实验对比结果已可以说明 HDRA 的有效性，没有再进一步循环。

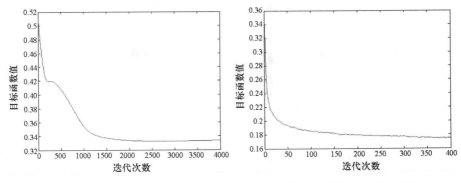

（a）第一循环的迭代误差曲线　　　　　　（b）第二循环的迭代误差曲线

图 4.49　两次循环的迭代误差曲线

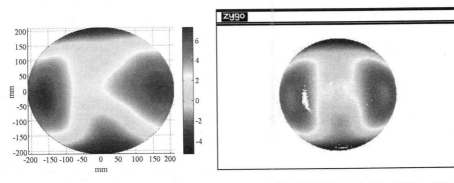

（a）相位恢复结果 PV 12.482λ，RMS 3.587λ　　（b）干涉仪测量结果 PV 14.321λ，RMS 4.520λ

图 4.50　相位恢复与干涉仪测量结果对比

4.7　离轴非球面相位恢复检测

随着对现代光学系统要求的提高，例如下一代空间相机提出了高分辨率和大视角要求，离轴非球面镜的应用越来越广泛。对于具有旋转对称轴的非球面，离轴镜是指镜面中心轴偏离对称轴的曲面镜。因为实际光学系统多为二次非球面，所以下面主要以二次离轴非球面为研究对象。二次非球面由口径 D 和偏心率 e 以及顶点曲率半径 R 确定，离轴二次非球面则还需要确定离轴量 s 或者离轴角 Φ。图 4.51 给出了离轴镜的几何参数，其中 P 点为离轴镜的几何中心。

离轴镜检测通常要用到补偿器，且不同的离轴镜需要使用不同的补偿器，而

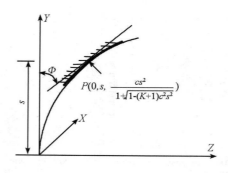

图 4.51　离轴非球面的几何参数

无论是光学补偿器还是 CGH 的制造成本都比较高。相位恢复作为一种波前测量手段,尚未见到有应用于离轴镜面测量的报道。由于相位恢复检测结构简单,可以实现定量在位检测,促使我们研究其在离轴非球面测量方面的应用。

4.7.1　相位恢复离轴镜检测原理

1. 相位恢复检测基本方案

相位恢复作为一种波前测量方法,与刀口仪、干涉仪是并列的。离轴镜的检测有零位补偿检测和无像差点检测两种方案。我们完全可以像在干涉仪零位补偿检验那样,在点光源后面放置补偿镜,让光线法向入射,然后在反射光线汇聚点附近采集光强图进行相位恢复。但是这种方法由于诸如补偿镜设计制造等原因,研究价值不大。如果不用补偿镜就能实现常见离轴镜的定量检验显然更加吸引人。

在此选择利用二次曲面几何焦点构成无像差点测量光路。在其中一个焦点上放置点光源,在另一个焦点附近放置 CCD。通过采集另一焦点附近的光强图来恢复离轴非球面面形误差。由于非球面的多样性,这里仅以椭球面为例进行说明。图 4.52 为离轴椭球面的相位恢复测量示意图。

在原母镜坐标系 XYZ 中考虑相位恢复时,由于离轴非球面对球面的偏离,光线已经不满足傍轴近似。这些均与经典的相位恢复模型不符,通常要采取特殊的算法,例如 Yang – Gu 算法。但由于检验点是无像差点,也就是说无论被测镜面的参数如何,汇聚到该点的总是球面波。沿出射球面波的方向看向被测镜,建立坐标系 xyz。该坐标系以镜面几何中心 $P\left(0, s, \dfrac{cs^2}{1 + \sqrt{1 - (K+1)c^2 s^2}}\right)$ 为原点,以出射球面波的光轴为 z 轴(镜面中心与母镜第二焦点的连线),保持 x 轴与原来的 X 轴方向相同。为方便记 P 点坐标为 $(0, s, Z_0)$,并记 z 轴与 Z 轴夹角为 θ。注意 θ 不

　光学非球面镜制造中的面形测量技术

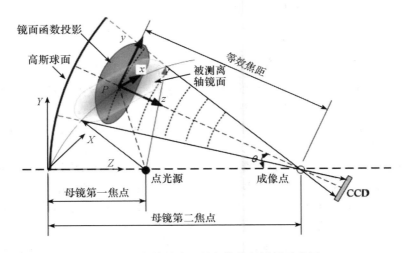

图 4.52　离轴椭球面的相位恢复测量示意图

是一个新的变量,它已经由 P 点和离轴二次曲面的参数唯一决定。原坐标系与新坐标系的转换关系为

$$\begin{cases} X = x \\ Y = y\cos\theta - z\sin\theta + s \\ Z = y\sin\theta + z\cos\theta + Z_0 \end{cases} \tag{4.52}$$

在 xyz 坐标系中,离轴镜面测量模型被等效为轴对称的球面波测量模型。在该模型中,相位恢复测量满足傍轴条件,从而可以用成熟的球面波测量算法。当然此时 CCD 应沿着 z 轴方向采集光强图,如图 4.52 所示。

2. 等效支持域及等效焦距

支持域是相位恢复算法的重要约束量,对恢复结果的唯一性和收敛性都有重要影响。用相位恢复测量离轴镜,首先要明确被测镜的支持域。

在等效模型中,光场不再按照母镜光轴方向进行传播,因而实际的支持域需要变换到新坐标系中才能作为算法约束。从图 4.52 可知,实际支持域与新坐标系中的支持域(等效支持域)是透视对应关系:以成像点为投影中心,等效支持域是实际支持域从离轴镜面到理想球面的射影变换。由于母镜坐标系与新坐标系是正交变换关系,正交变换不改变两点间距离和角度大小,故在母镜坐标系下的等效支持域形状即为所求。具体计算如下:设在母镜坐标系中被测离轴镜的边沿点坐标为 (X_i, Y_i, Z_i),成像点坐标为 $(0, 0, a)$,其中 a 为已知的常数。于是可以得到一直线簇,方程为

$$\frac{X}{X_i} = \frac{Y}{Y_i} = \frac{Z-a}{Z_i-a} \tag{4.53}$$

投影球面方程为

$$X^2 + Y^2 + (Z-a)^2 = f^2 \tag{4.54}$$

其中 f 为新坐标系原点至成像点的距离。联立式(4.53)、式(4.54)即可求得点集 Ψ,这些点所围成的区域就是等效支持域的形状。

直接将被测曲面向 XY 平面作平行投影可以得到在 XYZ 坐标系下的实际支持域。一般设计离轴镜时考虑到光学系统的规则性(母镜坐标系中),使得该平行投影的形状比较简单,例如圆形或矩形。当 θ 不是很大时,可以将实际支持域近似为等效支持域。以实际支持域为口径 50mm 的圆形为例,若 f 为 2 000mm,离轴150mm 则 θ 为 4.3°。此时等效支持域口径为 50.14mm,偏差只有 0.14mm。因此在要求不是特别严格时,实际支持域是可以接受的。

在等效模型中,原来的焦距也不再适用,计算时必须确定新的等效焦距。根据测量光路,定义等效焦距长度为镜面中心与光线汇聚焦点间的距离。在图 4.52 中,P 点和成像点之间的距离就是等效焦距。对于复杂曲面的等效焦距更为精确的确定方法是采用光线追迹,详细的过程这里不再赘述。

3. 等效衍射模型仿真验证

实际上等效衍射模型的成立是基于成像高斯球面上任意点的法向都指向球心,也就是说任何子区域的中心法向都可以作为光轴。在无像差点测量中,汇聚到像点的正是球面波,等效支持域所在的球面是高斯球的等距球面。设有一球面母镜口径 200mm,相对口径 1:10,面形分布如图 4.53(a)所示。在该球面上离中心轴 50mm 的位置取一块口径 50mm 的圆形子区域(图 4.53(b))进行仿真。等效支持域也取口径 50mm 的圆形区域(图 4.53(c)),此时等效焦距为球面的曲率半径 2000mm。

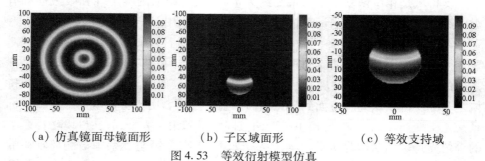

(a) 仿真镜面母镜面形　　　(b) 子区域面形　　　(c) 等效支持域

图 4.53　等效衍射模型仿真

分别按母镜中心轴和子区域中心轴计算离焦光强图,结果如图 4.54 所示。

图 4.54(a)为在母镜坐标系下焦点前后 10mm、5mm、2mm 的光强图,图 4.54(b)为在等效模型下相应位置的光强图。除了在衍射平面内的位置不同,两者的明暗分布是一致的。从上述仿真结果可以看出,只要正确选择等效支持域以及等效焦距,就可以按照等效衍射模型计算出离轴镜面的衍射光强图。当母镜相对口径较大时,CCD 沿母镜光轴接收的光强图会出现中间或边沿收缩效应。此时按照等效模型计算的光强图分布情况与 CCD 沿母镜光轴接收的光强图分布情况会有差别。但这是用平面 CCD 接收球面波而产生的问题,光强实际分布还是与子区域衍射分布一致。其实等效衍射模型的成立也可以这样理解:将球面波衍射转化为平面波衍射来计算,而在平面波衍射中,离轴只不过意味着衍射孔径的位置不同而已,衍射图样保持不变。

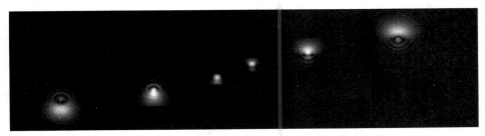

（a）母镜坐标系下焦点前后 10mm,5mm,2mm 的光强图

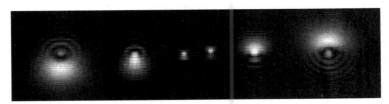

（b）在等效模型下焦点前后 10mm,5mm,2mm 的光强图

图 4.54　仿真离焦光强图

4. 波前误差与面形误差的转换

由于数控加工通常是在离轴镜的母镜坐标系中进行,而相位**恢复**测量的是新坐标系下的球面波前误差值,为满足加工的需求就必须将其转换成母镜坐标系下非球面的面形误差。转换需分两步进行,第一步将新坐标系 xyz 下的球面波前误差转换到母镜坐标系 XYZ 中;第二步再将 XYZ 中的球面波前误差转换成非球面面形误差。易知根据式(4.52)即可实现第一步,下面主要讨论第二步转换。

虽然无像差点法利用二次曲面自身的几何性质进行测量非常简单,但由于光线不是法线入射,而且不同位置入射角不同,球面波前误差与实际面形误差之间的关系是非线性的。具体如图 4.55 所示,如果在球面波前某位置探测到相位变化 φ,对应实际被测镜面上点 Q,对应理想表面上入射点 P_1,出射点 P_2。相位变化 φ 实际是 $\overline{O_1QO_2}$ 和 $\overline{O_1P_1O_2}$ 的光程差

$$\varphi = \overline{P_1Q} + \overline{QO_2} - \overline{P_1O_2} = \overline{O_1Q} + \overline{QO_2} - (\overline{O_1P_1} + \overline{P_1O_2}) \qquad (4.55)$$

其中 O_1 和 O_2 分别为椭球面的近焦点和远焦点。为避免计算过于复杂,这里采用一种近似方法,将相位变化 φ 近似为 P_1 点沿出射光线方向误差的两倍。

如图 4.55 中下半部分所示,先将球面波前各点 S_i 沿球面波法线向被测表面延伸,确定测量点在离轴非球面上的位置 T_i(即直线 O_2S_i 与非球面的交点)。球面波前各点 $S_i(X_{Si}, Y_{Si}, Z_{Si})$ 的法线与 Z 轴夹角为

$$\theta_i = \arctan\frac{\sqrt{X_{Si}^2 + Y_{Si}^2}}{a - Z_{Si}} \qquad (4.56)$$

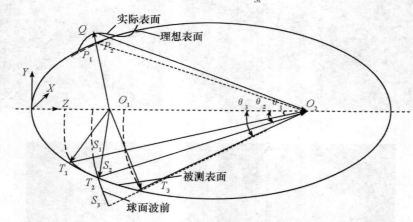

图 4.55　球面波前误差与离轴椭球镜面形误差的坐标变换关系

联立式(4.56)和式(4.51)可得 T_i 的坐标(X_{Ti}, Y_{Ti}, Z_{Ti})。易知在球面波上均匀的各点对应于被测表面将是非均匀的。再将 $\varphi/2$ 沿 Z 坐标轴或者非球面法线方向投影即获得被测点 T_i 相应的误差值。又 T_iO_2 与 O_1O_2 的夹角即为 θ_i,故被测点沿 Z 轴方向的误差为

$$w_i = \frac{\varphi_i}{2}\cos\theta_i \qquad (4.57)$$

4.7.2　离轴椭球镜检测实验

为验证上面所提出测量方法的有效性,测量了一块离轴椭球镜如图 4.56 所

示。镜面参数:有效口径 150mm×104mm,离轴量 150mm;二次曲面参数:$R_0 =$
592.12mm,$K = -0.6969$。故该椭球面方程为

$$Z = \frac{(1/592.12)r^2}{1 + \sqrt{1 - 0.3031 \times (1/592.12)^2 r^2}}$$

其中 $r^2 = X^2 + Y^2$。根据镜面参数构建相应坐标系如图 4.57 所示。在 $Z - Y$ 平面
内,离轴镜面中心坐标为(19.092,150)。又根据椭圆的几何性质,母镜的第一、
第二焦距分别为:

$$f_1 = \frac{R_0}{1 + e} = 322.72\text{mm}$$

$$f_2 = \frac{R_0}{1 - e} = 3584.4\text{mm}$$

(4.58)

再由三角函数关系计算得等效焦距 f 为 3568.5mm,等效相对口径约为
1:23.8,z 轴与 Z 轴的夹角 θ 为

$$\theta = \arcsin(150/3568.5) = 2.4°$$

(4.59)

根据前面的分析,θ 值较小,等效支持域可以按近似方法计算。将离轴镜向
$X - Y$ 平面平行投影,投影形状为该镜面的设计值:外部轮廓为 160mm×110mm
的矩形,四角为半径 40mm 的圆角。

图 4.56　离轴椭球镜与加工检测用夹具

实验设备与此前基本相同,利用 Zygo 干涉仪产生点光源。由于干涉仪调整
起来较为困难,将被测镜安装在六轴调整平台上,测量时通过调整被测镜实现光
路对准。因为光路较长,CCD 和被测镜分平台放置。图 4.58 为离轴椭球镜相位
恢复测量现场。

将被测镜装夹在如图 4.56 所示的夹具上。夹具平台的上表面为母镜坐标
系的 XY 平面,在该表面的一侧还标出了母镜顶点作为定位基准。光路调整时
重点保证点光源和母镜顶点的位置关系:点光源应位于垂直 XY 平面且距母镜

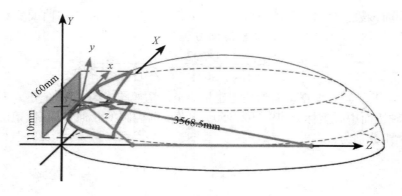

图 4.57　离轴椭球镜测量坐标系

图 4.58　离轴椭球面相位恢复测量现场

顶点 322.72mm 的位置上。另外由于在实验中使用的不是理想的 360° 点光源，点光源的出射角度有一定范围限制，因此要注意保证光源能够照亮整个镜面。

　　将点光源和被测镜放置到预定位置后，调整 CCD 位置保证其沿着 z 轴方向采集光强图。由于光路较长，z 轴方向的绝对定位比较困难。考虑到若点光源和被测镜的位置准确，则 z 轴方向应与成像光轴方向相同。因此只需调整 CCD 移动方向使其与成像光轴方向一致。用 CCD 在像点前后采集光强图，调整移动平台姿态让各光强图的中心在 CCD 靶面的同一位置。

　　调整被测镜姿态，使成像光斑为理想光斑。图 4.59 为调整过程中 CCD 采集的两幅光强图。图 4.59(a) 光斑有倾斜，可以推断此时光路中存在一定程度的像散；图 4.59(b) 光强分布上暗下亮，可以推断此时光路中存在一定程度的彗差。由于是通过调整被测镜来实现光路对准，镜夹的转动自由度方便了调整过程。例如子午平面内镜面沿 Z 轴 Y 轴的平动可以简化为绕 X 轴的转动。

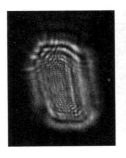 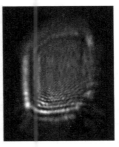

（a）　　　　　　　　　　（b）

图 4.59　光路调整过程中 CCD 采集的光斑

由于光路初始状态的不确定性，调整时多次尝试是有益的。经过反复调整，最终得到了如图 4.60 所示一系列衍射光强图。光斑外轮廓与被测镜基本一致，且光强分布不存在明显的低阶像差特征。由于等效相对口径较小且镜面处于精抛阶段，选择从像点前后 60mm 开始每间隔 20mm 采集一张光强图。

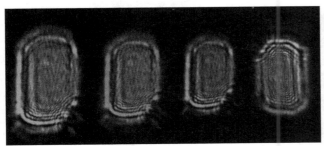 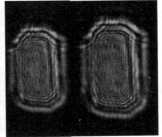

图 4.60　像点前后 60mm，80mm，100mm 光强图

由光强图可知，镜面面形主要是中高频误差。由于在多幅图测量时高频误差受光强图位置对准误差的影响较大，在此只选择将像点前 60mm 的光强图代入相位恢复算法进行计算，转换到母镜坐标系后恢复结果如图 4.61 所示。

为分离调整误差，在 ZEMAX 中建立该测量光路（图 4.62（a）），利用光线追迹获取像差梯度矩阵。将点光源分别沿 X、Y、Z 轴移动 1μm，波前变化分别如图 4.62（b）~（d）所示，波前 PV 值分别为 0.075 6λ，0.094 9λ，0.259 0λ。将这些波前变化存为像差梯度矩阵 W_{aX}，W_{aY} 及 W_{aZ}。

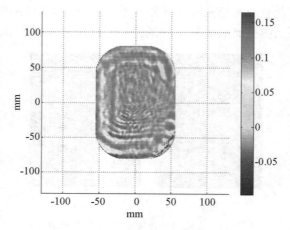

图 4.61　相位恢复结果

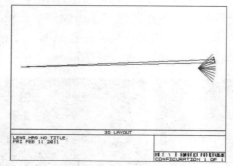

（a）测量光路

（b）点光源沿 X 轴变动 $1\mu m$ 的波前像差

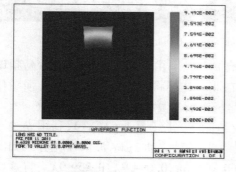

（c）点光源沿 Y 轴变动 $1\mu m$ 的波前像差

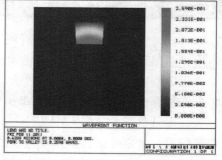

（d）点光源沿 Z 轴变动 $1\mu m$ 的波前像差

图 4.62　ZEMAX 软件中建立的测量光路及调整量波前像差

由于镜面形状非圆形，通常使用的 Zernike 多项式在此不适用，故直接用数据点矩阵表达像差梯度。为最小化测量结果的误差，只允许减去 W_{aX}，W_{aY} 及 W_{aZ} 的线性组合。也就是求满足式（4.60）的 t_X, t_Y, t_Z。

$$（W - t_X W_{aX} - t_Y W_{aY} - t_Z W_{aZ}）^2 = \min \tag{4.60}$$

求解式（4.60）得 $t_X = -0.104\mu m$，$t_Y = -2.935\mu m$，$t_Z = -1.154\mu m$。去除调整量带入的像差后，最终测量结果如图 4.63 所示 PV 0.389λ，RMS 0.045λ。

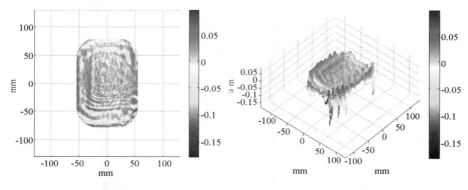

（a）恢复面形二维图　　　　　　　（b）恢复面形三维图

图 4.63　相位恢复分离误差后结果 PV 0.274λ，RMS 0.045λ

同时用干涉仪补偿法对该离轴椭球面进行了检测，检测现场见图 4.64。检测结果 PV 0.753λ，RMS 0.048λ，面形分布如图 4.65 所示。

图 4.64　离轴椭球面干涉仪补偿检测现场

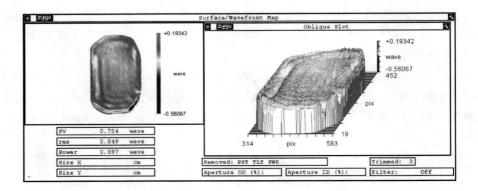

图 4.65　干涉仪补偿器测量结果 PV 0.754λ，RMS 0.049λ

对比相位恢复和干涉仪补偿测量结果，两者的 RMS 值仅差 0.004λ，说明测量结果的误差量级基本相当。PV 值相差 0.48λ，相比之下显得较大。差别主要来自被测镜右下边沿的凹坑。从图 4.65 可以看到，整个镜面基本比较平整，但是狭长的凹坑却突然深达 0.561λ。在相位恢复检测时，光强图就好像缺失了一角（图 4.60），导致恢复困难。所幸该凹坑位于镜面的有效口径以外，实际上干涉仪检测结果有效口径内的 PV 值为 0.303λ。除此以外，对比图 4.65 和图 4.63，可以看到误差分布基本一致，中间加工轨迹留下的菱形纹也基本相同。对比实验验证了相位恢复检测的有效性。以上干涉仪测量结果和相位恢复结果均为相对于标准高斯球面的像差，所得结果还需进一步坐标转化以满足加工的要求。

参 考 文 献

[1]　Paxman R G, Fienup J R. Sensing wave-front amplitude and phase with phase diversity[J]. Journal of the Optical Society of America A-optics Image Science and Vision, 1984, 1: 914 – 923.

[2]　Jefferies S M, Lloyd-Hart M, Hege E K, et al. Sensing wave-front amplitude and phase with phase diversity[J]. Applied Optics, 2002, 41(11): 2095 – 2102.

[3]　Dolne J J, Tansey R J, Black K A, et al. Practical issues in wave-front sensing by use of phase diversity[J]. Applied Optics, 2003, 42(26): 5284 – 5289.

[4]　Woods S C, Greenaway A H. Wave-front sensing by use of a Green′s function solution to the intensity transport equation[J]. The Optical Society of America A-optics Image Science and Vision, 2003, 20(3): 508 – 512.

[5]　Campbell H I, Zhang S, Greenaway A H, et al. Generalized phase diversity for wave-front sensing[J]. Optics Letters, 2004, 29(23): 2707 – 2709.

[6]　Hanser B M, Gustafsson M G L, Agard D A, et al. Phase retrieval of widefield microscopy point spread

functions[C]//Proceedings of SPIE, 2001, 4261: 60 – 68.

[7] Lyon R G, Dorband J E, Hollis J M. Hubble space telescope faint object camera calculated point-spread functions[J]. Applied Optics, 1997, 36(8): 1752 – 1765.

[8] Wesner J, Heil J, Sure T. Reconstructing the pupil function of microscope objectives from the intensity PSF[C]//Current Developments in Lens Design and Optical Engineering III, Proceedings of SPIE, 2002, 4767: 32 – 43.

[9] Moeller B, Gross H. Characterization of complex optical systems based on wavefront retrieval from point spread function[C]//Optical Systems Design 2005, Proceedings of SPIE, 2005: 596515 – 1—596515 – 12.

[10] Makidon R B, Lallo M D, Casertano S, et al. The temporal optical behavior of the Hubble Space Telescope: the impact on science observations [C]//Astronomical Telescopes and Instrumentation, Proceedings of SPIE, 2006: 62701L – 1—62701L – 12.

[11] Gerchberg R W. A practical algorithm for the determination of phase from image and diffraction plane pictures[J]. Optik, 1972, 35(2): 237 – 246.

[12] Gerchber R W, Saxton W O. Phase determination from image and diffraction plane pictures in electron-microscope[J]. Optik, 1971, 34(3): 275 – 284.

[13] Gonsalves R A, Chidlaw R. Wavefront sensing by phase retrieval [C]//23rd Annual Technical Symposium, Proceedings of SPIE, 1979, 1207: 32 – 39.

[14] Gonsalves R A. Phase retrieval and diversity in adaptive optics[J]. Optical Engineering, 1982, 21(5): 829 – 832.

[15] Seldin J H, Paxman R G, Ellerbroek B L. Post-detection correction of compensated imagery using phase-diverse speckle[J]. Technical Digest Series-optical Society of America, 1995, 23: 260 – 262.

[16] Paxman R G, Schulz T J, Fienup J R. Joint estimation of object and aberrations by using phase diversity[J]. The Optical Society of America A-optics Image Science and Vision, 1992, 9(7): 1072 – 1085.

[17] Thelen B J, Paxman R G, Carrara D A, et al. Maximum a posteriori estimation of fixed aberrations, dynamic aberrations, and the object from phase-diverse speckle data[J]. The Optical Society of America A-optics Image Science and Vision, 1999, 16(5): 1016 – 1025.

[18] Paxman R G, Fienup J R. Optical misalignment sensing and image reconstruction using phase diversity[J]. The Optical Society of America A-optics Image Science and Vision, 1988, 5(6): 914 – 923.

[19] Fienup J R, Marron J C, Schulz T J, et al. Hubble Space Telescope characterized by using phase-retrieval algorithms[J]. Applied Optics, 1993, 32(10): 1747 – 1767.

[20] Fienup J R. Phase-retrieval algorithms for a complicated optical system[J]. Applied Optics, 1993, 32 (10): 1737 – 1746.

[21] Redding D, Dumont P, Yu J. Hubble space telescope prescription retrieval[J]. Applied Optics, 1993, 32(10): 1728 – 1736.

[22] Lowman A E, Redding D C, Basinger S A, et al. Phase retrieval camera for testing NGST optics[C]// Astronomical Telescopes and Instrumentation, Proceedings of SPIE, 2003, 4850: 329 – 335.

[23] Faust J A, Lowman A E, Redding D C, et al. NGST phase retrieval camera design and calibration details[C]//Astronomical Telescopes and Instrumentation, Proceedings of SPIE, 2003, 4850: 398

－406.

[24] Dean B H, Smith J S. Wavefront sensing and control architecture for the spherical primary optical telescope [C]//Proceedings of SPIE, 2006, 6265: 4F － 1 － 9.

[25] Basinger S A, Burns L A, Redding D C, et al. Wavefront sensing and control software for a segmented space telescope[C]//Astronomical Telescopes and Instrumentation, Proceedings of SPIE, 2003, 4850: 362 － 369.

[26] Dean B H, Aronstein D L, Smith J S, et al. Phase retrieval algorithm for JWST flight and testbed telescope[C]//Astronomical Telescopes and Instrumentation, Proceedings of SPIE, 2006: 626511 － 1— 626511 － 17.

[27] Fienup J R. Phase retrieval for undersampled broadband images[J]. The Optical Society of America A-optics Image Science and Vision, 1999, 16(7): 1831 － 1837.

[28] Millane R P. Recent advances in phase retrieval[C]//SPIE Optics Photonics, Proceedings of SPIE, 2006: 63160E － 1—63160E － 11.

[29] Almoro P, Pedrini G, Osten W. Complete wavefront reconstruction using sequential intensity measurements of a volume speckle field[J]. Applied Optics, 2006, 45(34): 8596 － 8605.

[30] Gerchberg R W. A practical algorithm for the determination of phase from image and diffraction plane pictures[J]. Optik, 1972, 35: 237.

[31] Gerchberg R W, Saxton W O. Phase determination from image and diffraction plane pictures in the electron microscope[J]. Optik, 1971, 34 (3):275 － 284.

[32] Liu J, Dong B Z, Gu B Y, et al. Generation of polarized patterns with the use of polarizations elective diffractive phase elements[J]. Optik, 1999, 110(7):337 － 339.

[33] Liu J, Dong B Z, Gu B Y. Polarization-selective diffractive phase elements for implementing polarization mode selecting, color demultiplexing, and spatial focusing simultaneously[J]. Optik, 2000, 111(2): 49 － 52.

[34] Liu R, Dong B Z, Zhang Y, et al. Expriments of diffractive phase elements capble of realizing desired functions in rotationally symmetric optical system[J]. Optik ,1999,110(3):118 － 122.

[35] Chang M P, Ersoy O K, Dong B, et al. Iterative optimization of diffractive phase elements simultaneously implementing several optical functions[J]. Applied optics, 1995, 34(17): 3069 － 3076.

[36] Fienup J R. Reconstruction and synthesis applications of an iterative algorithm[C]//Transformations in Optical Signal Processing, Proceedings of SPIE, 1984, 373: 147 － 160.

[37] Fienup J R. Phase retrieval algorithms: a comparison[J]. Applied Optics, 1982, 21 (15): 2758 － 2769.

[38] Bigué L, Ambs P. Optimal multicriteria approach to the iterative Fourier transform algorithm[J]. Applied Optics, 2001, 40(32): 5886 － 5893.

[39] Millane R P, Stroud W J. Reconstructing symmetric images from their undersampled Fourier intensities[J]. The Optical Society of America A-optics Image Science and Vision, 1997, 14(3): 568 － 579.

[40] Millane R P, Stroud W J. Phase retrieval from undersampled intensity data[C]//Optical Science, Engineering and Instrumentation, Proceedings of SPIE, 1997, 3170: 116 － 127.

[41] van der Plas J L, Millane R P. Ab-initio phasing in protein crystallography[C]//International Symposium

on Optical Science and Technology, Proceedings of SPIE, 2000, 4123: 249 – 260.

[42] Pedrini G, Osten W, Zhang Y. Wave-front reconstruction from a sequence of interferograms recorded at different planes[J]. Optics Letters, 2005, 30(8): 833 – 835.

[43] Zhang Y, Pedrini G, Osten W, et al. Whole optical wave field reconstruction from double or multi in-line holograms by phase retrieval algorithm[J]. Optics Express, 2003, 11(24): 3234 – 3241.

[44] Liu J, Gu B. Laser beam shaping with polarization-selective diffractive phase elements[J]. Applied Optics, 2000, 39(18): 3089 – 3092.

[45] Kim M S, Guest C C. Simulated annealing algorithm for binary phase only filters in pattern classification[J]. Applied Optics, 1990, 29(8): 1203 – 1208.

[46] Yin S, Hudson T D, McMillen D K, et al. Design of a bipolar composite filter by a simulated annealing algorithm[J]. Optics Letters, 1995, 20(12): 1409 – 1411.

[47] 杨力. 先进光学制造技术[M]. 北京:科学出版社,2001.

[48] Campbell H I, Zhang S, Greenaway A H, et al. Generalized phase diversity for wave-front sensing[J]. Optics Letters, 2004, 29(23): 2707 – 2709.

[49] Goodman J W. 傅里叶光学导论[M]. 北京:科学出版社,1979.

[50] 李俊昌. 激光的衍射和热作用[M]. 北京:科学出版社, 2002.

[51] Sziklas E A, Siegman A E. Diffraction calculations using fast Fourier transform methods [J]// Proceedings of the IEEE, 1974, 62(3): 410 – 412.

[52] Devaney A J, Chidlaw R. On the uniqueness question in the problem of phase retrieval from intensity measurements[J]. J. Opt. Soc. Am. , 1978, 68(10): 1352 – 1354.

[53] Seldin J H, Fienup J R. Numerical investigation of the uniqueness of phase retrieval[J]. The Optical Society of America A-optics Image Science and Vision, 1990, 7(3): 412 – 427.

[54] Bruck Y M, Sodin L G. On the ambiguity of the image reconstruction problem [J]. Optics Communications, 1979, 30(3): 304 – 308.

[55] Fienup J R. Reconstruction of an object from the modulus of its Fourier transform[J]. Optics Letters, 1978, 3(1): 27 – 29.

[56] Stark H, Yang Y, Yang Y. Vector space projections: a numerical approach to signal and image processing, neural nets, and optics[M]. New York: John Wiley & Sons, 1998.

[57] Aikens D M, Wolfe C R, Lawson J K. Use of power spectral density (PSD) functions in specifying optics for the national ignition facility[C]//International Conferences on Optical Fabrication and Testing and Applications of Optical Holography, Proceedings of SPIE, 1995, 2576: 281 – 292.

[58] Mooney J T, Stahl H P. Sub-pixel spatial resolution interferometry with interlaced stitching [C]// Proceedings of SPIE, 2005, 5869: 248 – 254.

[59] Almoro P, Pedrini G, Osten W. Complete wavefront reconstruction using sequential intensity measurements of a volume speckle field[J]. Applied Optics, 2006, 45(34): 8596 – 8605.

[60] 潘君骅. 光学非球面的设计、加工和检测[M]. 苏州:苏州大学出版社,2004.

[61] Yu Y J, Li G. Power spectral density (PSD) in stitching interferometer[C]//International Symposium on Optical Science and Technology, Proceedings of SPIE, 2002, 4780: 126 – 137.

[62] Lawson J K, Wolfe C R, Manes K R, et al. Specification of optical components using the power spectral

density function [C]//SPIE′s 1995 International Symposium on Optical Science, Engineering, and Instrumentation, Proceedings of SPIE, 1995, 2536: 38 – 50.

[63] Elson J M, Bennett J M. Calculation of the power spectral density from surface profile data[J]. Applied Optics, 1995, 34(1): 201 – 208.

[64] Toebben H H, Ringel G A, Kratz F, et al. Use of power spectral density (PSD) to specify optical surfaces[C]//Optical Instrumentation & Systems Design, Proceedings of SPIE, 1996, 2775: 240 – 250.

[65] 胡晓军. 大型光学镜面相位恢复在位检测技术研究[D]. 长沙:国防科学技术大学,2008.

[66] 胡晓军,吴宇列,李圣怡. 基于衍射图像的大型光学镜面在位检测技术[J].航空精密制造技术, 2007,43(5):18 – 22.

[67] 胡晓军,郑子文,戴一帆,等. 基于相位恢复技术的二维相位解包络算法[J].国防科技大学学报, 2007,29(6):26 – 29.

[68] 吴宇列,胡晓军,戴一帆,等. 基于相位恢复技术的大型光学镜面面形在位检测技术研究[J]. 机械 工程学报, 2009,45(2):157 – 163.

[69] Li S Y, Hu X J, Wu Y L. Resolution enhancement phase retrieval with subpixel method[J]. Applied Optics, 2009, 47(32):6079 – 6087.

[70] Wu Y L, Ding L Y, Hu X J. Sphere to sphere diffraction propagation method for phase retrieval algorithm in the measurement of optical surfaces[J]. Applied Optics, 2010, 49(16):3215 – 3223.

[71] Karout S A, Gdeisat M A, Burton D R, et al. Residue vector, an approach to branch-cut placement in phase unwrapping:theoretical study[J]. Applied Optics, 2007, 46(21): 4712 – 4727.

第 *5* 章

光学零件亚表面质量检测与保障技术

现代光学系统中的大型光学零件除了对生产周期、面形精度和生产成本有严格的要求外,其表面/亚表面质量也越来越受到人们的关注。表面/亚表面损伤的存在增大了光学零件的材料去除量,并直接降低其使用寿命、长期稳定性、镀膜质量、成像质量和激光损伤阈值等重要性能指标。如何检测评价和控制加工过程引入的表面/亚表面损伤以提高加工效率并实现表面完整性的总体指标成为光学制造业必须解决的关键问题。本章将重点阐述光学零件制造中的亚表面损伤检测技术、产生机理、影响规律及其表征、预测和去除方法。

5.1 亚表面质量概述

5.1.1 亚表面质量的概念

光学材料是典型的硬脆材料,从原料生产到最终的表面抛光过程复杂,很难精确控制,即使对于最精密的光学零件,空穴、裂纹、划痕、残余应力和夹杂物等亚表面缺陷也是不可避免的,上述亚表面缺陷形式可能是材料固有的,也可能是磨削、研磨和抛光过程引入的,它们均降低了光学零件的亚表面质量。在光学零件的机械加工过程中,会在其近表面区域产生断裂、变形和污染等内部缺陷,该近表面区域可视为表面和基体间的过渡层,它在组成成分、微结构和应力状态上区别于基体。

光学玻璃亚表面的热力学模型指出:亚表面损伤层是不对称的,也就是,每个离子不完全配位,并且从亚表层至表层,熵呈现递增趋势。磨削和研磨后光学零件的亚表面损伤由外层、中间层和内层三个区域相互叠加而成,其中,外层由材料表层的残余应力、碎裂和划痕组成,中间层主要是微裂纹,而内层可能是源自磨粒加工局部应力的弹性变形层。抛光亚表面损伤层自上而下分为两层,分别为抛光表面水解层(又称为再沉积层或泊尔比层)和塑性变形层,其中,抛光表面水解层由抛光液与试件表面的水解作用产生,该层的成分、致密度及折射系数均与基体存在差别,此外,该层中嵌入了浓度随深度递减的抛光杂质,由于抛光表面水解层的存在使得光学零件抛光过程易于获得超光滑表面;而塑性变形层中除了磨削或研磨过程残留的少量裂纹和脆性划痕外,主要是抛光过程产生的抛光点、抛光划痕和残余应力等。Hed[1]系统总结了前人的研究成果,指出光学零件经磨削、研磨和抛光后残留的亚表面损伤由抛光表面水解层、缺陷层和变形层三部分组成,如图5.1所示,水解层主要是水解反应生成的硅酸凝胶及其中嵌入的抛光颗粒,缺陷层主要是划痕和显微裂纹等,变形层主要是应变,它们对光学零件的性能均有影响。

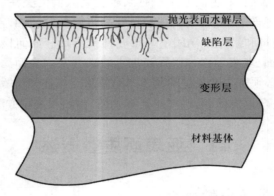

图5.1　光学零件加工亚表面损伤模型

5.1.2　亚表面质量对光学零件使用性能的影响

亚表面损伤会降低光学元件的加工质量,进而影响其使用性能,如何有效抑制亚表面损伤,在超精密、超光滑加工后实现光学元件的超微损伤加工,已经成为限制光学元件实现纳米精度制造的"瓶颈"问题。

对于空间望远镜系统中的大型光学零件而言,制造过程中引入的亚表面损伤程度及其数量决定了镜面的屈服强度;隐藏在光学零件中的亚表面结构损伤会导致光学零件在发射过程中产生的机械应力作用下失效;即使光学零件加工后满足性能指标,当其暴露在温差极大的太空环境中,亚表面裂纹会进一步扩展,导致镜面的扭曲,难以满足严格的面形要求。此外,在大口径反射镜的镀膜过程中,如果镜体存在加工引发的残余应力,镀膜过程的高温使其释放,将会导致镜体变形,降低大镜的面形精度,最终影响成像系统的分辨率并降低峰值强度。在高性能透镜系统中,亚表面损伤导致光散射,进而降低图像对比度或调制系统传递函数,此外,由于亚表面损伤中存储了光能量,会引起最终成像的不稳定。镜坯熔炼过程残余的内应力及其制造过程引入的表层应力会影响透射型光学零件的折射系数,ISO 标准规定了一些典型光学应用场合的光学零件许用应力双折射值[2],见表 5.1。

表 5.1　光学零件的许用应力双折射值

光学零件的许用应力双折射值	应用场合
<2nm/cm	偏振仪和干涉仪
5nm/cm	精密和天文光学零件
10nm/cm	相机和显微镜镜头
20nm/cm	放大透镜
无限制	照明器材

在 NIF 激光驱动器设计中,光学零件(包括光学材料和光学薄膜)的激光损伤阈值是最关键的设计依据之一。从成本控制的角度看,激光装置的总体设计指标要求系统必须运行在光学零件的近损伤阈值极限,否则无论是增加激光束路,还是扩大光学零件的口径,都将大幅增加系统的造价。因此,必须最大限度地提高光学零件的抗激光损伤能力,以提升激光系统的使用性能并降低制造成本。光学零件的激光损伤阈值不仅与光学薄膜和材料缺陷有关,制造过程引入的亚表面损伤同样对其产生影响,并且很可能是导致零件激光破坏的根源所在[3]。

实验结果表明在高能激光辐照条件下,光学零件表面损伤的产生和扩展决定其使用寿命。因此,减小表面损伤诱源密度和抑制表面损伤扩展是提高光学零件使用寿命的重要途径。目前,普遍认为存在两类表面损伤诱源:①磨削、研磨和抛光过程产生的亚表面裂纹;②抛光过程嵌入表面的纳米颗粒。美国劳伦斯·利弗莫尔实验室(Lawrence Livermore National Laboratory,LLNL)研究认为亚表面裂纹可能从干涉引起的光场强化、裂纹捕获的杂质增强光学零件的激光吸收能力以及降低材料力学性能这三个方面同时影响光学零件的激光损伤敏感性,进而造成光学零件的宏观激光损伤,其中裂纹中杂质的影响最显著。在激光照射下,光学零件亚表面裂纹诱发的损伤初始点大小为几十微米(其确切大小由激光的峰值通量决定），损伤点尺寸随着照射数量的增加呈指数增长，并且产生强烈的散射和光束调制，从而严重影响光束的能量集中度，降低甚至丧失光学系统性能[4]，如图 5.2 所示。

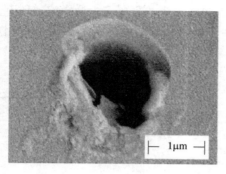
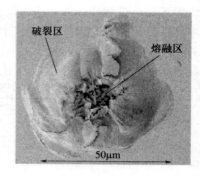

（a）轻微 （b）严重

图 5.2　激光照射下石英玻璃亚表面微裂纹诱发的激光烧蚀

抛光过程作为光学零件的最终加工工序，能够消除磨削及研磨过程残留的亚表面裂纹，但是传统抛光方法较大的法向载荷不可避免地在光学零件表面和亚表面引入机械损伤（塑性划痕、裂纹及残余应力等）及抛光杂质的嵌入，从而降低了光学零件的抗激光损伤能力。抛光表面水解层中嵌入的抛光杂质强烈吸收激光光子能量，导致杂质熔化或气化，在其周围材料中产生很大的局部张应力，当应力超过材料的抗张强度时即引发激光损伤。法国原子能委员会（French Atomic Energy Commission，CEA）最新的研究表明石英玻璃表层抛光杂质浓度与激光损伤密度成线性正比关系[5]，如图 5.3 所示。

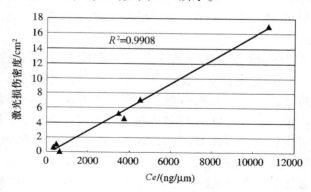

图 5.3　抛光杂质浓度与激光损伤密度间关系

除了降低基体材料的损伤阈值外,抛光杂质还通过诱发膜层与基体间的界面损伤引起膜层的激光损伤。从图5.4(a)中可以看出,当激光束能量超过一定阈值时,界面颗粒会产生等离子区,导致膜层的翘曲变形。在膜层翘曲边缘处存在的拉应力会促使膜层断裂和剥离[6]。由于抛光过程易于在软质的S-FAP晶体上产生丝痕,而这些丝痕内的微小颗粒又会导致减反射膜与基体间的界面损伤,故减反射膜上的激光损伤通常出现在表面丝痕处,如图5.4(b)所示。沿着基体表面丝痕可以发现微小的(50nm~200nm)中心凹陷,这些由等离子体热熔效应产生的光滑凹陷和减反射膜表面的圆形激光损伤形态验证了图5.4(a)所示的界面损伤模型。图5.4(b)中表面波纹的存在表明在激光损伤发生时在表面产生了冲击波或等离子体干涉。

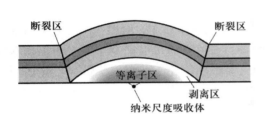

（a）理论模型

（b）沥青抛光S-FAP基体上
减反射膜的激光损伤

图5.4　激光辐照条件下减反射膜与基体间的界面损伤

抛光过程产生的塑性划痕同样会降低光学零件的激光损伤阈值,其原因可能是划痕导致的光场增强、划痕中存在的杂质或者是机械缺陷导致的材料强度降低。随着划痕尺度的减小,光学零件的激光损伤阈值会急剧升高[7],如图5.5所示。

在加工硅集成电路的光刻设备中通常使用波长为340nm~360nm的紫外光,还有许多商用激光器使用光波长为360nm或更低的紫外光源,充分提高这些设备中光学零件的抗激光损伤性能对于投资巨大的半导体加工设备市场十分重要。随着准分子激光器在深紫外区域波长达到193nm,在真空紫外区域达到157nm,具有宽带隙结构的氟化物晶体具有越来越重要的作用。CaF_2和MgF_2是光刻系统和高功率光源系统中使用的重要光学材料。由于氟化物晶体材料的内在特征,其亚表面损伤及吸附的污染会对深紫外和真空紫外区域光波波长产生吸收和散射,无损超光滑抛光表面是获得高性能氟化物晶体元件的前提。

国防科技大学精密工程研究室对光学零件亚表面损伤的检测、表征和预测

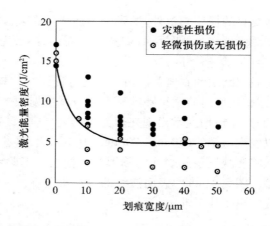

图 5.5　划痕宽度与激光损伤阈值间的关系曲线

方法以及加工参数对亚表面损伤深度的影响规律和亚表面损伤的抑制策略等进行了系统的研究,试图在保证加工质量的前提下通过准确测量亚表面损伤深度减小材料去除量,以及选择合理的加工参数和优化工艺路线降低加工过程引入的亚表面损伤深度来提高光学零件加工效率和质量。本章将主要介绍我们的研究结果[8-18]。

5.2　亚表面损伤的产生机理

5.2.1　磨削和研磨损伤产生机理

脆性固体的机械加工过程往往伴随着塑性变形、微观和宏观断裂、材料晶体结构的变化以及接触体之间的机械化学作用。由于分析接触表面层的结构特性比较困难,为了研究脆性固体机械加工表面层的损伤机理,很多学者采用压痕实验研究脆性固体的接触损伤、塑性变形和断裂韧性[19]。同脆性固体与环境中存在的微颗粒随机接触或碰撞而产生的微开裂现象相比较,压痕微开裂具有较为理想的可控性,即压痕微开裂过程中形成的裂纹形状相对固定,尺寸也可以通过调整压痕压制载荷加以控制,这对定量研究脆性固体机械加工的损伤机理是极其有利的。因此,压痕断裂力学理论成为研究光学加工亚表面缺陷的理论基础。

压痕裂纹包括五种基本类型:锥形裂纹、径向裂纹、中位裂纹、侧向裂纹和半饼状裂纹,其中锥形裂纹由钝压头印压产生,其余四种裂纹由尖锐压头印压产生。压痕裂纹的成核过程是一个在亚微观尺度上发生的事件,材料微观结构及样品所承受的力学、化学和热学作用都可能对成核过程产生显著影响。因而,对脆性固体内部包括压痕裂纹在内的各类裂纹的成核机制还没有形成统一的认识。

比较有代表性的压痕裂纹成核模型包括 Lawn – Evans 中位裂纹成核模型和位错塞积模型。Hertz 在使用钝压头(球形压头)对玻璃进行硬度测试时发现:在试样表面压痕边缘区域四周出现了环形裂纹;随着压头载荷的逐渐增大,环形裂纹开始向试件内部扩展,最终发育成为一条锥形裂纹。钝压头与试件的接触过程是一个弹性过程,不导致显著的塑性变形。Lawn[20]详细描述了尖锐压头在玻璃表面以递增载荷加载及卸载过程中裂纹的成核和扩展行为,如图 5.6 所示,具体过程如下:

(1)尖锐压头压入玻璃表面,在压应力作用下压头正下方的试件材料发生非弹性流动,形成塑性变形区,变形区尺寸随载荷增加而变大(图 5.6(a));

(2)当印压载荷超过某一临界载荷,塑性变形区中开始出现裂纹,并在压头正下方材料内部的弹/塑性形变区边界处产生中位裂纹(图 5.6(b));

(3)随着印压载荷的增加,中位裂纹在平行于压头加载方向的平面内持续向下扩展,形状多为圆形或圆缺形(图 5.6(c));

(4)压头卸载时,中位裂纹闭合但其长度不发生变化(图 5.6(d));

(5)在压头完全卸载前,接触区中变形材料的应力释放,在塑性变形区底部产生强烈的残余拉应力,从而产生侧向裂纹(图 5.6(e));

(6)压头完全卸载后,侧向裂纹平行于试件表面继续扩展,形状一般为圆形

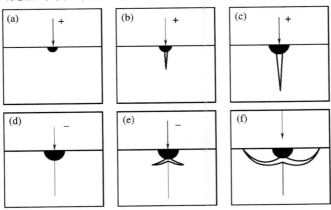

图 5.6　脆性材料印压裂纹形成过程示意图

或碟形,侧向裂纹扩展至材料自由表面会诱发材料的断裂去除,在表面残留贝壳状缺陷。此外,在尖锐压头加载或卸载阶段试件表面塑性压痕的边界处会形成径向裂纹,而半饼状裂纹是中位裂纹和径向裂纹在扩展过程中发生连通而形成的(图5.6(f))。

在球形和尖锐压头的刻划过程中,压头与试件表面的摩擦力对裂纹产生及其最终形态的形成起到重要的作用,该摩擦力导致接触区的应力分布发生变化,使得压头后缘出现峰值拉应力,从而在表面形成圆弧状和"人"字型裂纹,如图5.7所示[21]。由于摩擦力的存在使得刻划过程相对于印压过程产生更深的裂纹,并且摩擦系数越大裂纹越深。

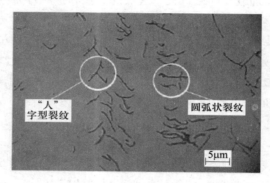

图5.7　脆性固体加工过程产生的圆弧状和"人"字型裂纹

光学材料在动态刻划或类静态印压过程中产生的侧向裂纹延伸到试件表面将导致材料的脆性去除,并在试件表面形成表面粗糙度,而中位裂纹则构成了亚表面损伤,这一观点已经被人们普遍接受,并将其应用于解释光学零件磨削和研磨过程的材料脆性去除和损伤产生机理。

光学零件的磨削和研磨过程中材料主要通过脆性断裂方式去除,并在光学零件表面和亚表面残留具有压痕裂纹特征的裂纹系统。因此,可以将磨削和研磨加工抽象为尖锐或钝形压头在脆性材料表面的大规模刻划或印压作用,此时,利用压痕断裂力学理论就可以完满地解释亚表面损伤产生机理,图5.8为磨削和研磨亚表面损伤产生机理示意图[22]。在K9玻璃的磨削过程中,法向磨削力F_n远大于切向磨削力F_t,磨削力比$C_f = F_n/F_t \approx 9$,远大于碳钢的磨削力比(约为$1.6 \sim 1.9$)[8]。这是因为磨削力比不仅与磨粒的锐利程度有关,且随被磨材料特性的不同而变化,研究表明材料越硬越脆,磨削力比越大。磨削K9玻璃时,金刚石磨粒难以切入玻璃表面,材料的磨削机理主要是脆性断裂,因此,所需的切向力较小,故光学零件磨削加工可简化为压头在脆性材料表面的印压过程。

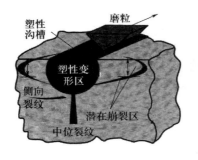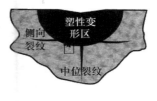

图5.8　磨削和研磨亚表面损伤产生机理示意图

实验结果表明磨削和研磨过程在光学零件表层产生残余压应力,该残余压应力是机械应力、热应力和相变应力综合作用的结果。印压过程的有限元仿真结果表明:玻璃表层产生强烈的残余压应力,在压痕下方弹/塑性边界处出现残余拉应力且应力幅值显著减小。并且,表层残余应力的分布取决于压头形状,对于尖锐压头,表层残余压应力迅速转变为亚表层拉应力,最大压应力出现在表面以下;对于钝形压头,残余应力沿深度的变化趋势较为缓慢,最大压应力出现在玻璃表面。在延性磨削过程中,玻璃表层残余应力达到材料屈服极限,产生大量塑性流动,因此延性磨削后表层的压应力接近材料单轴屈服应力。

5.2.2　抛光损伤产生机理

光学零件抛光过程非常复杂,对其本质还未形成统一的认识,但大致可以分为三种理论:机械磨削理论、化学作用理论和热的表面流动理论。抛光表面塑性划痕和亚表面残余应力层的产生可以用机械磨削理论解释,而抛光表面水解层的产生可以用化学作用理论和热的表面流动理论解释。机械磨削理论认为抛光是研磨的继续,抛光与研磨的本质是相同的,都是尖硬的磨料颗粒对玻璃表面进行微小切削作用的结果。由于抛光是用较细颗粒的抛光剂和较软的抛光膜,所以微小切削作用可以在分子大小范围内进行,并在抛光表面残留塑性划痕。用电子显微镜观测玻璃表面发现:每平方厘米的抛光表面有3万条~10万条深8nm~70nm的微痕,约占抛光总面积的10%~20%。图5.9所示为经氧化铈抛光后石英玻璃亚表面塑性划痕的SEM图像(塑性划痕掩盖在表面水解层下,在表面不可见)。抛光磨粒微小切削作用导致的材料塑性流动以及抛光膜对玻璃表面的挤压作用会在玻璃亚表面诱发残余应力。

Cook化学模型将抛光表面水解层的形成归结为水与光学零件表面的水解

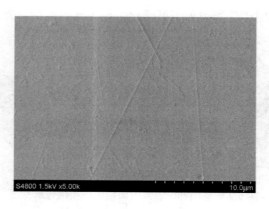

图 5.9 石英玻璃亚表面塑性划痕的 SEM 图像

作用[23]。该模型认为抛光时水与玻璃表面的硅酸盐发生水解反应,在玻璃表面形成硅酸凝胶薄膜,图 5.10 所示为利用 Cook 化学模型解释抛光亚表面损伤产生机理的示意图[24]。在玻璃的抛光过程中,抛光液中的水分与玻璃表面的硅酸盐发生水解反应,破坏玻璃网络外体,使得玻璃表面的碱金属或碱土金属溶解出来,生成氢氧化物,溶液变成碱性。同时玻璃表面形成硅酸凝胶薄膜($\equiv$Si—OH),减缓了水的侵蚀作用,该硅酸凝胶薄膜即构成表面水解层。以 K9 玻璃中包含的 Na 离子为例,反应方程式如下[25]:

$$\equiv Si\text{—}O\text{—}Na + H_2O \longrightarrow \equiv Si\text{—}OH \downarrow + NaOH \tag{5.1}$$

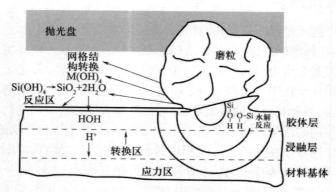

图 5.10 基于 Cook 化学模型的抛光亚表面损伤产生机理示意图

由于硅胶层通常是多孔的或因龟裂而产生裂纹,于是水溶液中的碱性离子 OH^{-1} 就会进一步侵蚀玻璃的网络内体,使玻璃主体招致破坏,大量 SiO_2 转入抛光液中,一部分沉积在玻璃表面。反应方程式为[25]

$$\equiv \text{Si—O—Si} \equiv + \text{NaOH} \longrightarrow \equiv \text{Si—OH} \downarrow + \text{Na—O—Si} \equiv \qquad (5.2)$$

玻璃表面在水的作用下发生水解,形成胶态硅酸层,在正常情况下,胶态硅酸层能保护玻璃表面,大大缓解侵蚀速度。但在抛光颗粒作用下,胶层不断被刮去,露出新的表面又被水解,并且抛光过程中的摩擦热和应力会进一步促进玻璃水解,如此往复循环,构成抛光过程。因此,水解作用是非常重要的。如果用其他介质代替水,抛光速度会显著下降。烃类液体,比如煤油、石蜡或油,以及无羟基液体,比如甲酰胺的抛光去除率几乎为零,并且表面质量差,这是由于这些介质不能进行水解反应。由此可以得出结论:玻璃是否容易抛光取决于表面水解后形成的水解层,抛光速度则取决于破坏水解层的难易程度[26]。

石英玻璃的 SiO_2 含量一般在 99.9% 以上,SiO_2 稳定的硅氧四面体结构使得石英玻璃相对于 K9 玻璃难以与水进行水解反应,导致石英玻璃的水合侵蚀速率比 K9 玻璃低 3 个数量级,因此,石英玻璃表面水解层的深度要小于 K9 玻璃。石英玻璃的水解反应方程式为[23]

$$\equiv \text{Si—O—Si} \equiv + \text{H}_2\text{O} \longleftrightarrow 2 \equiv \text{Si—OH} \qquad (5.3)$$

利用深紫外和红外光谱检测结果,以非化学计量羟基 $SiO_z(OH)_y$ 的形式描述玻璃表面水解层的物理化学成分。在玻璃表面 z 的取值介于 $1 \sim 1.5$ 之间,随着深度的增加,z 和 y 的取值分别趋近 2 和 0[27]。说明由水分扩散决定的水解反应生成的硅酸凝胶沿深度呈现浓度梯度,即水解层浓度沿深度呈递减趋势直至到达玻璃基体。

Beilby 理论认为玻璃等非金属材料(热传导系数低)在摩擦热作用下达到固体软化或熔化点(目前研究者认为抛光过程中玻璃表面并不是熔化而是塑性变形),产生黏性液体在玻璃表面流动,表面拉应力使得黏性液体形成光滑表面,在抛光液的冷却作用下黏性液体迅速固化形成抛光再沉积层。Rawstron[28]综合上述三种抛光理论解释了抛光材料去除和损伤产生过程。通过实验发现抛光后玻璃表面存在一厚度为 100nm ~ 150nm 的抛光表面水解层,他认为该薄层是由抛光拉力产生的高黏度液态物质构成,并且黏度随着深度的增加而增大,直到基体为止。抛光颗粒嵌入抛光再沉积层后在基体上进行刻划,随后水解层中的高黏度液态物质在抛光拉力作用下迅速填充基体划痕,因此在表面无法观测到这些基体损伤。

5.3　磨削和研磨亚表面损伤检测技术

在光学零件的磨削和研磨过程中,逐步使用细粒度磨料以充分去除前道工序引入的损伤并逐步降低光学零件的整体损伤水平,最终获得满足面形要求的低损伤表面,达到减少抛光时间的目的。由于缺乏准确、可靠的亚表面损伤检测技术,基本上是以磨粒平均粒度或表面粗糙度作为主要依据和加工经验来估计亚表面损伤深度,通常这一估计值偏于保守,但为了保证加工质量,往往要牺牲加工效率。

对于硬脆材料亚表面损伤检测技术的研究,近十几年发展十分迅速,出现了基于力学、光学、声学、光谱学、电子束、离子束、热像、磁等多种检测技术。通常根据是否破坏试件可将亚表面损伤检测技术分为损伤性检测技术和无损检测技术两类。

5.3.1　损伤性检测技术

损伤性检测就是部分或全部破坏试件,使所要检测的损伤得以体现,再根据具体条件计算所要的测量结果。常用的损伤性检测技术包括针对亚表面裂纹的截面显微法、角度抛光法、Ball dimpling 法、磁流变抛光法(包括磁流变抛光斑点法和磁流变斜面抛光法)等以及针对残余应力的挠度法和恒定化学蚀刻速率法等。

1. 截面显微法

截面显微法是检测亚表面裂纹深度和观测微裂纹构形的主要方法,该方法使用光学显微镜、扫描电子显微镜或透射电子显微镜沿与加工表面的垂直方向进行显微观测,以获得亚表面裂纹类型、深度及其构形信息。图 5.11 为截面显微法测量原理示意图。

截面显微法的具体实验步骤如下:①将两块加工试件黏结在一起,以避免抛光边缘效应所引起的"塌边"现象;②对黏结后试件的测试面分别进行研磨和抛光,抛光时要保证抛光面平整且垂直于加工表面;③将黏结的两块试件分离后浸入 HF 酸蚀刻液中进行蚀刻,使亚表面裂纹易于显微观测;④使用光学显微镜进行观测,从而获得亚表面裂纹深度及其构形信息,如图 5.12 所示。

2. 角度抛光法

角度抛光法是检测光学材料和半导体材料加工过程引入的亚表面裂纹深度时最常采用的一种方法,该方法的实质是将位于试件截面上的亚表面损伤信息

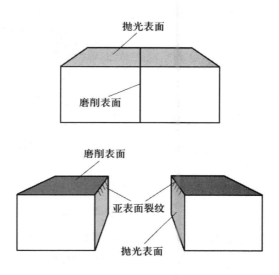

图 5.11　截面显微法测量原理示意图

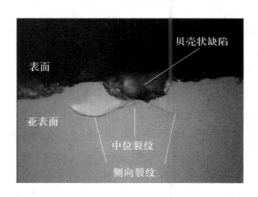

图 5.12　石英玻璃研磨亚表面裂纹的截面光学显微图像(1400 倍)

用一个小角度的斜面放大显示出来,相对于截面显微法提高了测量范围和测量精度,并且角度抛光法样本制作简单、容易实现,通过光学显微镜和一些简单的几何关系就可以直接确定亚表面裂纹的深度,图 5.13 为角度抛光法的原理示意图。但是在传统的角度抛光法中抛光斜面的角度通过夹具来保证,夹具的加工精度及黏结过程引起的试件与夹具的平行度会引入测量误差,针对角度抛光法存在的不足,可以采用台阶仪精确测量试件表面与抛光斜面间的实际夹角以提高角度抛光法的测量精度。

　　角度抛光法的具体实验步骤如下:①将待测试件黏结在角度抛光夹具上;②

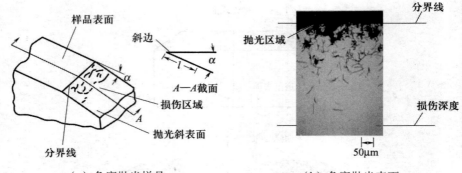

（a）角度抛光样品　　　　　　　　　　（b）角度抛光表面

图 5.13　角度抛光法原理示意图

将固定在夹具上的试件分别进行研磨和抛光,得到一个角度为 α 的斜面(当 α = 6°时,能够将亚表面裂纹深度放大 10 倍);③使用台阶仪测量试件轮廓,根据该轮廓精确计算出试件表面与抛光斜面间的实际夹角 α_a;④将试件浸入 HF 酸蚀刻液中进行蚀刻,使亚表面裂纹易于显微观测;⑤使用光学显微镜观测抛光斜面并测量裂纹水平方向延伸距离 l(图 5.13),在一个试件上的不同位置获取 3 个最大的裂纹长度值,然后取其平均值,再根据下式计算出试件的亚表面裂纹深度:

$$d = l \times \sin \alpha_a \tag{5.4}$$

3. Ball dimpling 法

Ball dimpling 法是美国罗彻斯特大学光学制造中心(Center for Optics Manufacturing,COM)开发出来的,该方法采用不锈钢球和金刚石抛光膏在工件上抛出凹痕,图 5.14 为测量装置实物图,该凹痕穿透亚表面损伤层达到材料基体部分。测量前,将工件在 KOH 溶液中腐蚀 30s,以充分暴露亚表面损伤,利用光学显微镜测量不锈钢球在工件表面抛光产生的凹痕直径和凹痕中心未损伤部分直径,如图 5.15 所示。工件亚表面损伤深度可由下式计算得到[29]:

$$SSD = \left[R - \sqrt{R^2 - (D_1/2)^2} \right] - \left[R - \sqrt{R^2 - (D_2/2)^2} \right] \tag{5.5}$$

式中 SSD 为亚表面损伤深度;

　　　R 为不锈钢球半径;

　　　D_1 为凹痕直径;

　　　D_2 为凹痕中心未损伤部分直径。

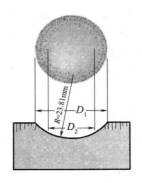

图 5.14　Ball dimpling 法测量装置实物图　　图 5.15　凹痕俯视及横截面示意图

4. 磁流变抛光法

　　角度抛光法和 Ball dimpling 法会在抛光斜面上产生附加损伤,这些附加损伤难以与磨削及研磨加工引入的亚表面裂纹准确区分。磁流变抛光以其独特的剪切去除机理能够在保证高材料去除率的同时不引入损伤,适用于光学零件磨削和研磨亚表面裂纹的检测。磁流变抛光法的测量原理是:利用磁流变抛光不产生附加损伤的特性,在磨削或研磨表面造坑(斑点或斜面),以暴露加工后试件的亚表面裂纹层,根据酸蚀后试件亚表面裂纹延伸的水平距离及磁流变斑点或斜面轮廓确定亚表面裂纹层深度,图 5.16 为磁流变抛光法原理示意图[30]。磁流变抛光法通过控制抛光过程(去除函数大小、抛光轮路径规划方式和抛光时间等)确定亚表面裂纹深度放大倍数,而角度抛光法和 Ball dimpling 法通过专用夹具确定亚表面裂纹深度放大倍数,因此,前者能够获得远大于后者的亚表面裂纹深度放大倍数,更重要的是前者具备可控性,能够根据待测试件的差异灵活调整抛光过程实现从粗磨到精研全过程的亚表面裂纹深度准确检测。

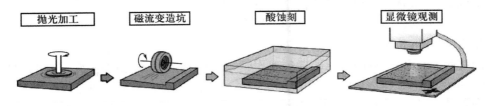

图 5.16　磁流变抛光法原理示意图

1) 磁流变抛光斑点法

　　Randi[31]在 Ball dimpling 法基础上开发出磁流变抛光斑点法以解决 Ball Dimpling 方法及角度抛光法存在附加损伤和测量效率低的缺陷,此外,它还具有抛光斑点倾角小,利于观测的优点。该测试方法中,磁流变抛光斑点起到亚表面裂纹放大器的作用,将微米级裂纹深度的测量转化为毫米级裂纹在水平方向延伸距离的测量,该方法对亚表面裂纹的放大能力达到数百倍,非常适用于研磨等低损伤情况的亚表面裂纹深度精确测量。

2）磁流变斜面抛光法

磁流变抛光斑点法相对于角度抛光法有效地提高了测量精度和测量效率,但是,磁流变斑点垂直抛光方向的横截面呈近高斯形,使得该测试方法只能测得试件某一直线段上的裂纹深度,难以反映试件的整体损伤情况。

Suratwala[30]开发出的磁流变斜面抛光法提供了一种高精度的亚表面裂纹深度测量方法,该检测方法相对于磁流变抛光斑点法具有较大的测量面积,能够反映试件一定平面区域内的损伤情况。更重要的是磁流变抛光斜面垂直抛光方向的倒梯形横截面形状,使得该方法能够定量描述亚表面裂纹的分布特征。

5. 挠度法

对待测薄板试件表面进行微量均匀去除（可以采用腐蚀法或研抛法）,使其表层残余应力释放,由于破坏了试件内部的应力平衡状态,试件内部应力得以重新分布,形成新的应力平衡。随着残余应力的连续释放,薄板试件产生了变形,使用应变片、机械或感应传感器或干涉法测量试件的挠度,根据测得的挠度和剥层深度就可以计算出残余应力的大小。为完整描述表面的二维应力状态,需要在多个方向上测量试件的挠度。

6. HF 酸化学蚀刻速率法

HF 酸与玻璃之间的化学反应是一种酸碱反应,反应过程决定于 HF 酸溶液特征和玻璃本质结构,反应速率与 HF 酸浓度和温度、玻璃结构和成分、机械加工引发的缺陷以及反应时间等多种因素密切相关。恒定化学蚀刻速率法的物理基础是:在其他因素已经确定的情况下,蚀刻速率依赖于蚀刻化学试剂与工件的接触面积以及工件表面的化学电位。对有一定损伤深度的光学零件,由于表面损伤严重,蚀刻初始阶段包含亚表面裂纹在内的表面与蚀刻化学试剂具有较大的接触面积和表面化学电位,蚀刻速率较大,与此同时裂纹层内存在大量断裂的 Si—O 键,Si—O 键断裂产生的悬空键十分活跃,这就进一步加快了反应速率。随着蚀刻过程的进行,接触面积和表面化学电位减小,蚀刻速率相应地减小。最后,达到基体部分时,化学蚀刻速率保持恒定。Hed[1]开发的 HF 酸恒定化学蚀刻速率法是在固定反应速率的其他影响因素前提下,通过分析绝对蚀刻速率变化与玻璃机械加工引发缺陷间的关系间接测量玻璃磨削加工产生的亚表面损伤深度。

上述亚表面损伤性检测技术基本能满足亚表面损伤准确检测的要求。但是,损伤性检测技术会导致光学零件的破坏或失效,这对昂贵的光学系统或光学零件尤其不利,并且取样加工试件与实际光学零件的损伤存在差异,而最终的测量精度还取决于操作人员的经验。鉴于损伤性检测技术原理简单,易于实现,并且测试设备费用较为低廉,因此,在验证无损检测技术有效性和材料质量控制的研究过程中,损伤性检测仍然是不可替代的技术手段。

5.3.2　无损检测技术

无损检测技术利用无损伤测量技术得到物理的或其他导出的参数与材料和介质中不均匀性之间的关系,并据此来定量地估计材料的完整性。常用的无损检测技术有基于强度检测的全内反射显微术、激光共焦扫描显微术、光热测量术、扫描声显微术、X 射线衍射法和显微拉曼光谱法等。

1. 基于强度检测的全内反射显微术

荷兰 Delft 大学开发出基于强度检测的全内反射显微术,用于实现光学元件表面质量(划痕、凹坑)、表面粗糙度和亚表面损伤(裂纹、残余应力)的无损检测。该方法的基本原理是:当激光束倾斜入射到理想透明光学元件表面时,如果入射角超过临界角,光束将在被测表面发生全反射。但是,实际光学元件存在的表面/亚表面缺陷会导致光束发生散射,从而无法在界面处发生全反射,降低反射光束强度。通过反射光束强度特征信号的提取和分离可实现亚表面损伤的无损检测,图 5.17 为基于强度检测的全内反射显微术测量原理示意图和测量系统实物图[32]。由于探测器置于光学元件侧边,不影响抛光过程,故该检测技术可实现抛光质量的在线监控。该检测技术未来研究的重点是建立激光束反射光强与表面粗糙度参数和亚表面损伤深度间的定量关系,以及不同类型损伤的准确区分。

2. 激光共焦扫描显微术

伴随着数字化成像技术的发展,出现了基于光散射原理的激光共焦扫描显微术。该方法是将激光束入射至试件内部,并对试件内部各层面进行扫描,使用图像传感器接收扫描过程中由缺陷引起的散射光,由散射图像即可判断缺陷的大小和位置,该方法是检测试件体缺陷最有效的方法之一。美国安捷伦公司利用该检测技术测量光学元件的亚表面缺陷,并对其进行实时成像。测量时将显微镜焦平面调节至光学元件内部进行三维扫描,将扫描获得的焦平面沿深度方向的背散射光图像进行堆垛处理,从而获得典型光学元件亚表面的完整三维轮廓。

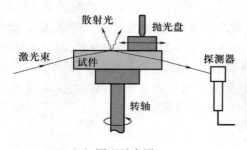

（a）原理示意图　　　　　　　　　　（b）测量系统实物图

图 5.17　基于强度检测的全内反射显微术

　　图 5.18 为激光共焦扫描显微术原理示意图和测量系统实物图[33]。由于该显微镜能够遮挡共焦平面上方和下方的反射光，可获得垂直方向 150nm 的可视分辨率。

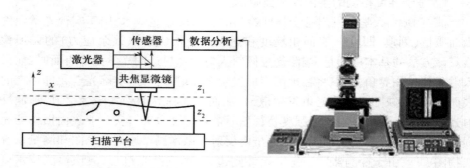

（a）原理示意图　　　　　　　　　　（b）测量系统实物图

图 5.18　共焦扫描激光显微术

3. 光热测量术

　　光热测量术的物理原理是：强度调制紧聚焦光束投射到试件表面，试件吸收以及随后弛豫释放的热能会分布在试件周边范围内，利用传感器检测激光束穿过加热试件表面点附近空气时发生的偏转量，获得周期性加热固体的局部热响应。试件内部的缺陷扰乱了热通量的传递，因此，传感器检测信号中即包含试件亚表面缺陷类型及其分布等信息，图 5.19 为光热测量术测量原理示意图[34]。该检测技术主要适用于光学元件粗加工产生的亚表面裂纹等宏观机械损伤的测量。

4. 扫描声显微术

　　超声检测技术在材料特性分析中有着广泛的应用。利用超声波照射试件，

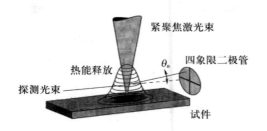

图 5.19 光热测量术测量原理示意图

通过换能器收集反射、透射或散射信号,就可以获得材料的各种特性,包括试件内部的微结构和缺陷等。扫描声显微术就是将超声波聚焦至试件内部,通过三维扫描获取试件的亚表面损伤图像,图 5.20 为扫描声显微术测量原理示意图[35]。然而,由于衍射效应的影响,该检测技术的精度有限,侧向分辨率为 $3\mu m$,无法实现更精细尺度上对试件的显微观测。

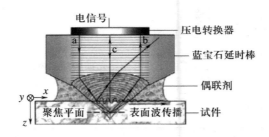

图 5.20 扫描声显微术测量原理示意图

5. X 射线衍射法

X 射线衍射法是一种常用的测试晶体材料残余应力的无损检测方法。X 射线以一定角度照射到晶体表面时会发生衍射现象,衍射条纹的位置会因为经过间距的不同而发生变化,通过对比在有无残余应力时的晶格间距的变化值,再结合结晶学理论就可以计算出残余应力的大小,图 5.21 为 X 射线衍射法测定应力原理示意图。该方法具有无损伤、测量区域可变和重复精度高等优点。但是,它只能测量材料表层一定深度内的综合内应力,此外,不同种类的 X 射线测量同一零件的残余应力存在很大差异。

将上述无损检测技术列于表 5.2 中进行比较,可以看出多数无损检测技术仍然处于定性测量阶段,测量精度有限,并且测量原理的限制使得它们主要适用于磨削和研磨等粗加工过程产生的宏观机械损伤检测。此外,无损检测技术相对于损伤性检测技术的测量精度低,探测深度浅,测试系统成本高,测量结果不

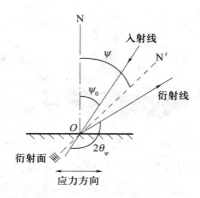

图 5.21　X 射线衍射法测定应力原理示意图

直观,并且检测机理模型需要进一步深入研究。如何综合损伤性和无损检测技术的优势,在保证检测精度的前提下实现亚表面损伤的无损、快速和低成本检测是亚表面损伤研究的关键问题之一。这一问题的解决为通过降低检测时间提高加工效率以及大型光学零件亚表面损伤的检测提供可能。

表 5.2　光学零件亚表面损伤无损检测技术对比

无损检测技术	适用范围			定量	测量精度	环境要求
	材质	损伤类型	制造过程			
基于强度检测的全内反射显微术	透明材料	表面缺陷、亚表面裂纹、残余应力	研磨、抛光	否	低	低
激光共焦扫描显微术	无限制	表面缺陷、亚表面裂纹	磨削、研磨	否	低	低
光热测量术	无限制	表面缺陷、亚表面裂纹、残余应力	磨削、研磨	否	低	低
扫描声显微术	无限制	表面缺陷、亚表面裂纹	磨削、研磨	否	低	低
X 射线衍射法	晶体材料	残余应力	磨削、研磨	是	中	高

如何进一步提高光学零件的加工效率和加工质量满足现代大型光学系统对加工周期、生产成本和使用性能的严格要求是光学制造业所面临的新问题和新挑战。从亚表面损伤国内外的发展趋势来看,亚表面损伤无损检测技术、粗加工损伤控制技术和超微损伤抛光技术将成为今后的研究热点。

本章主要介绍国防科技大学精密工程研究室围绕光学零件的磨削、研磨和抛光过程,针对亚表面损伤检测技术、产生机理、影响规律及其表征、预测和去除方法开展的研究工作及取得的成果。通过对亚表面损伤的研究,改进加工工艺、优化加工流程并开发出新的加工方法,最终达到提高加工效率和加工质量的目的。

5.3.3 亚表面损伤检测实验

国防科技大学精密工程研究室利用自行开发的磁流变抛光机床,进行了磁流变抛光法的实验研究,并开展了 HF 酸差动化学蚀刻速率法的实验研究。

1. 磁流变抛光斑点法实验研究

实验步骤如下:

1)试件表面造坑(斑点)

使用磁流变抛光机床在待测试件表面试抛几个斑点以调整斑点大小(取决于测量斑点轮廓用台阶仪和测量裂纹分布水平距离用微动平台的量程)及贯入深度(取决于亚表面裂纹层深度及测量效率),获得优化的磁流变抛光参数。接着,在待测试件表面抛出三个抛光斑点(倾斜的凹坑),如图 5.22 所示,抛光斑点的中部穿过亚表面裂纹层,这样能够保证有最大的水平视场以确定所有的亚表面裂纹均被暴露出来。

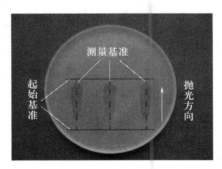

图 5.22 试件表面的磁流变抛光斑点

2)斑点中线轮廓测量

使用台阶仪分别以磁流变抛光斑点头部和尾部起始基准线为测量起始点,沿斑点测量基准线测量各斑点的中线轮廓,如图 5.23 所示。图 5.23(a)为台阶仪测得的磁流变抛光斑点中线轮廓图(沿抛光方向)。由于斑点垂直抛光方向为对称结构,在斑点中线底部沿斑点宽度方向的轮廓变化平缓,因此,以斑点中线作为测量基准能够降低测量误差,如图 5.23(b)所示。

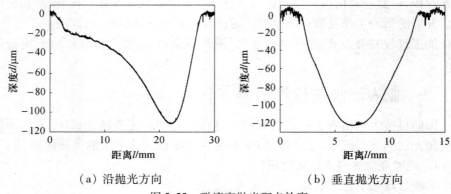

（a）沿抛光方向   （b）垂直抛光方向

图 5.23　磁流变抛光斑点轮廓

3）亚表面裂纹观测及裂纹深度测量

将待测试件浸入 HF 酸蚀刻液中进行蚀刻以打开裂纹使其易于观测。试件经超声波清洗后置于微动平台上,使用光学显微镜从斑点起始基准开始沿斑点测量基准观测裂纹,如图 5.24 所示,记录裂纹消失时的平台移动距离,对应测得的斑点沿抛光方向的轮廓,即可获得亚表面裂纹深度（图 5.24 所示的 K9 玻璃磨削亚表面裂纹深度为 52.7 μm,根据图 5.23（a）所示的磁流变抛光斑点轮廓可知该深度对应的水平距离为 14.951 mm,也就是说在该检测过程中亚表面裂纹深度被放大了约 280 倍）。在每个斑点位置,将沿斑点头部和尾部的两次测量结果的均值作为该斑点处的亚表面裂纹深度。按照相同的实验步骤测量 6 个斑点（2 块试件）的亚表面裂纹深度,取其均值作为该加工条件下的亚表面裂纹深度。

2. 磁流变斜面抛光法实验研究

实验步骤如下:

1）试件表面造坑（斜面）

使用磁流变抛光机床在待测试件表面试抛几个斜面以调整斜面大小及贯入深度,进而获得优化的磁流变抛光参数。接着,采用一维扫描的方式在待测试件表面抛出斜面,如图 5.25 所示,抛光斜面的中部穿过亚表面裂纹层,这样能够保证有最大的水平视场以确定所有的亚表面裂纹均被暴露出来。

2）斜面轮廓测量

使用台阶仪分别以磁流变抛光斜面头部和尾部起始基准线为测量起始点,沿斜面测量基准线测量斜面轮廓。图 5.26 为台阶仪测得的典型磁流变抛光斜面轮廓图。

　光学非球面镜制造中的面形测量技术

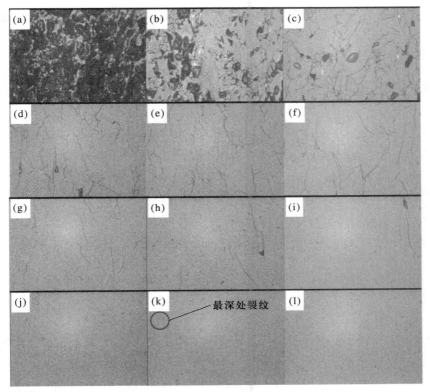

（a）距离表面0.6μm；（b）距离表面3.0μm；（c）距离表面7.9μm；（d）距离表面12.3μm；
（e）距离表面15.8μm；（f）距离表面19.4μm；（g）距离表面24.0μm；（h）距离表面36.6μm；
（i）距离表面37.9μm；（j）距离表面42.3μm；（k）距离表面52.7μm；（l）距离表面55.3μm。

图5.24　K9玻璃磨削亚表面裂纹光学显微图像（1000倍）

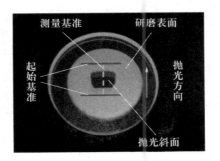

图5.25　试件表面的磁流变抛光斜面

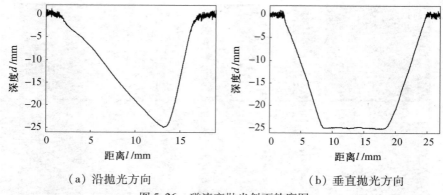

（a）沿抛光方向 （b）垂直抛光方向

图 5.26　磁流变抛光斜面轮廓图

3）亚表面裂纹观测及裂纹深度测量。

　　将待测试件浸入 HF 酸蚀刻液中进行蚀刻以打开裂纹使其易于观测。试件经超声波清洗后置于微动平台上，使用光学显微镜从斜面起始基准开始沿斜面测量基准观测裂纹，如图 5.27 所示，记录裂纹消失时的平台移动距离，对应测得的斜面沿抛光方向的轮廓即可获得亚表面裂纹深度（对图 5.26（a）所示的磁流变抛光斜面轮廓进行曲线拟合，得到该拟合直线的斜率约为 2.1×10^{-3}，也就是说在该检测过程中亚表面裂纹深度被放大了约 480 倍）。在每条测量基准线上，将沿斜面头部和尾部的两次测量结果的均值作为该测量区域的亚表面裂纹深度。按照相同的实验步骤测量 6 个区域（2 块试件）的亚表面裂纹深度，取其均值作为该加工条件下的亚表面裂纹深度。最后，通过图像处理技术计算出距离

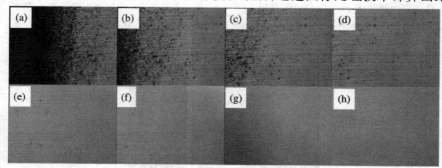

（a）表面；（b）距离表面 2.6μm；（c）距离表面 4.7μm；（d）距离表面 6.5μm；
（e）距离表面 8.1μm；（f）距离表面 10.4μm；（g）距离表面 12.3μm；（h）距离表面 14.3μm。

图 5.27　K9 玻璃研磨亚表面裂纹光学显微图像（200 倍）

表面不同深度处的亚表面裂纹密度,即可获得亚表面裂纹密度沿深度的分布情况。

3. HF酸差动化学蚀刻速率测试方法和实验研究

在HF酸恒定化学蚀刻速率法中,蚀刻液浓度和温度以及反应时间对蚀刻速率影响较大,并且化学反应过程的复杂性(反应的吸放热、溶液浓度的分布)使得整个实验过程无法保证反应条件稳定。此外,由于反应过程中会在玻璃表面形成络合物阻碍HF酸与玻璃的反应,因此通过绝对蚀刻速率变化测量亚表面损伤,不能真实反映实际反应过程,存在原理性误差。

针对恒定化学蚀刻速率法存在的上述不足,国防科技大学精密工程研究室利用相对蚀刻速率代替绝对蚀刻速率以避免测量的原理性误差,采用差动方法以有效地降低酸液浓度和温度等外界因素引入的系统误差,提高测量效率和测量精度。我们将该改进方法称为HF酸差动化学蚀刻速率测试方法。

差动方法的基本思想是:通过分析环境因素对加工试件和基体试件的影响趋势,将相同实验条件下加工试件和基体试件的蚀刻速率进行差动处理,以达到降低环境变化对测量精度影响的目的。差动方法的物理基础是:环境因素对加工试件和基体试件的影响趋势相同,但是影响程度不同。随着蚀刻过程的进行,加工试件的亚表面损伤逐步被去除,环境因素对加工试件和基体试件的影响差异趋向于恒定,当加工试件的亚表面损伤完全被蚀刻掉,也就是蚀刻到达基体部分时,加工试件和基体试件的蚀刻速率差为一恒定值(基体间的差异导致该恒定值不为零)。利用相应的判断准则就可以确定加工试件蚀刻到基体的时间,该时间对应的蚀刻深度即为亚表面损伤深度。

HF酸差动化学蚀刻速率法操作简单,测试成本低,作为一种化学测试方法能够获得比其他物理方法更丰富的损伤信息(测得的亚表面损伤深度包括亚表面裂纹层深度和亚表面残余应力层厚度),但是该方法重复精度(不大于5μm)及测量效率较低,并且HF是一种有毒、腐蚀性气体,对操作人员有危害。HF酸差动化学蚀刻速率法的实验步骤有以下几步。

1)蚀刻速率曲线的获得

配制HF酸与NH_4F的混合溶液作为蚀刻液。使用超声波清洗待测试件后用干燥箱烘干,使用电子分析天平测量其初始质量。将盛放HF酸蚀刻液的聚四氟乙烯烧杯置于恒温水浴中,图5.28为HF酸差动化学蚀刻速率法实验装置实物图。将试件与液面垂直放置,固定浸泡于酸液中,同一组试件中作对比的加工试件和基体试件放置在同一个烧杯中保证两者具有相同的外部环境。每间隔15min将试件取出,充分清洗、烘干、称重。重复上述步骤12次,试件累计蚀刻时间为180min。通过计算试件在每段时间间隔的质量损失得到对应时段的平均蚀刻速率，得到磨削试件和基体试件的相对蚀刻速率曲线，如图5.29所示。从图中可以看出由于HF酸与试件反应放热引起的局部温升以及蚀刻液浓度的变化使得磨削试件及基体试件蚀刻速率曲线呈现局部波动。

图5.28　HF酸差动化学蚀刻速率法实验装置实物图

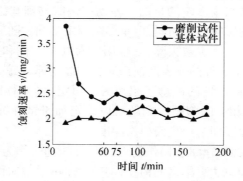

图5.29　K9玻璃蚀刻速率曲线

2）拐点的判断

采用差动法对实验数据进行处理（磨削试件蚀刻速率减去对应时刻基体试件蚀刻速率），得到差动蚀刻速率曲线，如图5.30所示，可以看出经过差动处理的蚀刻速率曲线较为平滑，对环境因素的变化不敏感。由于差动蚀刻速率曲线在60min后变化平缓，并且存在局部突起，给拐点位置的精确判断增加了困难。考虑到拐点位置为蚀刻速率恒定的起始位置，也就是HF酸与磨削试件的反应时间到达该时间段后反应速率没有增加的趋势（加速度为零）。因此，对差动蚀刻速率进行进一步的差分处理，得到如图5.31所示的差动蚀刻加速度曲线，从该曲线中可以看出:①差动蚀刻加速度为负值,说明差动蚀刻速率呈现减小趋势;②差动蚀刻加速度绝对值呈现减小趋势,说明差动蚀刻速率减小的趋势逐渐变缓;③差动蚀刻加速度为正值是环境因素及反应放热等化学因素的影响,可忽略。通过基体试件的蚀刻实验发现基体之间的蚀刻加速度差值均小于 $0.004\text{mg}/\text{min}^2$,所以当磨削试件与基体试件的差动蚀刻加速度在 $-0.004\text{mg}/\text{min}^2 \sim 0\text{mg}/\text{min}^2$ 范围内时,就可以认为蚀刻到达基体部分。结合图 5.30 和图 5.31,将 75min 作为拐点时间。

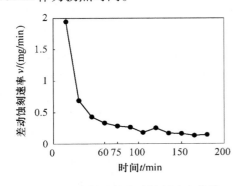

图 5.30　磨削试件差动蚀刻速率曲线

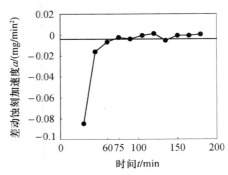

图 5.31　磨削试件差动蚀刻加速度曲线

3) 蚀刻深度的测量

在拐点判断的基础上,将磨削试件表面部分涂蜡密封浸入 HF 酸蚀刻液中蚀刻 75min(拐点对应时间),蚀刻结束后,试件的蚀刻表面与密封表面间形成台阶,使用台阶仪测量台阶高度就可以得到磨削试件的蚀刻深度。取 6 块磨削试件进行蚀刻深度测量,取其检测结果的平均值作为该磨削条件下的亚表面损伤深度值。

5.3.4　基于表面质量关联的亚表面检测技术

光学加工过程引起材料表层状态变化是由表及里产生的,从本质上说这些变化是材料对外界加工环境的不同响应方式和发展规律,亚表面损伤及表面粗糙度等统计参数是对这些材料响应方式和发展规律从不同侧面的定量描述,因此,表面和亚表面状态变化必然存在一定的内在联系,这一观点为我们进行光学零件加工亚表面损伤的检测开拓出新的思路。考虑到表面粗糙度易于检测,如果能够建立亚表面损伤与表面粗糙度之间的联系,就可以通过表面粗糙度对亚表面损伤进行无损、快速和低成本检测。

国内外学者对多种加工条件下光学零件亚表面裂纹深度与表面粗糙度间关系进行了大量的实验研究和理论分析,实验结果表明特定加工条件下亚表面裂纹深度与表面粗糙度的比值基本恒定,也就是说它们之间近似呈线性关系,表5.3中列出了亚表面裂纹深度与表面粗糙度比值的一些有代表性的实验结果[30,31,36]。表中亚表面裂纹深度与表面粗糙度比值间差异较大的原因除了材料和加工方式的差别外,表面粗糙度的测量手段(接触式轮廓仪和白光干涉仪)、评价参数(峰谷值和平均值)、取样长度和检测位置也是不可忽略的因素。Lambropoulos[37]和 Randi[31]根据亚表面裂纹深度与表面粗糙度比值的上限,利用表面粗糙度的测量结果评价亚表面裂纹深度,针对光学玻璃和单晶材料的确定性微磨过程,获得其上限值分别为 2 和 1.4。Lambropoulos[37]和 Miller[38]应用压痕断裂力学理论分析了造成这种实验现象(亚表面裂纹深度与表面粗糙度间近似呈线性关系)的原因,并分别建立了基于尖锐压头和球形压头印压的亚表面裂纹深度与表面粗糙度间比值关系(SSD/SR)的线性模型,以根据材料机械特性、磨粒形状和磨粒载荷对亚表面裂纹深度和表面粗糙度的比值进行预测。但是,考虑到磨削和研磨过程的复杂性和随机性,难以准确获得磨粒载荷,使得上述 SSD/SR 模型不便于使用并且预测精度有限,无法满足亚表面裂纹深度快速、准确检测的需要。更重要的是,磨粒载荷随着加工参数的变化而变化,说明SSD/SR 比值并不是学者们所认为的恒定值。因此,有必要对亚表面裂纹深度与表面粗糙度间的关系进行进一步的研究。

表 5.3　亚表面裂纹深度与表面粗糙度比值的实验结果

研究者	Preston	Aleinikov	Kachalov	Hed	Miller
材料	玻璃	玻璃、大理石晶体和红宝石	玻璃	BK7 玻璃、石英玻璃和微晶玻璃	石英玻璃
加工方式	磨削	研磨	磨削	磨削	磨削和研磨
比值	3 ~ 4	3.9 ± 0.2	3.7	6.4 ± 1.3	9.1

1. 断裂力学理论基础

1)尖锐压头印压亚表面裂纹深度模型

对于尖锐压头印压,当印压载荷超过某一临界值,即在接触区下产生不可恢复的塑性变形。进一步增大载荷会形成具有弹塑性接触特征的中位和侧向裂纹系统。中位裂纹起源于印压加载阶段压头下方材料内部的弹/塑性变形区边界处,该边界处层间的交错作用可能是中位裂纹的成核原因。中位裂纹随着印压载荷的增加在平行于压头载荷方向的平面内向四周扩展,形状多为圆形或圆缺形。而侧向裂纹的诱发及扩展机理与材料的弹性及塑性特性之间存在复杂的关系,侧向裂纹有可能在印压过程中的任何时刻甚至在印压结束时形成,并在残余应力场的驱动下扩展。侧向裂纹初始于塑性变形区底部附近并沿平行于试件表面方向延伸。实验(和数值计算)结果表明塑性区域形状呈现球对称形式,与压头形状无关,可以认为尖锐压头卸载后的塑性区域半径即为侧向裂纹深度,图5.32(a)所示为尖锐压头在脆性材料表面印压产生的裂纹系统。

Lambropoulos[37]根据压痕断裂力学理论和理想塑性材料孔洞扩张的 Hill 模型分别获得基于尖锐压头印压的中位裂纹和侧向裂纹深度的计算公式。

其中,中位裂纹深度的计算公式为

$$c = \alpha_K^{\,2/3} \left(\frac{E}{H} \right)^{(1-m)2/3} (\cot \psi)^{4/9} \left(\frac{p}{K_r} \right)^{2/3} \tag{5.6}$$

式中 c 为中位裂纹深度;

p 为压痕压制载荷;

ψ 为压头锐度角;

E 为材料弹性模量;

H 为材料硬度;

K_r 为压痕应力场塑性应力强度因子;

m 为无量纲常数,取值介于 $1/3 \sim 1/2$ 之间;

$\alpha_K = 0.027 + 0.090(m - 1/3)$。

侧向裂纹深度的计算公式为

$$b = 0.43 (\sin \psi)^{1/2} (\cot \psi)^{1/3} \left(\frac{E}{H} \right)^m \left(\frac{p}{H} \right)^{1/2} \tag{5.7}$$

2)微小球形压头印压亚表面裂纹深度模型

通常球形压头印压产生的弹性变形会在脆性材料表面产生环形裂纹,随着压制载荷的进一步增加,环形裂纹会向材料内部扩展并最终形成锥形裂纹,在整个印压过程中不会产生塑性变形。对于微小(半径不大于 $200\,\mu m$)球形压头,当印压载荷超过某一临界值(小于锥形裂纹成核载荷)时,即在接触区下产生不可恢复的塑性变形,进一步增大载荷会产生"发育良好的塑性"并形成具有弹塑性接触特征的中位和侧向裂纹系统[38],图5.32(b)所示为微小球形压头在脆性材料表面印压产生的裂纹系统。

Marshall[39]认为微小球形压头卸载后由于弹/塑性形变失配而产生的残余

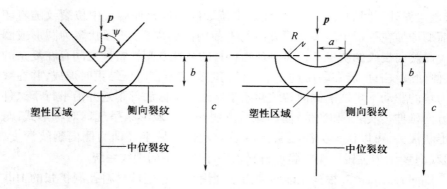

（a）尖锐压头　　　　　　　　（b）微小球形压头

图 5.32　刚性压头在脆性材料表面印压产生的裂纹系统

应力场是微小球形压头印压引发的中位裂纹形成及扩展的驱动力,他利用应力场强度的点力近似解得到压痕应力场塑性应力强度因子表达式:

$$K_r = \beta \, (EH)^{1/2} \, (\delta V)^{2/3}/c^{3/2} \tag{5.8}$$

式中 β 为与材料特性和压头形状无关的无量纲常数;

E 为材料弹性模量;

H 为材料硬度;

δV 为压痕体积;

c 为中位裂纹深度。

球形压头印压产生的球冠状压痕体积为

$$\delta V = (\pi/4) R^3 \, (a/R)^4 \tag{5.9}$$

式中 a 为球冠状压痕半径;

R 为球形压头半径。

球形印压硬度定义为

$$H = p/\pi a^2 \tag{5.10}$$

式中 p 为压痕压制载荷。

将式(5.9)和式(5.10)代入式(5.8)中,得到基于微小球形压头印压的脆性材料中位裂纹深度计算公式:

$$c = \left[(1/4\pi)^{2/3} \beta \left(\frac{E}{H^{5/3} K_r^2} \right)^{1/2} \left(\frac{p^2}{R} \right)^{2/3} \right]^{2/3} \tag{5.11}$$

将球形压头在脆性材料表面印压产生的球冠状压痕转化为相同体积的半球形压痕,得到:

$$a_{\mathrm{r}} = \left(\frac{3}{8\pi^2}\right)^{1/3} \left(\frac{p}{H}\right)^{2/3} \left(\frac{1}{R}\right)^{1/3} \tag{5.12}$$

根据 Hill 模型计算得到半球形压痕与其塑性区域半径的比例关系：

$$\frac{b}{a_{\mathrm{r}}} = \left(\frac{E}{H}\right)^m \tag{5.13}$$

式中 a_{r} 为半球形压痕半径；

b 为球形压头印压产生的塑性区域半径；

m 为无量纲常数，取值范围是 $1/3 \sim 1/2$。

将式(5.12)带入式(5.13)得到基于微小球形压头印压的脆性材料侧向裂纹深度计算公式：

$$b = \left(\frac{3}{8\pi^2}\right)^{1/3} \left(\frac{E}{H}\right)^m \left(\frac{p}{H}\right)^{2/3} \left(\frac{1}{R}\right)^{1/3} \tag{5.14}$$

2. 亚表面裂纹深度与表面粗糙度间非线性关系模型研究

压痕裂纹特征是亚表面裂纹深度与表面粗糙度间关系的物理基础,这些压痕裂纹直接导致亚表面裂纹和表面形貌的形成。国防科技大学精密工程研究室在压痕断裂力学理论模型的基础上对光学零件磨削和研磨加工亚表面裂纹深度与表面粗糙度的关系进行了研究,简述如下。

1) 基于尖锐压头印压的非线性关系模型

通常认为在压痕下方(塑性区域底部附近)形成的侧向裂纹延伸到试件表面是材料去除的原因,这时压痕被完全去除,试件表面残留贝壳状缺陷。因此,Lambropoulos[37]以尖锐压头在脆性材料表面印压产生的裂纹系统为研究对象,假设亚表面裂纹深度为中位裂纹深度,表面粗糙度 PV 值为侧向裂纹深度,通过联立式(5.6)和式(5.7)获得基于尖锐压头印压的亚表面裂纹深度与表面粗糙度比值关系的线性模型：

$$\frac{SSD}{SR} = \frac{c}{b} = 2.326\alpha_{\mathrm{K}}^{2/3} \left(\frac{E}{H}\right)^{(2-5m)/3} \frac{(\cot\psi)^{1/9}}{(\sin\psi)^{1/2}} \left[\frac{p}{(K_{\mathrm{r}}^4/H^3)}\right]^{1/6} \tag{5.15}$$

利用式(5.15)可以通过磨粒载荷(压头压制载荷 p)和磨粒形状(压头锐度角 ψ)对亚表面裂纹深度与表面粗糙度比值的影响规律进行分析,有助于对实验现象本质的理解。但是该比值模型以磨粒载荷为自变量,考虑到磨削和研磨过程的复杂性和随机性,难以准确获得磨粒载荷,使得比值模型不便于使用并且预测精度有限,无法满足亚表面裂纹深度快速、准确检测的需要。更重要的是,磨粒载荷随着加工参数的变化而变化,说明亚表面裂纹深度与表面粗糙度的比值并不是通常所认为的恒定值。

针对 Lambropoulos 模型的不足,我们联立式(5.6)和式(5.7)并消去磨粒载荷 p,得到基于尖锐压头印压的亚表面裂纹深度与表面粗糙度间非线性关系模型:

$$SSD = 3.08 \, \alpha_K^{2/3} \frac{1}{\sin\psi^{2/3}} \frac{H^{2m}}{E^{2m-2/3} K_r^{2/3}} SR^{4/3} \tag{5.16}$$

注意到式(5.6)计算得到的是压头卸载后残留的塑性应力场引发的中位裂纹深度。实际上中位裂纹形成于印压加载阶段,而印压加载阶段的压痕应力场由压痕压制载荷 p 引进的弹性应力场和压痕弹/塑性形变失配或压头下方变形区的楔紧作用导致的塑性应力场两部分组成[40],如图 5.33 所示。压制载荷达到最大值时,压痕弹性应力场(压痕应力场弹性组元)和压痕塑性应力场(压痕应力场塑性组元)同时达到最大值,此时塑性区域底部的拉应力也达到最大值,导致中位裂纹扩展到最终尺寸。根据裂纹扩展的不可逆性,中位裂纹在印压卸载阶段不会闭合。也就是说当压制载荷达到最大值时,在压痕应力场弹性组元及塑性组元的共同作用下,中位裂纹最终形成。因此在计算中位裂纹深度时必须考虑压痕应力场弹性组元对中位裂纹扩展的贡献。

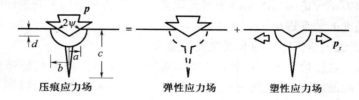

图 5.33　印压加载阶段压痕应力场的组成

由受法向集中载荷 p 作用的各向同性弹性半空间问题的 Boussinesq 解得到压痕应力场弹性组元应力强度因子表达式:

$$K_e = \chi_e p / c^{3/2} \tag{5.17}$$

式中 χ_e 为与裂纹长度、塑性区域大小以及裂纹前缘位置有关的压痕系数(indentation coefficients)。

利用应力场强度的点力近似解得到压痕应力场塑性组元应力强度因子的表达式:

$$K_r = \chi_r p / c^{3/2} \tag{5.18}$$

式中 χ_r 为与材料机械特性、压头锐度角以及裂纹前缘位置有关的压痕系数。

联立式(5.17)和式(5.18)得到:

$$K_e / K_r = \chi_e / \chi_r = \xi \tag{5.19}$$

式中 ξ 为中位裂纹弹性组元和塑性组元压痕系数的比值。

根据压痕裂纹系统平衡条件:

$$K_c = K_e + K_r = (1 + \xi)K_r = \kappa K_r \qquad (5.20)$$

式中 K_c 为材料断裂韧性;

κ 为压痕应力场弹性组元对中位裂纹深度的修正系数。

将式(5.20)代入式(5.16),得到考虑印压加载阶段弹性变形后基于尖锐压头印压的亚表面裂纹深度与表面粗糙度间非线性关系模型:

$$SSD = 3.08(\kappa\alpha_K)^{2/3} \frac{1}{\sin\psi^{2/3}} \frac{H^{2m}}{E^{2m-2/3}K_c^{2/3}} SR^{4/3} \qquad (5.21)$$

从式(5.21)可以看出加工过程中参数变化引起的磨粒载荷变化体现在表面粗糙度中,这样就比以磨粒载荷为自变量的 Lambropoulos 模型更便于使用,并提高了亚表面裂纹深度的预测精度。由于考虑了弹性组元对亚表面裂纹扩展的贡献,预测结果更接近真实值。此外,亚表面裂纹深度由材料近表面机械特性(弹性模量、硬度和断裂韧性)、磨粒几何特性(磨粒形状)及表面粗糙度决定,并且亚表面裂纹深度与硬度成正比,与断裂韧性和磨粒锐度角成反比。特别值得注意的是亚表面裂纹深度与表面粗糙度成单调递增的非线性关系,即 $SSD \propto SR^{4/3}$,而不是通常所认为的线性关系。

2)基于微小球形压头印压的非线性关系模型

Miller[38]以球形压头在脆性材料表面印压产生的裂纹系为研究对象,假设亚表面裂纹深度为锥形裂纹深度,表面粗糙度为静态侧向裂纹深度,获得基于球形压头印压的亚表面裂纹深度与表面粗糙度比值关系的线性模型:

$$\frac{SSD}{SR} = \left(\frac{\chi_h^{2/3}}{\chi_l}\right)\left(\frac{H}{K_c}\right)^{2/3}\left(\frac{H^{7/30}p^{1/6}}{E^{2/5}}\right) \qquad (5.22)$$

式中 χ_h 为由材料特性决定的无量纲常数;

χ_l 为由材料特性决定的侧向裂纹扩展系数;

K_c 为材料断裂韧性。

Miller 模型中也包含难以准确确定的磨粒载荷,此外,在光学零件的磨削和研磨加工过程中使用的磨粒粒度要远小于印压断裂力学理论研究中使用的球形压头直径,可将其抽象为微小球形压头。Marshall[39]研究发现对于微小(半径不大于 $200\mu m$)球形压头,在锥形裂纹成核前就会在接触区下形成具有弹塑性接触特征的中位和侧向裂纹系统。因此,以形成锥形裂纹为假设条件的 Miller 模型不能应用于光学零件磨削和研磨加工过程亚表面裂纹深度与表面粗糙度比值的计算。

联立式(5.11)和式(5.14)并消去磨粒载荷 p,得到基于微小球形压头印压的亚表面裂纹深度与表面粗糙度间非线性关系模型:

$$SSD = 1.39\beta^{2/3}\frac{E^{1/3-4m/3}H^{1/3+4m/3}}{K_r^{2/3}}SR^{4/3} \qquad (5.23)$$

将式(5.20)代入式(5.23),得到考虑印压加载阶段弹性变形后基于微小球形压头印压的亚表面裂纹深度与表面粗糙度间非线性关系模型:

$$SSD = 1.39(\kappa\beta)^{2/3}\frac{E^{1/3-4m/3}H^{1/3+4m/3}}{K_c^{2/3}}SR^{4/3} \qquad (5.24)$$

从式(5.24)可以看出加工过程中参数变化引起的磨粒载荷变化体现在表面粗糙度中,使得该模型便于使用,并提高了亚表面裂纹深度的预测精度。此外,亚表面裂纹深度由材料近表面机械特性和表面粗糙度决定,并且亚表面裂纹深度与硬度成正比,与断裂韧性成反比。与式(5.21)类似,亚表面裂纹深度与表面粗糙度成单调递增的非线性关系,即 $SSD \propto SR^{4/3}$,而不是通常所认为的线性关系。

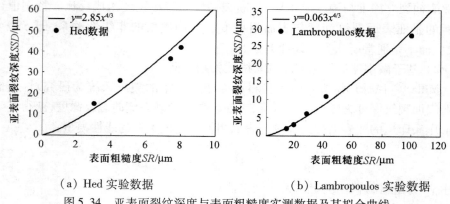

（a）Hed 实验数据　　　　　　（b）Lambropoulos 实验数据

图 5.34　亚表面裂纹深度与表面粗糙度实测数据及其拟合曲线

Hed[36]研究了采用固着磨料磨削(磨粒种类为金刚石和碳化硼,磨粒粒度范围是 $53\mu m \sim 250\mu m$,磨削深度范围是 $2\mu m \sim 30.5\mu m$)后 K9、微晶和石英玻璃亚表面裂纹深度(采用角度抛光法测得)与表面粗糙度 PV 值(使用接触式轮廓仪测得)之间的关系。选取其中金刚石磨粒磨削 K9 玻璃的亚表面裂纹深度和表面粗糙度实测数据,并进行曲线拟合,如图 5.34(a)所示。Lambropoulos[37]研究了游离磨料研磨(选用 Al_2O_3 磨粒,磨粒粒度范围为 $5\mu m \sim 100\mu m$,研磨压强 40kPa,相对速度 1m/s)后 K9 玻璃亚表面裂纹深度(采用 Ball dimpling 法测得)与表面粗糙度 PV 值(使用白光干涉仪测得)之间的关系,其实验数据和拟合曲线如图5.34(b)所示。从 Hed 和 Lambropoulos 实测数据的拟合曲线可以看出亚表面裂纹深度与表面粗糙度成单调递增的非线性关系，即 $SSD \propto SR^{4/3}$，验证了基于尖锐压头和微小球形压头印压的亚表面裂纹深度与表面粗糙度间非线性关系模型的正确性。

3. 基于表面粗糙度的亚表面裂纹深度检测技术

利用亚表面裂纹深度与表面粗糙度间非线性关系模型，通过测量磨削及研磨后光学零件的表面粗糙度可以实现亚表面裂纹深度的无损、快速和低成本检测。为通过降低检测时间提高加工效率以及大镜粗加工亚表面裂纹深度的检测提供可能。下面利用该检测技术分别测量磨削和研磨过程引入的亚表面裂纹深度。

我们针对 K9 玻璃试件，分别进行磨削和研磨加工。使用台阶仪测量加工后试件表面粗糙度 Rz 值(微观不平度 + 点高度)，分别采用角度抛光法和磁流变斜面抛光法检测亚表面裂纹深度。

图 5.35 所示为磨削和研磨亚表面裂纹深度与表面粗糙度间的关系，可以看出亚表面裂纹深度随着表面粗糙度的增大而增大，通过对实测数据的曲线拟合发现：亚表面裂纹深度与表面粗糙度成单调递增的非线性关系，对于磨削和研磨过程拟合得到的幂函数分别为 $SSD = 3.18SR^{4/3}$(拟合均方根误差为 1.137)和 $SSD = 3.60SR^{4/3}$(拟合均方根误差为 0.967)，进一步验证了基于尖锐压头和微小球形压头印压的亚表面裂纹深度与表面粗糙度间非线性模型的正确性。在实际的磨削和研磨加工过程中可以通过测量表面粗糙度并利用该亚表面裂纹深度与表面粗糙度间关系的经验公式实现亚表面裂纹深度的无损、快速和低成本检测。

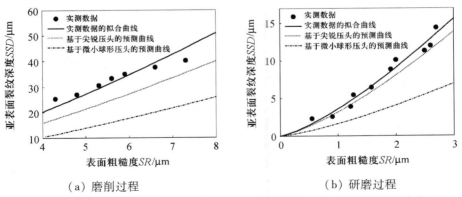

（a）磨削过程　　　　　　　　（b）研磨过程

图 5.35　亚表面裂纹深度与表面粗糙度实测数据拟合曲线和理论预测曲线

下面利用基于尖锐压头和微小球形压头印压的亚表面裂纹深度与表面粗糙度间非线性关系模型,通过测量磨削和研磨后试件的表面粗糙度预测亚表面裂纹深度。从式(5.21)和式(5.24)可以看出加工参数对亚表面裂纹深度的影响体现在表面粗糙度中,只需要确定材料近表面机械特性参数、材料印压断裂相关系数和磨粒形状就可以从理论上预测亚表面裂纹深度。

K9玻璃的近表面机械特性参数为 $E = 79.2\text{GPa}$, $H_v = 7.2\text{GPa}$, $K_c = 0.82\text{MPa} \cdot \text{m}^{1/2}$;数据分析表明 m 取 1/3 更为合适[37];Lawn通过印压实验获得中位裂纹压痕应力场弹性组元和塑性组元的压痕系数分别为 $\chi_{e,M} = 0.032$ 和 $\chi_{r,M} = 0.026$[40],将其代入式(5.19)和式(5.20)得到压痕应力场弹性组元对中位裂纹深度的修正系数 $\kappa = 1 + \chi_{e,M}/\chi_{r,M} = 2.23$;Anstis等人利用大量陶瓷材料的维氏印压实验数据,对无量纲常数 β 进行标定,得到 β 取值为 0.096[39]。Marshall验证了对于球形压痕使用 $\beta = 0.096$ 得到的预测结果与实验结果一致[39]。

由于磨粒晶体的生长机理不同或制粒过程的破碎方法不同,磨粒的形状一般是很不规则的,从宏观上看,磨粒的形状近似于多棱锥体形状。磨粒钝边与试件表面的相互作用可视为微小球形压头在脆性材料表面的印压作用,将上述参数代入式(5.24)获得基于微小球形压头印压的亚表面裂纹深度预测模型:$SSD = 1.62SR^{4/3}$。而磨粒尖端与试件表面的相互作用可视为尖锐压头在脆性材料表面的印压作用,利用式(5.21)预测亚表面裂纹深度时,需要获得磨粒尖端的锐度角。使用扫描激光显微镜测量金刚石砂轮磨粒的三维形貌,并将其简化为三棱锥,发现以侧面作为切削刃时金刚石磨粒的锐度角范围是 46°~82°,以侧棱作为切削刃时金刚石磨粒的锐度角范围是 62°~89°。考虑到亚表面损伤深度与磨粒锐度角(ψ)成反比,见式(5.21),并且使用角度抛光法检测得到的是亚表面裂纹的最大深度,因此取金刚石磨粒的锐度角为 46°。使用扫描电子显微镜分析研磨过程中使用的金刚砂磨粒形状,得到金刚砂磨粒的锐度角为 30°。将K9玻璃近表面机械特性参数、印压断裂相关系数和磨粒尖端锐度角数值代入式(5.21)获得基于尖锐压头印压的磨削和研磨亚表面裂纹深度预测模型,分别是:$SSD = 2.51SR^{4/3}$ 和 $SSD = 3.20SR^{4/3}$。

利用上述预测模型,将基于尖锐压头和微小球形压头印压的亚表面裂纹深度预测曲线与实测数据的拟合曲线进行对比(图5.35),显然基于尖锐压头印压的亚表面裂纹深度预测值要更接近实测值,这是因为磨粒钝边印压作用产生的亚表面裂纹深度要远小于磨粒尖端印压作用产生的亚表面裂纹深度,也就是说前者被后者覆盖,实测的亚表面裂纹深度是由磨粒尖端印压产生的。因此,在光学零件磨削和研磨过程中采用基于尖锐压头印压的亚表面裂纹深度与表面粗糙度间非线性关系模型预测亚表面裂纹深度更为合适。基于尖锐压头印压的亚表面裂纹深度预测值小于实测值是因为台阶仪探针针尖直径较大导致实测的表面粗糙度小于实际表面粗糙度。为提高预测准确性,需要根据实验结果对预测模型进行适当修正,以保证每一道磨削和研磨工序产生的亚表面裂纹被完全去除。

5.4 亚表面损伤表征方法

亚表面损伤的全面、准确和定量表征是亚表面损伤研究的关键问题之一。根据光学零件加工的损伤特点提出有效的亚表面损伤表征方法有助于全面掌握亚表面损伤特征、深入理解加工过程的材料去除机理。针对不同的应用场合采用相应的亚表面损伤表征方法能够在保证光学零件使用性能的前提下提高加工效率。

5.4.1 磨削过程

LLNL 的研究人员对磨削亚表面损伤表征方法进行了开创性的研究,得到了一些有益的结论。

Hed[1]在检测石英玻璃磨削过程产生的亚表面裂纹时发现亚表面裂纹在接近表面处成簇分布,随着深度的增加裂纹密度逐步降低,达到某一深度时该成簇分布的裂纹消失,当深度进一步增加会出现一个单独存在的亚表面裂纹,此时的深度是成簇分布裂纹消失时深度的 1.5 倍 ~ 2 倍。

Hed 建议在一般应用场合可以用成簇分布裂纹消失时的深度表征亚表面裂纹,以减小后续的抛光时间,而对于应用于高精度光学系统中的光学零件,例如高能激光元件和低散射透射元件等,必须使用最大深度对亚表面裂纹进行表征,以在后续的抛光过程中将其完全去除。他认为磨削亚表面裂纹分布的不均匀性可能是最大裂纹深度存在的原因,但是没有进一步从理论上进行分析。

Suratwala[30]使用磁流变斜面抛光技术,利用显微照相及图像处理技术对不同深度处图像进行彩色空间延伸和二进制阈值处理,将图像区域的缺陷置为黑色,缺陷周围非损伤基体置为白色,将裂纹面积比上观测面积得到该区域的模糊度,以此定量表述不同深度处亚表面裂纹密度,最终获得了磨削后石英玻璃亚表面裂纹密度沿深度的分布曲线,如图 5.36 所示。从图中可以看出石英玻璃磨削后亚表面裂纹密度沿深度呈指数形式单调下降。我们对该实验现象进行了理论分析,认为亚表面裂纹密度沿深度的分布取决于加工过程中特定时刻引入的亚

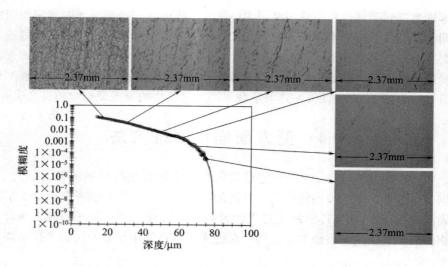

图 5.36　磨削亚表面裂纹密度沿深度的分布曲线

表面裂纹的瞬时分布、不同加工瞬间亚表面裂纹的叠加以及伴随表面材料去除过程的亚表面裂纹的连续去除。考虑到每道加工工序本身引入的亚表面裂纹以及磨削裂纹密度沿深度递减的特点,可以保留一部分前道工序残留的亚表面裂纹,以提高光学零件加工效率。

5.4.2　研磨过程

　　根据研磨亚表面裂纹的分布特征,分别采用群集深度、最大深度和裂纹密度沿深度分布三个表征参数对研磨亚表面裂纹进行全面、准确和定量的描述。

　　研磨产生的亚表面裂纹在接近表面处成片分布,随着深度的增加裂纹密度逐步降低,达到某一深度时成片分布的裂纹消失,我们将该深度定义为研磨亚表面裂纹群集深度。

　　图 5.37 为我们采用磁流变斜面抛光法测得的 K9 玻璃经 W20 金刚砂铸铁盘研磨产生的亚表面裂纹图像。可以看出亚表面裂纹具有随机分布的特点,这是由研磨过程中磨粒的随机运动方式决定的,并且随着深度的增加,裂纹密度逐步降低。注意到成片出现的亚表面裂纹延伸至距离表面 8.8μm 处,如图 5.37(g)所示,此深度即为该研磨条件下的亚表面裂纹群集深度。

　　从图 5.37 中可以看出,随着深度的进一步增加,在群集深度之下会零星出现单独或几个伴生存在的裂纹,当距离表面超过 11.1μm 后,如图 5.37(h)所示,均为未损伤的基体,亚表面裂纹完全消失,我们将此深度定义为研磨亚表面

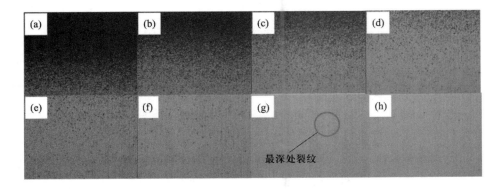

最深处裂纹

（a）表面；（b）距离表面 $1.7\mu m$；（c）距离表面 $2.9\mu m$；（d）距离表面 $4.3\mu m$；
（e）距离表面 $5.3\mu m$；（f）距离表面 $7.0\mu m$；（g）距离表面 $8.8\mu m$；（h）距离表面 $11.1\mu m$。

图 5.37　研磨亚表面裂纹光学显微图像（$200\times$）

裂纹最大深度。对于应用于高精度光学系统中的光学零件，必须使用最大深度对研磨亚表面裂纹进行表征，以在后续的抛光过程中将其完全去除；而在一般应用场合可以用群集深度表征研磨亚表面裂纹，以提高加工效率。

研磨亚表面裂纹群集深度和最大深度存在差异的原因在于研磨过程中磨粒对试件的印压行为是一个随机过程，当磨粒产生的压痕间隙减小到一定程度时，就不能忽略压痕间的相互作用，它们会促进亚表面裂纹的进一步扩展。Buijs[41]利用维氏压头在 B270 玻璃表面的印压实验研究了顺序作用压痕间距离对中位/径向裂纹长度的影响规律。可以借鉴其研究成果用于研究研磨过程亚表面裂纹群集深度与最大深度间的相互关系。

图 5.38 为压痕间相互作用对中位/径向裂纹扩展影响示意图，可以看出压痕应力场会促进相邻压痕中位/径向裂纹的进一步扩展。注意到图 5.38 中两个压痕的相对转角为 0°，此时，压痕应力场对水平方向中位/径向裂纹的扩展最有利，并且扩展后水平方向（图 5.38 中 $c_{/\!/}$）和垂直方向（图 5.38 中 $c_{\perp}$）中位/径向裂纹长度分别相等，此外，水平方向中位/径向裂纹的长度要大于垂直方向的裂纹长度。

Buijs 利用无限弹/塑性材料的 Hill 孔洞扩张解描述压痕塑性区外应力场，通过叠加两相邻压痕在裂纹尖端的应力强度因子，并考虑上述相邻压痕的应力场对裂纹扩展贡献的差异，获得水平方向中位/径向裂纹长度的计算公式：

$$c_{/\!/} = c\left(1 + a^2 F_1 F_2\right)^2 \tag{5.25}$$

其中

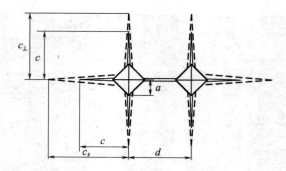

图 5.38　压痕间相互作用对裂纹扩展影响示意图

$$F_1 = \begin{cases} 1 - \dfrac{1}{2a^3}\left(a - \dfrac{d}{2}\right)^2\left(2a + \dfrac{d}{2}\right), & 0 \leqslant \dfrac{d}{2} < a \\ 1, & \dfrac{d}{2} \geqslant a \end{cases}$$

$$F_2 = \frac{1}{(a+d)^2} - \frac{1}{(c+d)^2}$$

式中 $c_{/\!/}$ 为压痕间相互作用产生的扩展后水平方向中位/径向裂纹长度；

c 为独立压痕作用产生的中位/径向裂纹长度；

a 为半压痕对角线长度；

d 为压痕间距离。

将 5.5 节中采用研磨亚表面损伤深度预测方法获得的亚表面裂纹深度仿真结果代入式(5.25)获得研磨过程中压痕间距对亚表面裂纹深度的影响规律，如图 5.39 所示。

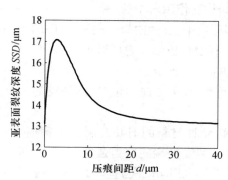

图 5.39　压痕间距对亚表面裂纹深度的影响规律

由式(5.25)和图 5.39 可得:当压痕间距远大于压痕对角线长度时($d \gg 2a$),$F_2 \approx 0$,压痕间相互作用的影响较小可以忽略,此时,$c_{//} \approx c$,中位/径向裂纹的长度等同于单个压痕产生的裂纹长度;随着两压痕间距的减小($d \geqslant 2a$),位于中位/径向裂纹尖端的张开裂纹的环形应力大于闭合裂纹的径向应力,F_2 的取值逐步增大,此时,$c_{//} > c$,从而促进中位/径向裂纹的扩展;当压痕间距小于压痕对角线长度时($0 < d < 2a$),由于 F_1 和 F_2 分别是变量 d 的单调递增和递减函数,因此,随着压痕间距的减小,中位/径向裂纹长度逐步达到最大值,进一步减小间距裂纹长度随之降低,当两压痕完全重合时($d = 0$),$F_1 = 0$,压痕间相互作用对裂纹扩展没有影响(也就是说二次压痕不会在一次压痕的塑性区域处进一步诱发塑性变形),此时,$c_{//} = c$,中位/径向裂纹的长度等于单个压痕产生的裂纹长度。

根据 5.5 节提出的研磨亚表面损伤深度预测方法和 5.6 节获得的加工参数对亚表面损伤深度的影响规律,得到磨粒粒度对亚表面裂纹深度影响规律的仿真和实验结果,利用式(5.25)研究研磨过程亚表面裂纹最大深度与群集深度间的比值关系,见表 5.4。从表中可以看出研磨亚表面裂纹最大深度与群集深度比值的实验结果与仿真结果较为接近,验证了理论分析的正确性,其中,实验结果中最大深度与群集深度的比值为 1.21 ± 0.05。

表 5.4　研磨亚表面裂纹群集深度和最大深度的仿真与实验结果

磨粒粒度	仿真结果/μm		比值	实验结果/μm		比值
	群集深度	最大深度		群集深度	最大深度	
W7	1.9	2.4	1.26	2.8	3.4	1.21
W14	5.2	6.5	1.25	5.5	6.7	1.22
W20	8.0	10.8	1.35	8.8	11.1	1.26
W28	11.3	15.1	1.33	12.3	14.3	1.16
W40	13.1	17.1	1.30	14.3	17.8	1.24

在光学零件研磨过程中,通常每道研磨工序必须将前道工序产生的亚表面裂纹完全去除,考虑到每道研磨工序本身引入的亚表面裂纹以及研磨裂纹密度沿深度递减的特点,可以保留一部分前道工序残留的亚表面裂纹,以提高研磨加工效率,其前提是对亚表面裂纹密度沿深度分布情况的准确和定量表征。

研磨亚表面裂纹密度沿深度的分布取决于研磨过程中特定时刻引入的亚表面裂纹的瞬时分布、不同研磨瞬间亚表面裂纹的叠加以及伴随表面材料去除过程的亚表面裂纹的连续去除。假设 t 时刻引入的亚表面裂纹符合正态分布,记为 $f_o(c)$,经过 Δt 时间后材料被去除 Δ,假定此时会在新的表面产生与 t 时刻相同的裂纹分布,将其记为 $f_o(c+\Delta)$,依此类推,当材料被去除 $i\Delta$ 时,产生的亚表面裂纹分布为 $f_o(c+i\Delta)$,如图 5.40 和图 5.41 所示,从图 5.40 中可以直观地看出随着深度的增加亚表面裂纹的密度逐渐减小。当 i 足够大时,亚表面裂纹的产生和材料去除引起的亚表面裂纹的变浅以至消除达到动态平衡,此时对每一材料去除增量对应的亚表面裂纹深度分布进行积分即可获得亚表面裂纹密度沿深度的分布[30],理论计算结果表明研磨亚表面裂纹密度沿深度成指数递减形式分布,如图 5.42 所示。

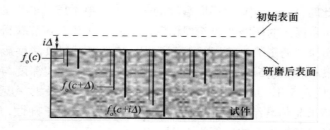

图 5.40　亚表面裂纹产生及其去除过程示意图

利用图像处理技术对图 5.37 中不同深度处亚表面裂纹图像进行二进制阈值处理,将图像区域内的裂纹置为黑色,裂纹周围非裂纹基体置为白色,裂纹面积比上图像面积即获得该深度处的对比度,以此定量表征亚表面裂纹密度。图 5.43 所示为 K9 玻璃研磨亚表面裂纹密度沿深度的分布情况(W7、W14、W20、W28 和 W40 金刚砂磨粒,铸铁研磨盘,研磨压强 16.2kPa,研磨盘速度 50r/min,研磨液浓度 5%(质量分数)),可以看出随着深度的增加,对应的亚表面裂纹密度成单调递减趋势变化,但是,其曲线形状相对于图 5.42 所示的理论裂纹密度分布曲线更为复杂,不能用简单的指数函数形式描述。在距离表面约为群集深度 1/2 时曲线存在二次弯折,亚表面裂纹密度的下降趋势变缓,当达到群集深度时图像对比度约为 10^{-3},注意该对比度并不是恒定值,它取决于二进制阈值的选择,光学显微图像的亮度及其均匀性等。

造成研磨亚表面裂纹密度沿深度分布实验和理论曲线形状存在差别的原因在于:实际研磨过程中磨粒不断碎裂和磨损,改变了磨粒的形状,使得每一研磨增量后的亚表面裂纹深度和分布均发生变化。使用扫描电子显微镜(SEM)分析磨粒形状随研磨时间的演变情况,如图 5.44 所示。

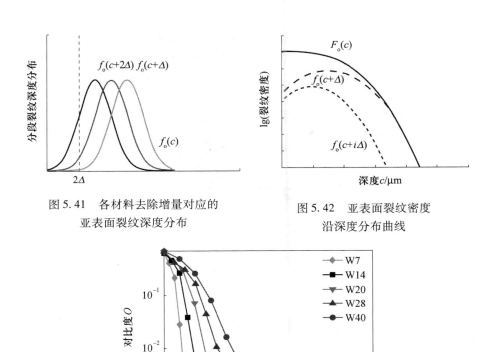

图 5.41　各材料去除增量对应的
亚表面裂纹深度分布

图 5.42　亚表面裂纹密度
沿深度分布曲线

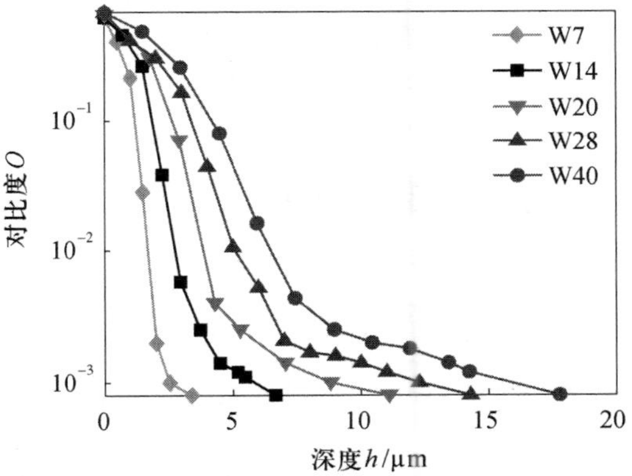

图 5.43　研磨亚表面裂纹密度沿深度分布曲线

　　从图 5.44 中可以看出,随着研磨时间的增长研磨产生的玻璃碎屑逐渐增加,并且尖锐磨粒边缘的断裂或逐步钝化,导致磨粒形状由多棱锥形向球形演变,使得每一研磨增量对应的亚表面裂纹分布发生变化,不满足理论研究中的假设条件:各研磨增量产生相同的亚表面裂纹分布。通过上面的分析可知研磨过程磨粒的碎裂和磨损引起的各研磨增量对应的实际亚表面裂纹分布与理论分布的差异是导致研磨亚表面裂纹密度沿深度分布实验与理论结果之间差异的根本原因。

（a）研磨0min；（b）研磨1min；（c）研磨2min；（d）研磨3min

图5.44　磨粒形状随研磨时间演变的SEM图像

5.5　亚表面损伤深度预测方法

5.5.1　磨削过程亚表面损伤深度预测

由磨削亚表面损伤产生机理可知，磨削过程可以抽象为刚性压头在脆性材料表面的大规模印压作用。因此，可以利用中位裂纹深度计算公式预测磨削亚表面裂纹深度。从式（5.6）和式（5.11）可以看出，加工参数的变化通过改变单个磨粒受力进而影响最终的磨削亚表面裂纹深度。也就是说，获得单个磨粒受力就可以有效预测亚表面裂纹深度。

张壁从理论上分析了磨削过程中单颗磨粒承担的法向磨削力，获得其计算公式为[42]：

$$f_{\text{gn}} = \alpha K_{\text{o}} a_{\text{g}}^{2(1-\varepsilon)} \tag{5.26}$$

式中 α 为磨削力分力比，对于给定的磨削条件该值为常数；

$K_{\text{o}}, \varepsilon$ 为与试件材料特性相关的常量；

a_{g} 为磨粒的最大未变形切削深度，其计算公式为

$$a_{\text{g}} = \sqrt{\frac{4v_{\text{w}}}{v_{\text{s}} r C} \sqrt{\frac{a_{\text{p}}}{d_{\text{s}}}}} \tag{5.27}$$

式中 $a_{\text{p}}, d_{\text{s}}, v_{\text{w}}, v_{\text{s}}$ 为砂轮磨削深度、砂轮直径、工件进给速度和砂轮线速度；

C 为砂轮表面磨粒密度;

r 为切屑宽度与未变形切屑平均厚度之比。

由上述模型可知:单颗磨粒法向磨削力与单颗磨粒的最大未变形切削深度成正比,并且,磨粒的最大未变形切削深度与磨削深度和工件进给速度成正比,而与砂轮线速度成反比。

但是,由于无法准确获取式(5.26)和式(5.27)中相关系数的取值,故不能利用单颗磨粒法向磨削力计算公式结合基于压痕断裂力学的中位裂纹深度计算公式(式(5.6)和式(5.11))预测磨削亚表面裂纹深度。通过实验计算得到的单颗磨粒法向磨削力是有效磨粒受力的平均值,不能反映出磨削亚表面裂纹深度分布的不均匀性。此外,砂轮与试件间的实际接触长度不仅与实际的磨削深度、砂轮的弹性变形和表面形貌有关,还与磨削力、磨削温度等参数有关,受这些因素的影响,实际接触长度和几何接触长度存在巨大差异,进而增大了单颗磨粒法向磨削力实验计算值与实际值之间的偏差。因此,将单颗磨粒法向磨削力的实验计算值代入中位裂纹深度计算公式预测磨削亚表面裂纹深度会引入较大的预测误差。

张壁基于磨削力和亚表面裂纹深度之间的关系,提出了一种磨削亚表面裂纹深度预测模型。其计算公式为[42]

$$\delta = (\psi_1 a_{\mathrm{g}})^{\psi} \tag{5.28}$$

式中 ψ_1, ψ 为由材料性能和磨削条件决定的函数;

a_{g} 为磨粒的最大未变形切削深度。

张壁根据大量陶瓷材料磨削实验结果确定了 ψ_1 的取值和 ψ 的表达式,其中 $\psi_1 = 200$, ψ 的表达式为

$$\psi = 1/\lg(\lambda H/K_{\mathrm{c}}) \tag{5.29}$$

式中 λ 为与负载条件相关的系数;

H 为材料硬度;

K_{c} 为材料断裂韧性。

将 ψ_1 的取值和 ψ 的表达式代入式(5.28)得到

$$\delta = (200 a_{\mathrm{g}})^{1/\lg(\lambda H/K_{\mathrm{c}})} \tag{5.30}$$

当量磨削厚度($a_{\mathrm{eq}} = a_{\mathrm{p}} v_{\mathrm{w}}/v_{\mathrm{s}}$)作为磨削过程的参数,能够全面表征磨削力、表面粗糙度和亚表面裂纹深度与磨削运动参数(磨削深度、进给速度和砂轮速度)之间的关系,从而掌握磨削加工过程的内在规律,并作为优化磨削参数降低亚表面裂纹深度的依据。为在实际磨削过程中准确预测亚表面裂纹深度,将5.6节中的相关实验结果以其磨削参数计算得到的当量磨削厚度作为横坐标绘制在图

5.45 中,并对其进行曲线拟合,建立了利用当量磨削厚度预测亚表面裂纹深度的经验公式,拟合后的幂函数为(拟合均方根误差为 1.098)

$$SSD = 17.8 a_{eq}^{0.24} \tag{5.31}$$

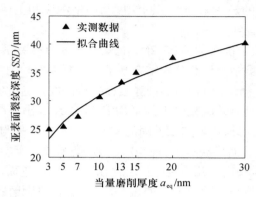

图 5.45　当量磨削厚度对亚表面裂纹深度的影响规律及其拟合曲线

5.5.2　研磨过程亚表面损伤深度预测

研磨过程中刚性研磨盘经法向载荷作用在试件表面进行往复运动,介于研磨盘和试件间的研磨颗粒通过脆性断裂或塑性变形的方式去除试件表面材料。根据试件的材料去除方式以及研磨颗粒的运动形式,研磨过程的材料去除机理包括两体延性去除、三体延性去除、两体脆性断裂去除以及三体脆性断裂去除四种形式。

光学零件研磨过程中两体脆性断裂相对于三体脆性断裂只占很小的比重,并且延性去除的材料去除量及其引入的裂纹深度要远小于脆性断裂去除,故以通过三体脆性断裂方式去除材料的研磨颗粒作为研究对象,如图 5.46 所示,研究其在某一研磨瞬间引入的亚表面裂纹,因此忽略研磨速度对亚表面裂纹的影响,并假设磨粒印压产生的压痕间距离足够大使其不产生相互影响。

根据图 5.46 中研磨颗粒、研磨盘与试件间的几何关系,可得

$$D_i = d_{w,i} + d_s + d_{p,i} \tag{5.32}$$

式中 D_i 为研磨颗粒直径;

d_s 为研磨盘与试件间隙;

$d_{w,i}$ 为研磨颗粒在试件中的压入深度;

$d_{p,i}$ 为研磨颗粒在研磨盘中的压入深度。

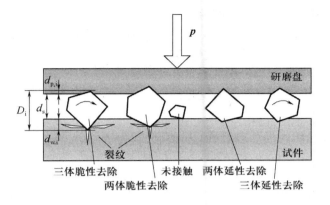

图 5.46　研磨过程中磨粒、研磨盘和试件间的相互作用

由硬度定义可知研磨颗粒所受法向力 $\boldsymbol{p}_i$ 为

$$\boldsymbol{p}_i = 4H_w \tan^2\psi_i d_{w,i}^2 = 4H_p \tan^2\psi_i d_{p,i}^2 \tag{5.33}$$

式中 ψ_i 为研磨颗粒锐度角；

H_w，H_p 分别为试件和研磨盘的硬度。

联立式（5.32）和式（5.33）可得研磨颗粒所受法向力的计算公式：

$$\boldsymbol{p}_i = 4\tan^2\psi_i \frac{H_w}{\left(1 + \sqrt{H_w/H_p}\right)^2}(D_i - d_s)^2 \tag{5.34}$$

从图 5.46 中可以看出研磨颗粒对试件的作用可简化为尖锐压头对脆性材料的印压作用，令 $E = E_w$，$H = H_w$，$K_c = K_{cw}$，将式（5.34）代入式（5.6），并考虑印压加载阶段压痕应力场弹性组元对中位裂纹扩展的贡献，即可获得研磨亚表面裂纹群集深度预测模型：

$$SSD = c = 2.5\,(\kappa\alpha_K)^{2/3}\left(\frac{E_w}{H_w}\right)^{(1-m)2/3}\left(\frac{H_w}{K_{cw}}\right)^{2/3}\left(\frac{1}{1 + \sqrt{H_w/H_p}}\right)^{4/3} \times$$

$$(\tan\psi)^{8/9}(D - d_s)^{4/3} \tag{5.35}$$

式（5.35）中研磨盘与试件间隙 d_s 的取值与研磨参数有关，下面分析其计算方法。研磨过程中只有直径大于研磨盘与试件间隙的有效磨粒才起到材料去除作用，这些有效磨粒将总的研磨压力 $\boldsymbol{p}$ 施加到试件上，也就是：

$$\boldsymbol{p} = \sum_{D_i > d_s} \boldsymbol{p}_i \tag{5.36}$$

采用高斯分布函数表征研磨磨粒的粒度分布：

$$D(x) = a\mathrm{e}^{-\left(\frac{x-b}{c}\right)^2} \tag{5.37}$$

式中 a,b,c 为磨粒粒度分布相关系数。

考虑到磨粒粒度的连续分布,式(5.36)中研磨颗粒受力的求和过程可以转化为积分运算。将式(5.34)和式(5.37)代入式(5.36)得到

$$p = \frac{4a \tan^2 \psi H_{\rm w} N}{(1 + \sqrt{H_{\rm w}/H_{\rm p}})^2} \int_{d_{\rm s}}^{D_{\rm max}} (x - d_{\rm s})^2 {\rm e}^{-\left(\frac{x-b}{c}\right)^2} {\rm d}x \qquad (5.38)$$

式中 $D_{\max}$ 为最大磨粒直径;

N 为研磨区域内的总磨粒数,其计算公式为

$$N = \frac{6AD_{\max}}{\pi D_{\rm m}^3 [1 + \rho/(\rho' n)]} \qquad (5.39)$$

式中 A 为研磨盘面积;

$D_{\rm m}$ 为平均磨粒直径;

ρ 为磨粒密度;

ρ' 为研磨液密度;

n 为研磨液浓度(质量分数)。

根据式(5.35)和式(5.38)就可以利用研磨加工参数对研磨亚表面裂纹群集深度进行预测,考虑到式(5.38)无法获得解析解,可以利用数值解法计算出研磨盘与试件间隙并将其代入式(5.35)用以预测群集深度。

利用研磨亚表面裂纹深度预测模型能够通过研磨加工参数预测每道加工工序产生的亚表面裂纹深度,省去了亚表面裂纹深度的检测过程,在加工开始前即可制定出最优化的完整工艺路线,提高了加工效率。此外,能够预测出加工参数对亚表面裂纹深度的影响规律为优化加工过程降低亚表面裂纹深度提供依据。

在使用式(5.35)和式(5.38)预测亚表面裂纹深度前还需要确定研磨颗粒的形状及其粒度分布情况。使用扫描电子显微镜确定金刚砂磨粒的锐度角约为30°,图5.47为金刚砂磨粒的扫描电子显微图像,可以看出金刚砂磨粒近似呈多棱锥状,因此,磨粒与试件表面的相互作用可视为尖锐压头在脆性材料表面的印压作用。使用激光粒度分析仪检测金刚砂磨粒的粒度分布,图5.48所示为金刚砂磨粒粒度分布及其高斯函数拟合曲线,可以看出,研磨颗粒的粒度分布均符合式(5.37)所示的高斯函数形式。获得金刚砂磨粒的锐度角和粒度分布后就可以利用研磨亚表面裂纹群集深度预测模型对特定研磨参数产生的亚表面裂纹深度进行预测。

在使用式(5.35)预测 W7 金刚砂铸铁盘研磨产生的亚表面裂纹深度和研磨液浓度的影响规律时,仿真结果与5.6节中实验结果的最大偏差接近30%,其他研磨参数的亚表面裂纹深度预测偏差均在10%以内。上述预测偏差可以用

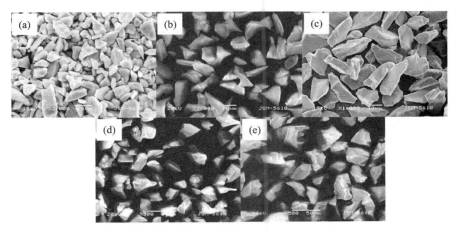

（a）W7；（b）W14；（c）W20；（d）W28；（e）W40。

图 5.47　金刚砂磨粒的 SEM 图像

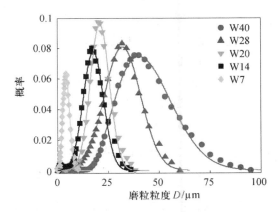

图 5.48　磨粒粒度分布及其高斯函数拟合曲线

磨粒粒度的测量偏差（粒度仪将磨粒假设为球形，并且，检测结果是离散数据）、磨粒形状的演变、磨粒锐度角分布的不均匀性及水解过程对裂纹的扩张作用等解释。因此，在实际研磨过程中，需要根据实验结果对研磨亚表面裂纹群集深度预测模型进行适当修正，以保证每一道研磨工序产生的亚表面裂纹被完全去除。为准确预测亚表面裂纹深度，对图 5.49 所示的亚表面裂纹深度实验结果进行曲线拟合，建立利用磨粒粒度均值预测亚表面裂纹深度的经验公式，拟合后的二次多项式为（拟合均方根误差为 0.6263）：

$$SSD = -0.007D_{\mathrm{m}}^2 + 0.706D_{\mathrm{m}} - 2.363 \qquad (5.40)$$

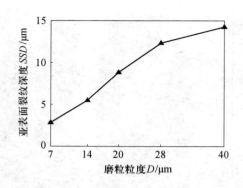

图 5.49　磨粒粒度对亚表面裂纹深度影响规律

5.6　加工参数对亚表面损伤深度的影响规律

研究加工参数对亚表面损伤深度的影响规律有助于在考虑面形收敛速度和材料去除效率的同时通过优化工艺流程降低亚表面损伤深度,实现对亚表面损伤的有效控制,以进一步提高加工效率。国防科技大学精密工程研究室通过系统的磨削和研磨实验,研究磨削参数(磨粒粒度、磨削深度、进给速度和砂轮速度)和研磨参数(磨粒粒度、研磨盘硬度、研磨压强、研磨速度和研磨液浓度)对亚表面裂纹深度的影响规律,总结如下。

5.6.1　磨削过程参数对亚表面裂纹深度的影响

1. 磨削实验

选用 K9 玻璃作为试件的材料,试件经充分抛光以去除残留的亚表面裂纹。实验在精密平面磨床(MGK7120 × 6,杭州机床厂)上进行,使用 120$^{\#}$(SD120N100B3.0,树脂基金刚石砂轮,磨粒粒度 106μm ~ 125μm)和 80$^{\#}$(SD80N100B3.0,树脂基金刚石砂轮,磨粒粒度 180μm ~212μm)两种规格的砂轮。使用制动式砂轮修正器进行砂轮整形,整形之后砂轮采用修锐棒靠磨方式进行修锐。

磨削实验中,采用平面磨削方式研究砂轮磨粒粒度、磨削深度、工件进给速度和砂轮速度对亚表面裂纹深度的影响规律。砂轮磨削深度设定为 5μm,10μm,20μm 和 30μm;工作台进给速度设定为 10mm/s,20mm/s,30mm/s 和 40mm/s;砂轮线速度设定为 10.4m/s,20.9m/s 和 31.4m/s。

2. 磨削参数对亚表面裂纹深度的影响规律

选用 120# 和 80# 砂轮研究砂轮磨粒粒度对亚表面裂纹深度的影响规律。采用的其他磨削参数为：磨削深度 5μm，工件进给速度 30mm/s，砂轮线速度 31.4m/s。在磨削过程中，随着磨粒粒度的增大，砂轮磨削刃的密度减小，法向磨削力降低；同时，磨削刃数量的减小，使得单颗磨粒的最大未变形切削深度增大，从式(5.26)可知单颗磨粒承受的载荷随之增大。而单个磨粒承受载荷的增大又直接导致亚表面裂纹深度的增加，如图 5.50 所示。

选用四种磨削深度，5μm，10μm，20μm 和 30μm，研究磨削深度对亚表面裂纹深度的影响规律。采用的其他磨削参数为：120# 砂轮，工件进给速度 30mm/s，砂轮线速度 31.4m/s。图 5.51 所示为磨削深度对亚表面裂纹深度的影响规律，可以看出随着磨削深度的增加，亚表面裂纹深度近似线性增大。利用张壁提出的亚表面裂纹深度(式(5.30))预测模型和磨粒的最大未变形切削深度计算公式(式(5.27))解释上述实验规律：增大磨削深度，磨粒的最大未变形切削深度随之增加，导致亚表面裂纹深度的增加。

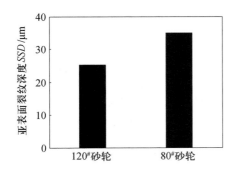 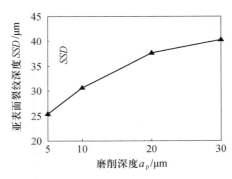

图 5.50　磨粒粒度对亚表面　　　　图 5.51　磨削深度对亚表面
裂纹深度影响规律　　　　　　　　裂纹深度影响规律

选用四种工件进给速度，10mm/s，20mm/s，30mm/s 和 40mm/s，研究进给速度对亚表面裂纹深度的影响规律。采用的其他磨削参数为：120# 砂轮，磨削深度 10μm，砂轮线速度 31.4m/s。图 5.52 所示为进给速度对亚表面裂纹深度的影响规律，与磨削深度影响规律类似，随着进给速度的增加，亚表面裂纹深度近似线性增大。利用亚表面裂纹深度预测模型解释上述实验规律：增大进给速度，磨粒的最大未变形切削深度随之增加，引起亚表面裂纹深度的增加。

选用三种砂轮线速度：10.4m/s，20.9m/s 和 31.4m/s，研究砂轮速度对亚表面裂纹深度的影响规律。采用的其他磨削参数为：120#砂轮，磨削深度 $10\mu m$，进给速度 30mm/s。图 5.53 所示为砂轮速度对亚表面裂纹深度的影响规律，可以看出随着砂轮速度的增加，亚表面裂纹深度呈现递减趋势。利用亚表面裂纹深度预测模型解释上述实验规律：增大砂轮速度，磨粒的最大未变形切削深度随之降低，导致亚表面裂纹深度的减小。

由图 5.50～图 5.53 中所示的磨削参数对亚表面裂纹深度的影响规律可以看出：亚表面裂纹深度与磨粒粒度、磨削深度和进给速度成正比关系，与砂轮速度成反比关系。根据图 5.50～图 5.53 中的相关实验结果分析各磨削参数对亚表面裂纹深度的影响程度。当磨削参数增大一倍时，磨粒粒度对亚表面裂纹深度的影响最显著，相对变化量达到 76%；磨削深度、进给速度和砂轮速度对亚表面裂纹深度的影响程度基本相同，相对变化量分别为 11.7%、11.1% 和 -11.8%。

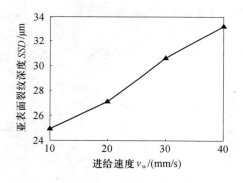

图 5.52　进给速度对亚表面
裂纹深度影响规律

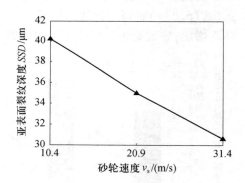

图 5.53　砂轮速度对亚表面
裂纹深度影响规律

为进一步提高加工效率，综合考虑磨削参数对材料去除效率和亚表面裂纹深度的影响规律，提出基于亚表面裂纹深度控制的高效磨削工艺路线：将磨削过程分为粗磨和精磨两个阶段，粗磨过程选用大粒度砂轮，大切深和高进给速度，以快速去除材料获得理想面形；精磨过程选用小粒度砂轮，小切深和低进给速度，追求高表面质量和低亚表面裂纹深度；上述磨削过程均使用高砂轮转速，以在保证磨削效率的同时有效降低亚表面裂纹深度。

5.6.2　研磨过程参数对亚表面裂纹深度的影响

1. 研磨实验

选用 K9 玻璃作为研磨试件,试件经充分抛光以去除残留的亚表面裂纹。在自行研制的 AOCMT 机床上采用双旋转方式进行研磨加工。研磨盘材料分别为铸铁、硬铝和紫铜,研磨盘直径均为 50mm;金刚砂磨料粒度分别为 W7、W14、W20、W28 和 W40,磨料密度为 $4.5 \mathrm{g/cm^3}$;研磨压强在 13.1kPa ~ 24.2kPa 范围内变化;研磨盘公转速度变化范围是 $30 \sim 60 \mathrm{r/min}$,自转与公转的转速比为 -1,公转轴与自转轴偏心 10mm;研磨液浓度在 2% ~ 20%(质量分数)范围内变化。

2. 研磨参数对亚表面裂纹深度的影响规律

选用五种粒度的金刚砂磨粒,分别是 W7、W14、W20、W28 和 W40,研究磨粒粒度对亚表面裂纹深度的影响规律。采用的研磨加工参数为:铸铁研磨盘,研磨压强 16.2kPa,研磨盘公转速度 50r/min,研磨液浓度 5%(质量分数)。从图 5.49 中可以看出随着磨粒粒度的增加,亚表面裂纹深度显著增大,并且在磨粒粒度超过一定值后(W28)后亚表面裂纹深度的增大趋势变缓,造成这种现象的原因是 W40 金刚砂磨粒相对于其他粒度磨粒的分布函数的均方差大,也就是磨粒的分布范围较大,从而减小了研磨盘与试件间隙,同时有效磨粒载荷随着有效磨粒数的增多而下降,最终导致亚表面裂纹深度的增大趋势变缓。

分别选用铸铁、硬铝和紫铜作为研磨盘材料,研究研磨盘硬度对亚表面裂纹深度的影响规律。采用的研磨加工参数为:W20 金刚砂磨粒,研磨压强 16.2kPa,研磨盘公转速度 50r/min,研磨液浓度 5%(质量分数)。从图 5.54 中可以看出随着研磨盘硬度的增大,亚表面裂纹深度呈现递增趋势,但是增加幅度较小。

选用四种研磨压强,分别是 13.1kPa,16.2kPa,20.3kPa 和 24.2kPa,研究研磨压强对亚表面裂纹深度的影响规律。采用的研磨加工参数为:W20 金刚砂磨粒,硬铝研磨盘,研磨盘公转速度 50r/min,研磨液浓度 5%(质量分数)。从图 5.55 中可以看出亚表面裂纹深度与研磨压强成正比关系。

选用四种研磨盘公转速度,分别是 30r/min,40r/min,50r/min 和 60r/min,研究研磨速度对亚表面裂纹深度的影响规律。采用的研磨加工参数为:W20 金刚砂磨粒,硬铝研磨盘,研磨压强 16.2kPa,研磨液浓度 5%(质量分数)。从图 5.56 中可以看出随着研磨盘公转速度的增加,亚表面裂纹深度呈现递减趋势。其原因是提高研磨速度会增大磨粒碎裂概率和磨损速度,从而增加有效磨粒数进而减小有效磨粒受力,此外,尖锐磨粒边缘的断裂或逐步钝化,导致磨粒形状

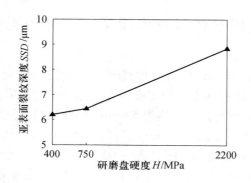

图 5.54　研磨盘硬度对亚表面裂纹深度影响规律

由多棱锥形向球形演变,最终减小了亚表面裂纹深度。注意到当研磨盘公转速度超过 50r/min 时亚表面裂纹深度会有所增加,原因可能是研磨速度过快使得研磨液被甩出研磨区域导致有效磨粒承受的载荷增大。

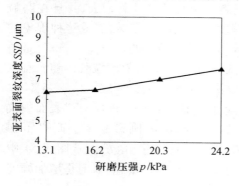

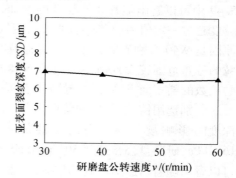

图 5.55　研磨压强对亚表面　　　　　图 5.56　研磨速度对亚表面
　　　　裂纹深度影响规律　　　　　　　　　裂纹深度影响规律

　　选用质量比分别为 2%、5%、10%、15% 和 20%(质量分数)的五种浓度研磨液,研究研磨液浓度对亚表面裂纹深度的影响规律。采用的研磨加工参数为:W20 金刚砂磨粒,硬铝研磨盘,研磨压强 16.2kPa,研磨盘公转速度 50r/min。从图 5.57 中可以看出随着研磨液浓度的增大,亚表面裂纹深度呈现递减的趋势,但是裂纹深度只是在很小的范围内变化。

　　由上述实验结果可知:光学零件研磨过程中产生的亚表面裂纹深度与磨粒粒度、研磨盘硬度和研磨压强成正比关系,与研磨速度和研磨液浓度成反比关系。下面分析研磨参数对亚表面裂纹深度和材料去除效率的影响程度。表 5.5

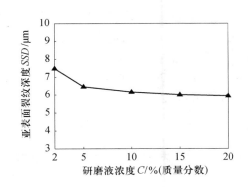

图 5.57　研磨液浓度对亚表面裂纹深度影响规律

中列出了各研磨参数增大一倍时,亚表面裂纹深度和材料去除效率的相对变化量。从表中可知:磨粒粒度对亚表面裂纹深度的影响最显著,研磨压强的影响次之,研磨盘硬度、研磨速度和研磨液浓度的影响较小,此外,研磨参数对材料去除效率影响程度的先后次序为:磨粒粒度 > 研磨压强 > 研磨速度 > 研磨盘硬度 ≈ 研磨液浓度。从研磨盘公转速度对亚表面裂纹深度和材料去除效率的影响规律可以看出,增加研磨速度在降低亚表面裂纹深度的同时较大幅度地提高了材料去除效率。此外,从研磨液浓度对亚表面裂纹深度和材料去除效率的影响规律也可以看出,增大研磨液浓度在降低亚表面裂纹深度的同时也在一定程度上提高了材料去除效率。

表 5.5　研磨参数变化引起的亚表面裂纹深度和材料去除效率相对变化量

研磨参数	亚表面裂纹深度	材料去除效率实验结果
磨料粒度	97%	167%
研磨盘硬度	9%	16%
研磨压强	21%	109%
研磨盘公转速度	− 6%	75%
研磨液浓度	− 3%	12%

　　综合考虑通过研磨实验获得的研磨参数对材料去除效率和亚表面裂纹深度的影响规律,制定出基于亚表面裂纹深度控制的高效研磨工艺路线:将研磨过程分为粗研、半精研和精研三个阶段。粗研过程中选用大粒度磨料和硬研磨盘,追求材料去除的高效率,以快速去除磨削过程残留的亚表面裂纹;半精研过程选用

中等粒度磨粒和中等硬度研磨盘,以逐步提高表面质量并降低亚表面裂纹深度;精研过程中选用小粒度磨料和软研磨盘,追求高表面质量和低亚表面裂纹深度,以减少后续抛光时间。粗研过程中选取较大的研磨压强以提高材料去除效率,精研过程中选取较小的压强以减少引入的亚表面裂纹深度;研磨过程中选取较高的研磨速度和较浓的研磨液能够在降低亚表面裂纹深度的同时提高加工效率。

5.7 亚表面质量保障技术

抛光作为光学零件的最终加工工序,其目的是获得理想的面形精度、降低表面粗糙度及表面疵病并去除研磨产生的损伤层,从而获得光滑、无损伤的加工表面。相对于抛光表面质量的研究,抛光亚表面损伤还未引起足够的重视。研究表明抛光后光学零件仍然存在亚表面损伤,该损伤层由水解反应产生的表面水解层和亚表面缺陷层组成,其中亚表面缺陷层部分或全部隐藏在表面水解层下。表面水解层中嵌入的抛光颗粒对激光光子能量的吸收与缺陷层中裂纹和塑性划痕对激光电磁场的调制引发的热效应,使得光学零件局部温度升高,导致光学表面的激光诱发损伤阈值远低于基体介电击穿阈值。此外,抛光亚表面损伤的存在会影响零件的光学性能。为了提高光学零件的使用性能,首先要明确光学零件抛光亚表面损伤的表现形式和产生机理,通过优化抛光工艺或引入新的抛光技术减小并最终去除抛光亚表面损伤,获得满足使用要求的超微损伤光学零件。

5.7.1 抛光亚表面损伤的表现形式

1. 表面水解层

硅酸盐玻璃的抛光过程会在其表面形成一层薄的水解层,水解层中包含抛光杂质,最常见的氧化铈颗粒能够强烈吸收紫外激光,产生灰霾损伤形式。抛光亚表面损伤(包括研磨过程残留的亚表面裂纹和脆性划痕及抛光过程自身引入的塑性划痕等)部分或全部隐藏在表面水解层下,需要通过化学蚀刻或等离子体辅助化学刻蚀等方法去除表面水解层后才能对其进行观测。

研磨(W20 金刚砂,铸铁盘)后石英玻璃经 2h 传统抛光(聚氨酯抛光膜,$1\mu mCeO_2$,相对速度 2m/s,抛光压强 12.5kPa)能够获得无表面缺陷的光滑表面(图 5.58(a))。采用 HF 酸蚀刻液对抛光表面腐蚀 100nm 后观测到研磨过程残留的脆性划痕(图 5.58(b))。接着,使用 HF 酸蚀刻液在光刻胶掩膜后的抛光表面上形成高度约 100nm 的蚀刻台阶以进一步验证表面水解层对亚表面缺陷的影响,如图 5.59 所示,可以看出抛光亚表面脆性划痕(研磨过程残留)分别被表面水解层部分和全部覆盖,其中被部分覆盖的脆性划痕在抛光表面表现为一条塑性划痕。因此,仅仅从抛光表面评价抛光质量是不完整的,亚表面损伤也是抛光质量的一个重要评价指标。

（a）表面　　　　　　　　　　　　（b）蚀刻 100nm 后亚表面

图 5.58　石英玻璃抛光表面/亚表面光学显微图像(1400 倍)

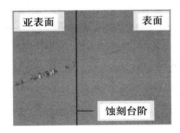
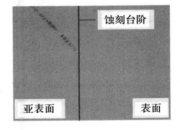

（a）部分覆盖　　　　　　　　　　　（b）完全覆盖

图 5.59　表面水解层覆盖的石英玻璃亚表面脆性划痕(2800 倍)

2. 亚表面塑性划痕

抛光过程产生的亚表面塑性划痕被表面水解层完全覆盖,需要通过化学蚀刻或等离子体辅助化学刻蚀等方法去除表面水解层后才能对其进行观测。

在使用三维表面形貌轮廓仪检测传统抛光石英玻璃(聚氨酯抛光膜,$1\mu mCeO_2$,相对速度 2m/s,抛光压强 12.5kPa)各蚀刻深度处表面粗糙度的同时记录其表面质量,如图 5.60 所示。可以看出抛光表面由于水解层的存在呈现无缺陷的光滑表面(图 5.60(a));蚀刻 22.3nm 后出现小尺度的塑性划痕(图 5.60(b));进一步增大蚀刻深度至 90.7nm(表面水解层深度),暴露出基体上较深的塑性划痕(图 5.60(c));最后,当蚀刻深度达到 178.9nm 时,基体上的塑性划痕在蚀刻液作用下向下复制而变深,并且由于边缘钝化而逐步展宽(图 5.60(d))。

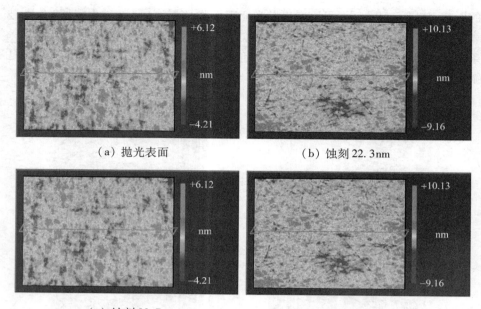

（a）抛光表面　　　　　　　　　　　（b）蚀刻 22.3nm

（c）蚀刻 90.7nm　　　　　　　　　　（d）蚀刻 178.9nm。

图 5.60　传统抛光石英玻璃蚀刻不同深度后的表面质量

　　特别值得注意的是：在距离表面 22.3nm（可能更浅）处即出现抛光亚表面损伤，该深度远小于表面水解层深度。而通常认为抛光亚表面损伤为表面水解层所覆盖，必须将其完全去除后才能观测到抛光亚表面缺陷。产生这一现象的原因是表面水解层并不是整体在玻璃基体上流动，而是其接近表面区域在抛光膜与石英玻璃表面间的摩擦力和摩擦热作用下塑性流动，我们将该近表面水解层称为浅表面流动层。与表面水解层类似，浅表面流动层的厚度并不均匀，取决于玻璃和抛光膜的表面粗糙度、抛光压强和抛光速度等。

　　图 5.61（a）所示为传统抛光石英玻璃表面粗糙度沿深度的演变规律曲线。可以明显看出表面粗糙度沿深度的演变过程分为三个阶段：①距表面 59.6nm 范围内表面粗糙度由抛光表面的 1.046nm 急剧递增到 1.654nm；②随着蚀刻深度由 59.6nm 增至 90.7nm，表面粗糙度从 1.654nm 迅速递减至 1.419nm；③当蚀刻深度超过 90.7nm 后，表面粗糙度逐步增大，但是增加幅度较小，178.9nm 深度处的表面粗糙度升至 1.516nm。抛光过程在石英玻璃表面产生的浅表面流动层和水解层是产生上述表面粗糙度沿深度递增→递减→再递增规律的根本原因。石英玻璃浸入缓冲蚀刻液后，首先，浅表面流动层被逐步蚀刻去除，抛光颗粒通过两体磨损方式去除材料后残留的塑性划痕被逐步暴露出来，此外，蚀刻液与表

面水解层的化学反应也会降低表面质量,上述原因导致初始阶段表面粗糙度的急剧增大。当浅表面流动层被完全去除后,所有的塑性划痕也被完全暴露出来,此时表面粗糙度达到最大值。接着,缓冲蚀刻液进入表面水解层和基体间的过渡区,较浅的水解层被蚀刻去除,其上的塑性划痕随之消失,此时表面粗糙度转为下降趋势。当表面水解层被完全去除后,处于水解层上的塑性划痕随之消失,此时只残留刻划至基体的塑性划痕,中间阶段的表面粗糙度达到最小值。最后,塑性划痕在蚀刻液作用下尺度的增大以及基体在蚀刻液作用下的质量下降使得表面粗糙度逐步小幅增大。

图 5.61(b)所示为抛光压强增至 22.3kPa 时传统抛光石英玻璃表面粗糙度沿深度的演变规律,可以看出高抛光压强条件下具有与低抛光压强类似的表面粗糙度演变规律。增大抛光压强,单个抛光颗粒承受的法向载荷随之增加,增大了亚表面划痕的尺度,因此,图 5.61(b)中的表面粗糙度值偏大。

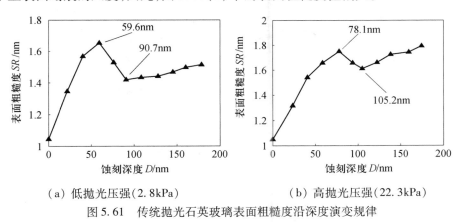

(a)低抛光压强(2.8kPa)　　　　　　(b)高抛光压强(22.3kPa)

图 5.61　传统抛光石英玻璃表面粗糙度沿深度演变规律

5.7.2　抛光亚表面损伤检测

抛光亚表面损伤处于纳米至亚微米量级,这对测量方法和测试设备的精度提出了极高的要求。LLNL 于 20 世纪末开展了传统抛光亚表面损伤检测技术的研究,以提高强激光系统中光学零件的激光损伤阈值。其中,Carr[43] 采用稀释 HF 酸浴法通过精确调整蚀刻液浓度、温度和蚀刻时间准确控制石英玻璃的蚀刻深度(控制精度达到 ±0.5%),利用原子力显微镜测量蚀刻不同深度后的表面粗糙度,并以表面粗糙度作为评价指标研究石英玻璃抛光亚表面损伤沿深度的演变规律,结果表明表面粗糙度在 80nm 深度处发生突变,结合二次离子质谱法对抛光杂质嵌入深度的测量结果,Carr 认为该深度就是抛光表面水解层的深度。

此外,针对不同的抛光工艺,Carr 采用稀释 HF 酸浴法测得抛光表面水解层下由应力、裂纹和位错组成的塑性层深度为 100nm ~ 500nm。

此外,Wang[44]通过分析 150nm ~ 1000nm 波长范围内偏振角附近反射的 p 偏振光的相位变化开发了表征 CaF$_2$ 表层质量的准偏振角技术(quasi-Brewster Angle Technique,qBAT)。该测量技术表明元件表面粗糙度决定了准偏振角的斜率,而亚表面损伤决定了准偏振角的位移,见图 5.62。从图中可以看出:当入射光以偏振角入射到极优元件表面时,p 偏振光的相位由 180°突变到 0°,相位变化为 180°;当入射光以准偏振角入射到存在表面缺陷的元件表面时,p 偏振光的相位变化为 90°;当入射光以准偏振角入射到包含表面缺陷和亚表面损伤的元件表面时,p 偏振光的相位和位移均发生变化。表面粗糙度和亚表面损伤的深度可以通过分析不同波长时准偏振角的形状和位移得到。采用该方法测得抛光后 CaF$_2$ 的亚表面损伤深度为 100nm ~ 1000nm。

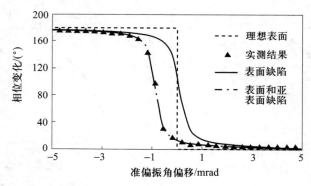

图 5.62　准偏振角技术的检测结果

Lucca[45]结合卢瑟福背散射/沟道技术和截面透射电子显微术准确检测出半导体材料(CdS,ZnSe 和 ZnO)抛光产生的以非晶和位错为特征的亚表面损伤深度。上述材料经过 1μm 金刚石抛光后产生深度为 145nm ~ 425nm 的亚表面损伤,经过 0.5μm 金刚石抛光后亚表面损伤深度降到 105nm ~ 375nm,对于较软的 CdS 和 ZnSe,在化学机械抛光后仍然检测到亚表面损伤。

表面水解层中的抛光杂质含量极低(经氧化铈抛光后石英玻璃表面痕量杂质 Ce 的峰值浓度为 23ppm),能谱法无法对其进行检测。目前,通常采用二次离子质谱法检测痕量杂质的嵌入深度及其浓度沿深度的分布情况。

成都精密光学工程研究中心开展了光学零件传统抛光亚表面损伤检测及其可消除性的研究。他们使用原子力显微镜检测了石英玻璃经传统抛光后产生的亚表面塑性划痕的三维形貌,并采用恒定化学蚀刻速率方法测得抛光后 K9 玻璃的抛光表面水解层和亚表面缺陷层的厚度分别为 600nm 和 1000nm[46]。

1. 表面水解层及其中嵌入的抛光杂质检测实例

试件材料为石英玻璃。抛光液由氧化铈抛光粉(平均粒度 1μm ~ 2μm)与水按质量比 1∶15 配制而成,使用聚氨酯抛光膜在双轴研抛机上进行抛光。抛光压强分别为 2.8kPa 和 22.3kPa,抛光膜与试件间的相对速度为 2m/s,抛光时间为 8h。

1)表面水解层深度检测

由于抛光表面水解层非常薄,可以采用 HF 酸恒定化学蚀刻速率法测量抛光表面水解层深度。具体实验步骤如下:

选取一组试件,在试件表面使用光刻胶覆盖一半面积,以此作为测量蚀刻深度时的参考平面,利用抛光表面蚀刻前后的高度差确定蚀刻深度;配制 HF 酸混合溶液作为缓冲蚀刻液(蚀刻温度 12℃),将一组试件同时放入盛有蚀刻液的聚四氟乙烯烧杯;反应完成后取出试件充分清洗,去除光刻胶后即可进行深度测量;利用三维表面形貌轮廓仪(Zygo New View 200,Zygo Co. ,USA)的台阶高度测量功能,以蚀刻线为分界线,测量分界线两侧的抛光表面和蚀刻后表面间的相对高度,即为蚀刻深度。

图 5.63(a)所示为传统抛光石英玻璃表层蚀刻速率沿深度的演变规律曲线。可以看出蚀刻速率随着蚀刻深度的增加而急剧下降,并且近表面 22.3nm ~ 40.1nm 范围内的蚀刻速率下降趋势更为显著;当蚀刻深度达到 90.7nm 后蚀刻速率基本恒定((18.0 ± 0.3)nm/min),对比石英玻璃基体的蚀刻速率(17.5nm/min)可以认为传统抛光石英玻璃表面水解层的深度为 76.4nm ~ 90.7nm。

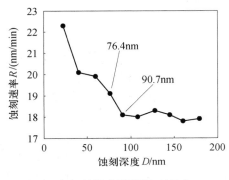

(a)低抛光压强(2.8kPa)

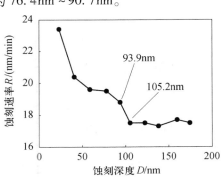

(b)高抛光压强(22.3kPa)

图 5.63 传统抛光石英玻璃表层蚀刻速率沿深度演变规律

将抛光压强从2.8kPa增至22.3kPa,采用HF酸恒定化学蚀刻速率法检测表面水解层深度(HF酸缓冲蚀刻液,蚀刻温度10℃)。根据测量结果绘制出蚀刻速率沿深度的演变规律曲线,如图5.63(b)所示,可以看出此时表面水解层的深度为93.9nm～105.2nm。说明表面水解层深度随着抛光压强的增加而增大。

2)表面水解层中抛光杂质嵌入深度检测

光学零件在紫外波段的激光损伤阈值主要由两个因素决定:①亚表面划痕和裂纹对激光电磁场的调制引发的热效应;②表面水解层中的抛光杂质对激光光子能量的吸收。其中,后者是降低光学零件激光损伤阈值的主要因素。

使用二次离子质谱仪(Model 2100 PHI Trift II TOF-SIMS,Physical Electronics,USA),对CeO_2传统抛光后石英玻璃样品(抛光压强2.8kPa)进行深度剖析,获得样品表层Ce元素溅射产额(溅射离子的个数)随溅射时间的分布曲线,使用表面轮廓仪检测出溅射坑的深度,将其除以总溅射时间得到溅射速率,从而获得样品表层Ce元素浓度沿深度的分布曲线,如图5.64所示。

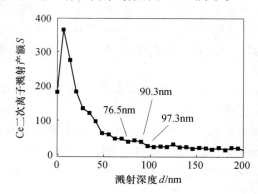

图5.64　石英玻璃表层Ce元素浓度沿深度的分布曲线

Model 2100为静态二次离子质谱仪,无法获得痕量元素的绝对浓度,因此,通过Ce元素二次离子溅射产额的相对变化表征其浓度沿深度的分布情况。从图5.64中可以看出Ce元素浓度随着深度的增加成指数函数形式递减,当深度达到76.5nm后Ce元素浓度基本保持恒定,此时Ce元素的二次离子溅射产额由最大时的365降至38;随着深度的进一步增加,在距离表面97.3nm处Ce元素的二次离子溅射产额最终降至30。基体效应使得最终的二次离子溅射产额不为0。分析得到Ce元素的嵌入深度为90.3nm～97.3nm,与采用HF酸恒定化学蚀刻速率法检测得到的表面水解层深度(76.4nm～90.7nm)基本相同,表明抛光杂质处于表面水解层内。因此,二次离子质谱法在准确获得抛光颗粒嵌入深度及其浓度沿深度分布的同时,还能够间接检测出表面水解层深度,并且检测精度要优于 HF 酸恒定化学蚀刻速率法。当表面水解层深度较小时,例如磁流变抛光后光学零件,二次离子质谱法有助于提高检测精度。

2. 亚表面塑性划痕

首先使用原子力显微镜(AFM-Solver P47-PRO,NT-MDT Co.,Russia)检测传统抛光石英玻璃表面,如图 5.65 所示。从图 5.65(a)中可以看出抛光表面仍然存在缺陷。S1 截面处划痕的深度和宽度分别为 10nm 和 0.2μm,见图 5.65(b),浅表面流动层未覆盖该划痕导致其暴露在抛光表面,此外,注意该划痕两端被浅表面流动层部分覆盖(图 5.65(a)),上述实验现象验证了浅表面流动层厚度的不均匀性。图 5.65(c)和(d)所示为抛光表面两处典型划痕的截面轮廓,这两处划痕被浅表面流动层完全覆盖。其中,S2 截面处划痕的深度和宽度分别为 2.5nm 和 0.3μm,S3 截面处划痕的深度和宽度分别为 1.5nm 和 0.18μm。

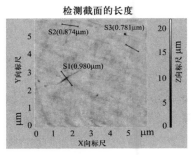

(a)二维图像

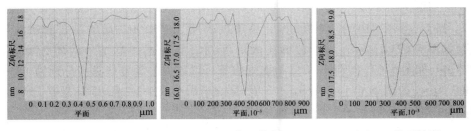

(b)S1 截面轮廓　　　(c)S2 截面轮廓　　　(d)S3 截面轮廓

图 5.65　传统抛光石英玻璃表面 AFM 检测结果

接着,利用 HF 酸缓冲蚀刻液去除表面水解层后(蚀刻 90.7nm),使用 AFM 检测传统抛光石英玻璃亚表面塑性划痕的深度和宽度,如图 5.66 所示。由于表面水解层被去除,图 5.66(a)所示为石英玻璃基体上的塑性划痕,根据划痕的深度将其分为大尺度划痕、中等尺度划痕和小尺度划痕。S1 截面处大尺度划痕的深度和宽度分别为 18nm 和 0.57μm,如图 5.66(b)所示。S2 截面处中等尺度划痕的深度和宽度分别为 8.5nm 和 0.25μm,如图 5.66(c)所示。S3 截面处的小尺度划痕的深度和宽度分别为 2nm 和 0.2μm,如图 5.66(d)所示。可以看出传统抛光后石英玻璃亚表面塑性划痕深度表现出不均匀性,该现象可以归结为氧化铈抛光粉粒度分布的不均匀性及抛光粉的团聚现象。

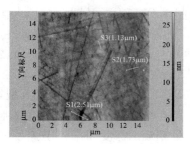

（a）二维图像

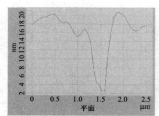 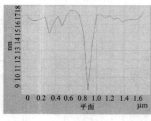 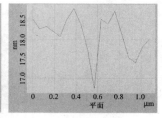

（b）S1 截面轮廓　　　　　（c）S2 截面轮廓　　　　　（d）S3 截面轮廓

图 5.66　传统抛光石英玻璃蚀刻 90.7nm 后亚表面塑性划痕 AFM 检测结果

最后,使用 AFM 检测传统抛光石英玻璃蚀刻 178.9nm 后的亚表面塑性划痕,如图 5.67(a)所示。S1 截面处大尺度划痕的深度和宽度分别为 27nm 和 0.5μm,如图 5.67(b)所示。S2 截面处中等尺度划痕的深度和宽度分别为 13nm 和 0.5μm,如图 5.67(c)所示。S3 截面处小尺度划痕的深度和宽度分别为 2.5nm 和 0.5μm,如图 5.67(d)所示。

比较图 5.66 和图 5.67 可以发现当传统抛光石英玻璃蚀刻 178.9nm 后亚表面塑性划痕的尺度相对于蚀刻 90.7nm 后的划痕有一定程度的增加,这是因为亚表面塑性划痕的宽度远大于划痕深度(相差 3 个数量级),增大了蚀刻液与基体的接触面积,使得划痕底部的蚀刻速率高于表面,划痕不断向下复制并且深度逐步增大。此外,蚀刻液通过钝化划痕边缘增大了划痕宽度。上述原因导致去除表面水解层后表面粗糙度随着蚀刻深度的增加而小幅增大(图 5.61)。

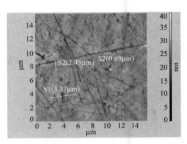

（a）二维图像

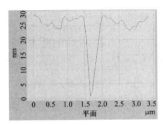 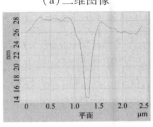 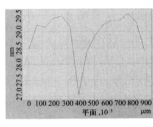

（b）S1 截面轮廓　　　　　（c）S2 截面轮廓　　　　　（d）S3 截面轮廓

图 5.67　传统抛光石英玻璃蚀刻 178.9nm 后亚表面塑性划痕 AFM 检测结果

5.7.3　抛光亚表面损伤模型

从上面的分析可知,传统抛光石英玻璃表层残留的亚表面损伤包括表面水解层和亚表面缺陷层,其中表面水解层内包括浅表面流动层、塑性划痕和抛光过程嵌入的浓度沿深度递减的抛光杂质,根据上述抛光条件检测出石英玻璃表面水解层深度为 76nm ~ 105nm(抛光压强介于 2.8kPa 和 22.3kPa 之间);亚表面缺陷层可能包括研磨过程残留的亚表面裂纹、脆性划痕和残余应力及抛光过程自身引入的塑性划痕。Carr[43] 检测出石英玻璃缺陷层深度为 100nm ~ 500nm。需要明确的是:缺陷层内研磨过程残留的亚表面裂纹、脆性划痕和残余应力是可以通过优化研磨工艺和增加抛光时间逐步消除的。图 5.68 所示为石英玻璃传统抛光亚表面损伤模型。

考虑到材料去除与损伤产生过程本质上的因果关系,根据建立的抛光亚表面损伤模型解释抛光材料微观去除机理。首先,石英玻璃的水解作用打破了其固有网络结构,并在表面生成了硅酸凝胶,最终导致玻璃表面致密度的降低,具体表现为表面硬度降低。接着,嵌入抛光膜中的大尺度抛光颗粒在软质的表面水解层上通过两体磨损方式去除材料,并产生塑性划痕,承担较大法向载荷的抛光颗粒能够穿透水解层磨损基体材料;而小尺度抛光颗粒在抛光膜和石英玻璃

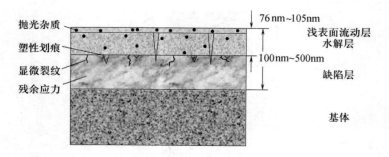

图5.68　石英玻璃传统抛光亚表面损伤模型

表面间翻滚运动,通过黏着方式去除材料或嵌入水解层中。随着抛光的进行,抛光膜与石英玻璃表面摩擦产生的温度升高和摩擦表面微凸起的瞬间高温、研磨过程残留的结构缺陷,以及抛光过程施加的应力等会促进石英玻璃的水解和水解层的软化。最后,抛光膜与石英玻璃表面间的摩擦力推动浅表面流动层进行塑性流动,该流动层能够迅速覆盖抛光过程暴露出来的研磨损伤和抛光自身引入的塑性划痕,保证表面的光滑。从而验证了传统抛光过程中的材料去除是水解反应、机械去除和塑性流动共同作用的结果。

5.7.4　传统抛光亚表面损伤的抑制策略

　　传统抛光在去除研磨损伤层的同时也会引入表面水解层、抛光杂质和亚表面塑性划痕等新的亚表面损伤形式,需要通过优化抛光工艺或采用新的加工技术将其完全去除。本节首先采用磁流变抛光加工传统抛光后的石英玻璃试件,以减小或去除亚表面塑性划痕;然后,使用离子束加工减小或去除磁流变抛光可能残留的表面水解层及嵌入其中的抛光杂质。

1. 磁流变抛光对传统抛光亚表面损伤的抑制能力

　　对磁流变抛光机理的分析可知:磁流变抛光中单个抛光颗粒对光学零件表面施加的正压力远小于传统抛光中抛光颗粒施加的正压力值。因此,磁流变抛光能够有效去除传统抛光引入的亚表面塑性划痕。在自行研制的 KDMRF–1000 磁流变抛光机床上,对传统抛光后石英玻璃(抛光压强 2.8kPa)进行磁流变抛光,验证其对传统抛光亚表面损伤的抑制能力。使用一维扫描方式加工,具体的磁流变抛光参数为:磁流变液黏度 350×10^{-3}Pa·s,采用氧化铈抛光粉;电流强度 5A;抛光轮转速 60r/min;流量 2L/min。最终将传统抛光石英玻璃试件均匀去除约 $0.2\mu m$。

　　使用 AFM 检测磁流变抛光后石英玻璃表面,如图 5.69 所示。图 5.69(a)

中的方向性划痕为磁流变抛光痕迹,注意到磁流变抛光能够暴露出传统抛光引入的亚表面塑性划痕,直观地说明了磁流变抛光过程产生较浅的表面水解层。图5.69(b)所示为垂直磁流变抛光方向的截面轮廓,可以看出塑性划痕的深度基本在1.5nm以内,最大的划痕深度为2.25nm。划痕宽度约为0.25μm。

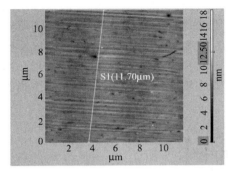

（a）二维图像

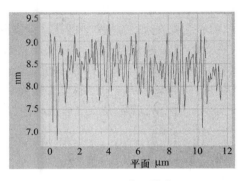

（b）S1 截面轮廓

图 5.69　磁流变抛光石英玻璃表面 AFM 检测结果

图5.70所示为磁流变抛光石英玻璃蚀刻55.5nm后的亚表面AFM检测结果。可以看出塑性划痕的深度基本在3nm以内,最大的划痕深度为4nm,划痕宽度约为0.35μm,如图5.70(b)所示。蚀刻去除表面水解层后,磁流变抛光产生的塑性划痕完全暴露出来,并在蚀刻液作用下向下复制、边缘钝化,因此亚表面出现更大尺度的塑性划痕。对比磁流变抛光和传统抛光亚表面塑性划痕的AFM检测结果,如图5.66和图5.70所示,可以验证磁流变抛光对传统抛光亚表面塑性划痕的抑制作用(最大划痕深度由18nm降至4nm)。需要进一步增加磁

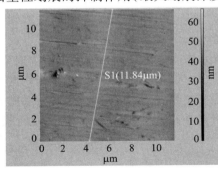

（a）二维图像

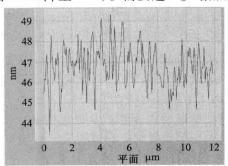

（b）S1 截面轮廓

图 5.70　磁流变抛光石英玻璃蚀刻 55.5nm 后亚表面 AFM 检测结果

流变的材料去除量以将传统抛光残留的塑性划痕完全去除。

虽然磁流变抛光能够有效抑制传统抛光产生的亚表面塑性划痕,但是,磁流变液中水分与光学零件表层的水解反应以及形成"柔性抛光膜"的大量抛光颗粒和磁敏微粒与光学表面的相互作用使得磁流变抛光过程同样会产生表面水解层并引入新的抛光杂质。因此,需要准确检测磁流变抛光产生的表面水解层深度,以在后续的加工过程中将其完全去除。从前面的分析中可知:二次离子质谱法在准确获得抛光颗粒嵌入深度及其浓度沿深度分布的同时,还能够间接检测出表面水解层深度,并且检测精度要优于 HF 酸恒定化学蚀刻速率法。因此,这里使用二次离子质谱仪对磁流变抛光后石英玻璃样品进行深度剖析,以检测磁流变抛光后石英玻璃表面水解层深度及抛光杂质浓度沿深度的分布。

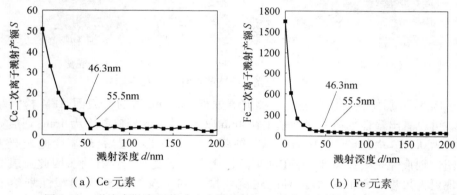

（a）Ce 元素　　　　　　　　　（b）Fe 元素

图 5.71　磁流变抛光石英玻璃表层 Ce 和 Fe 元素浓度沿深度的分布曲线

图 5.71 所示为样品表层 Ce 和 Fe 元素浓度沿深度的分布曲线,可以看出当深度达到 55.5nm 后 Ce 和 Fe 元素浓度基本保持恒定,也就是说,磁流变抛光后石英玻璃表面水解层深度为 46.3nm ~ 55.5nm。磁流变抛光过程中,"柔性抛光膜"与试件表面的接触面积和接触时间有限,并且抛光法向力远小于传统抛光,不利于水解反应的进行,因此,磁流变抛光产生较浅的水解层(相对于传统抛光表面水解层深度降低了 40%)。此外,当磁流变液流经具有高梯度磁场的抛光区时,非磁性抛光颗粒从磁流变液中析出,浮于磁敏微粒形成的"柔性抛光膜"上方,导致抛光颗粒相对于磁敏微粒更易于嵌入石英玻璃表面。因此,Fe 元素浓度沿深度的下降速率明显大于 Ce 元素浓度的下降速率。

从上面的分析中可以看出磁流变抛光在抑制传统抛光亚表面塑性划痕的同时也减小了表面水解层的深度,并且,通过优化抛光参数,有望进一步降低亚表面损伤深度。但是,形成"柔性抛光膜"所必需的抛光颗粒和磁敏微粒的存在使得磁流变抛光后光学零件表层会不可避免地嵌入抛光杂质,说明磁流变抛光同样会引入亚表面损伤,是一种低损伤抛光技术,需要引入新的抛光技术或后处理技术将其完全去除。

2. 离子束加工对表面水解层的抑制能力

离子束加工是在真空室中将离子束轰击到光学零件表面,通过物理溅射去除材料以实现光学零件修形。由于离子束加工以非接触的离子溅射效应对材料进行去除,因此不会引入机械损伤,更重要的是,由于没有传统抛光和磁流变抛光中的抛光液作用,离子束加工后的光学零件表层不会引入抛光杂质,因此该加工方法有望获得无损表面。

使用自行研制的 KDIFS-500 离子束加工系统对磁流变抛光后石英玻璃进行离子束加工,验证其对表面水解层的抑制能力。离子束加工的具体参数如下:离子束能量为 1100eV (Ar 离子),束流密度呈近高斯分布,去除函数直径为 36mm,峰值去除率约为 4nm/s。利用离子束加工系统将磁流变抛光石英玻璃试件均匀去除约 0.5μm。

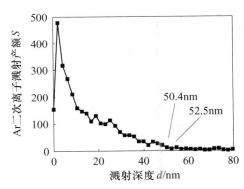

图 5.72　离子束加工石英玻璃表层 Ar 元素浓度沿深度的分布曲线

使用二次离子质谱仪对离子束加工后石英玻璃样品进行深度剖析,以获得抛光杂质浓度沿深度的分布,从而间接检测出表面水解层深度。二次离子质谱仪在样品表层没有检测到 Ce 和 Fe 元素,说明磁流变抛光产生的表面水解层已经被完全去除,从而验证了离子束加工对表面水解层的抑制能力。进一步分析离子束加工后石英玻璃试件,又检测出了 Ar 元素,其嵌入深度为 50.4nm ～ 52.5nm,如图 5.72 所示。对磁流变抛光后试件的二次离子质谱分析未发现 Ar 元素,说明它们是在离子束加工过程中引入的。KDIFS-500 离子束加工系统中使用的是 Ar 离子源,而加工过程中较高的轰击能量,会在石英玻璃表层注入痕量的 Ar 元素。

通过上述分析可知:离子束加工能够去除传统抛光或磁流变抛光中由水解作用产生的表面水解层;离子束加工虽然不会引入机械损伤,并且不使用包含抛光杂质的抛光液,但是,轰击离子的注入效应在试件表层引入了新的杂质,需要降低离子束能量以减小新杂质的引入。

5.7.5 复合加工及后处理技术提高激光损伤阈值

光学零件抛光亚表面损伤直接影响光学零件的抗激光损伤能力和成像质量,尤其是对前者更是起到决定性的作用。为提高光学零件的使用性能,除了对原材料质量提出严格要求外,还必须通过优化抛光工艺或引入新的抛光技术以及后处理技术来减小并最终去除抛光亚表面损伤。根据国内外惯性约束聚变工程(Inertial Confinement Fusion,ICF)中光学零件研制的经验,要减小零件的亚表面损伤、获得超光滑表面,应重视以下两方面因素的作用:①不同工序阶段抛光辅料粒度的选择,以逐步降低亚表面塑性划痕尺度;②抛光杂质污染。

传统抛光技术由于其较高的法向载荷,无论如何优化工艺流程也难以从根本上消除诱发激光损伤的亚表面机械缺陷。因此,有必要引入新的抛光技术,从原理上避免亚表面损伤的产生。磁流变抛光具有加工效率高、表面质量好和去除函数稳定的特点,适用于复杂面形光学零件的抛光,特别是它能够有效去除磨削和研磨过程残留的亚表面裂纹和脆性划痕以及抛光过程引入的亚表面塑性划痕等机械损伤。除磁流变抛光外,浴法抛光、弹性发射加工和浮法抛光等超光滑表面加工技术也能获得少/无亚表面机械损伤的极优表面。其中,浮法抛光技术已经加工出迄今为止最优的表面粗糙度以及无亚表面损伤、晶体表面晶格完整的超光滑表面。但是,上述方法相对于磁流变抛光的材料去除效率低,并且无法加工具有复杂面形的光学零件,从而限制了其在光学加工领域的应用。但是,磁流变抛光液和抛光颗粒的存在使得磁流变抛光的材料去除过程与传统抛光在本质上是相同的,因此,光学零件表层的水解作用以及抛光颗粒的嵌入同样不可避免。更严重的是形成"柔性抛光膜"的磁敏微粒也会嵌入光学零件表层,进一步增强了对激光光子能量的吸收作用(Fe 元素对 355nm 激光的吸收能力强于 Ce 元素),使得磁流变抛光后的光学零件虽然提高了透光和反射性能,但是激光损伤阈值反而降低,需要进行后续处理。

除了抛光亚表面机械损伤调制激光电磁场引发的热效应外,水解层中抛光杂质吸收激光光子能量引起的杂质融化或气化对降低激光损伤阈值起到更重要的作用。LLNL 从消除抛光杂质入手提出两种提高激光损伤阈值的方案:①使用

CeO$_2$代替ZrO$_2$作为抛光粉;②采用化学或物理方法去除表面水解层。由于Zr元素对355nm激光的吸收能力比Ce元素低2个数量级,故使用氧化锆加工后光学零件的激光损伤阈值得到一定程度的提高,但是,随之产生的表面质量差和加工效率低等问题对ICF工程却是不可忽视的。要从根本上解决抛光杂质降低激光损伤阈值的问题,就必须去除抛光表面水解层以消除抛光杂质赖以存在的载体。

从上面的分析可知:离子束加工能够有效去除传统抛光或磁流变抛光引入的表面水解层,并不引入机械损伤,有望提高光学零件的激光损伤阈值。激光打靶实验结果表明经离子束加工后,石英基体和沉积在石英基体表面上薄膜的抗激光损伤能力相对于传统抛光分别提高200%和176%[35]。但是,离子束加工的物理溅射去除方式使得光学零件表面材料被均匀去除,难以消除传统抛光残留的机械损伤。传统抛光过程引入的塑性划痕宽度通常处于亚微米量级,而划痕深度基本上处于纳米量级,也就是说塑性划痕尺度会在离子束的作用下逐步小幅增大。因此,传统抛光残留的机械损伤无法利用离子束加工将其完全去除。成都精密光学工程研究中心为有效避免和消除光学零件的亚表面损伤,开发出一种基于Marangoni界面效应的数控化学抛光技术,通过特定的有机溶剂所形成的刻蚀液表面张力的梯度变化,准确控制蚀刻液在光学零件表面的驻留面积和驻留时间,达到对光学零件表面定量抛光(刻蚀)的目的[47]。纯化学的材料去除机制使得该抛光技术不会产生亚表面机械损伤,并且能够有效去除抛光表面水解层。但是,与离子束加工类似,蚀刻液对机械损伤的复制作用使得该数控化学抛光技术同样无法完全消除传统抛光残留的机械损伤。

为进一步提高激光损伤阈值,需要对光学加工后的零件进行后处理。目前公认效果较好的后处理技术是LLNL提出的HF酸蚀刻和激光预处理技术。其中,HF酸蚀刻技术是通过去除表面水解层、清除裂纹中夹杂的杂质以及裂纹的钝化或去除提高激光损伤阈值;而对于激光预处理技术提高激光损伤阈值的机理有以下三种解释:激光清除、激光退火或激光消除电子缺陷。

NIF对光学零件抗激光损伤能力提出了严格的要求,仅通过优化加工工艺、引入新的抛光技术、单独的湿法化学蚀刻或激光预处理技术都难以获得高损伤阈值,必须采用混合处理方法以进一步提高光学零件的激光损伤阈值。LLNL结合磁流变抛光、HF酸蚀刻和紫外激光调制技术提高石英玻璃在355nm激光辐照环境下的抗激光损伤能力。实验结果表明:使用磁流变抛光代替传统抛光后进行HF酸蚀刻,此时的损伤密度比传统抛光后进行HF酸蚀刻低一个数量级,进一步结合激光预处理方法后,最高激光损伤阈值达到14J/cm^2,有望达到NIF

的激光损伤阈值指标要求。Kamimura[48]综合采用 HF 酸蚀刻、超精密抛光和离子束刻蚀方法将石英玻璃传统抛光后残留的亚表面损伤完全去除,获得无损超光滑表面,具体工艺流程如图 5.73 所示。266nm 激光打靶实验结果表明该无损伤零件的激光损伤阈值是传统抛光试件的 2.8 倍,达到 $28J/cm^2$,验证了离子束加工在消除抛光杂质方面的有效性。但是,上述混合处理方法主要考虑如何提升亚表面质量,其代价是牺牲了光学零件面形精度,并且提高了加工工艺的复杂性,降低了加工效率,增加了生产成本。

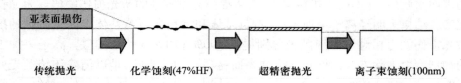

图 5.73　复合加工工艺去除抛光亚表面损伤过程示意图

从上面的分析中可知,磁流变抛光和离子束加工能够有效去除传统抛光残留的亚表面塑性划痕和表面水解层,并且它们相对于传统抛光过程具有去除函数稳定的突出优势,因此,能够获得更高的面形精度(在自行研制的 KDMRF－1000 磁流变抛光机床和 KDIFS－500 离子束加工系统中分别加工出面形精度优于 0.01λRMS 的 $\phi200$mm 球面镜(K9 玻璃)和 $\phi200$mm 抛物面镜($f/1.6$,微晶玻璃))。此外,磁流变抛光的高效率以及离子束加工所具有的无边缘效应和中、高频误差的特点使它们在未来的大型光学零件制造过程中具有广阔的应用前景。

我们采用一种结合磁流变抛光和离子束加工的复合加工技术,逐步去除传统抛光残留的亚表面损伤,以在获得理想面形精度的同时提高光学零件的抗激光损伤能力。最后,使用 HF 酸蚀刻作为后处理方法去除离子束加工过程引入的杂质,以获得更高的激光损伤阈值。

试件材料为石英玻璃。选取 5 块石英玻璃元件用于激光打靶实验,以验证复合加工和后处理技术对激光损伤阈值的提升作用,每块元件的编号及其光学加工和后处理方式见表 5.6,其中元件 D 即采用复合加工技术获得的元件。磁流变抛光和离子束加工均是在待加工元件表层均匀去除 $0.5\mu m$ 材料。选用 HF 酸蚀刻作为后处理方法,配制 HF 酸混合溶液作为缓冲蚀刻液,在 12℃ 条件下蚀刻约 $0.5\mu m$ 材料。

表 5.6　激光打靶用石英玻璃元件的光学加工和后处理方式

光学元件编号	光学加工			后处理
	传统抛光	磁流变抛光	离子束加工	HF 酸蚀刻
A	●	○	○	●
B	●	○	○	○
C	●	●	○	○
D	●	●	●	○
E	●	●	●	●

注：●代表采用该种加工或处理方式；○代表未采用该种加工或处理方式

　　图 5.74 所示为表 5.6 中各光学零件的激光损伤阈值（由于未能检测出测试点处激光光斑大小，故阈值以激光能量表示）。从理论上说，磁流变抛光从根本上消除了亚表面机械损伤，并且零件的透光或反射性能得到提高，必定能够较大幅度地提高光学零件的激光损伤阈值。但是，实际情况恰好相反，经磁流变抛光后光学零件的激光损伤阈值相对于传统抛光反而降低了 35%。这主要是因为磁流变抛光过程中形成"柔性抛光膜"的磁敏微粒嵌入抛光表面水解层中，使得光学零件表层除了 Ce 离子外还含有大量的铁性离子，这些铁性离子对激光有强烈的吸收作用（Fe 元素对 355nm 激光的吸收能力略高于 Ce 元素），直接导致了光学零件抗激光损伤能力的下降。由于离子束加工能够有效去除磁流变抛光产生的表面水解层及其中嵌入的 Ce 和 Fe 离子，因此，经离子束加工后零件的激光损伤阈值迅速提高，并最终超过了传统抛光的激光损伤阈值（增幅约为 30%）。上述结果说明复合加工技术能够在提高面形精度的同时获得优于传统抛光的抗激光损伤能力。

　　传统过程是采用 HF 酸蚀刻作为后处理技术提高传统抛光光学零件的激光损伤阈值，从图 5.74 中可以看出离子束加工后的激光损伤阈值低于传统过程，这是因为离子束加工过程中轰击离子的注入效应在石英玻璃表层引入了 Ar 离子，使得元件 D 仍然存在抛光杂质，降低了激光损伤阈值。最后，对复合加工后光学元件使用 HF 酸蚀刻进行后处理，得到了最高的激光损伤阈值，验证了复合加工过程相对于传统过程在提升抗激光损伤能力方面的优势。鉴于 HF 酸具有剧毒性，会严重损害操作人员的健康，并污染环境，因此，有必要进一步优化磁流变抛光和离子束加工工艺，以在复合加工阶段即获得满足激光损伤阈值要求的光学零件。

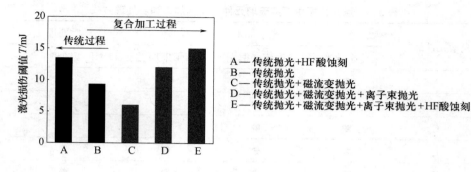

A— 传统抛光+HF酸蚀刻
B— 传统抛光
C— 传统抛光+磁流变抛光
D— 传统抛光+磁流变抛光+离子束抛光
E— 传统抛光+磁流变抛光+离子束抛光+HF酸蚀刻

图 5.74　复合加工及后处理后光学零件激光损伤阈值

　　在实际的光学零件制造过程中,可以根据前期亚表面损伤的检测结果首先使用磁流变抛光和离子束加工技术均匀去除表面材料,以消除前道工序残留的亚表面损伤层,然后根据面形检测结果确定磁流变抛光和离子束加工修形方案,最终获得具有高面形精度的超微损伤表面的光学零件,具体流程如图 5.75 所示。

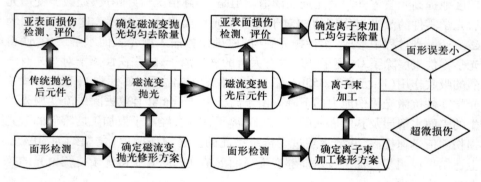

图 5.75　光学零件高精度、低损伤复合加工流程图

参 考 文 献

［1］　Hed P P, Edwards D F, Davis J B. Subsurface damage in optical materials: origin, measurement and removal［R］. Lawrence Livermore National Laboratory (LLNL) Report, 1989.

［2］　ISO/DIS 10110 – Part 2［S］. Optics and optical instruments-Preparation of drawings for optical elements and systems-Part 2: Material Imperfections-Stess birefringence, 1996.

［3］　杨力. 先进光学制造技术［M］. 北京:科学出版社, 2001.

［4］　Feit M D, Rubenchik A M. Influence of subsurface cracks on laser-induced surface damage［C］//XXXV

Annual Symposium on Optical Materials for High Power Lasers: Boulder Damage Symposium, Proceedings of SPIE, 2004, 5273: 264 – 272.

[5] Neauport J, Lamaignere L, Bercegol H, et al. Polishing-induced contamination of fused silica optics and laser induced damage density at 351 nm[J]. Optics Express, 2005, 13(25): 10163 – 10171.

[6] Stolz C J, Menapace J C, Schaffers K L, et al. Laser damage initiation and growth of antireflection coated S-FAP crystal surfaces prepared by pitch lap and magnetorheological finishing[C]// Proceedings of SPIE, 2005, 5991: 449 – 455.

[7] Salleo A, Génin F Y, Yoshiyama J, et al. Laser-induced damage of fused silica at 355 nm initiated at scratches[C]// Proceedings of. SPIE, 1998, 3244: 341 – 347.

[8] 王卓. 光学材料加工亚表面损伤关键技术研究[D]. 长沙:国防科学技术大学, 2008.

[9] Wang Z, Wu Y L, Dai Y F, et al. Subsurface damage distribution in the lapping process[J]. Applied Optics, 2008, 47(10): 1417 – 1426.

[10] Li S Y, Wang Z, Wu Y L. Relationship between subsurface damage and surface roughness of optical materials in grinding and lapping processes[J]. Journal of materials processing technology, 2008, 205(1): 34 – 41.

[11] Li S Y, Wang Z, Wu Y L. Relationship between subsurface damage and surface roughness of ground optical materials[J]. Journal of Central South University of Technology, 2007, 14: 546 – 551.

[12] Wang Z, Li S Y, Dai Y F. Research on surface integrity in optical materials[C]. The 6th international conference and 8th annual general meeting of the European society for precision engineering and nanotechnology, Baden bei Wien, 2006.

[13] 李圣怡, 王卓, 吴宇列, 等. 基于研磨加工参数的亚表面损伤预测理论和实验研究[J]. 机械工程学报, 2009, 45(2): 192 – 198.

[14] 王卓, 吴宇列, 戴一帆, 等. 光学材料抛光压表面损伤检测及材料去除机理研究[J]. 国防科技大学学报, 2009, 31(2): 117 – 121.

[15] 王卓, 吴宇列, 戴一帆, 等. 光学材料研磨亚表面损伤的快速检测及其影响规律[J]光学精密工程, 2008, 16(1): 16 – 21.

[16] 王卓, 吴宇列, 戴一帆, 等. 研磨加工中光学材料亚表面损伤表征方法研究[J]. 纳米技术与精密工程, 2008, 6(5): 349 – 355.

[17] 王卓, 吴宇列, 戴一帆, 等. 光学材料磨削加工亚表面损伤层深度测量及预测方法研究[J]. 航空精密制造技术, 2007, 43(5): 1 – 5.

[18] 李改灵, 吴宇列, 王卓, 等. 光学材料亚表面损伤深度破坏性测量技术的实验研究[J]. 航空精密制造技术, 2006, 42(6): 19 – 22.

[19] 龚江宏. 陶瓷材料断裂力学[M]. 北京:清华大学出版社, 2001.

[20] Lawn B R, Swain M V. Microfracture beneath point indentations in brittle solids[J]. Journal of Materials Science, 1975, 10(1): 113 – 122.

[21] Young H T, Liao H T, Huang H Y. Surface integrity of silicon wafers in ultra precision machining[J]. The International Journal of Advanced Manufacturing Technology, 2006, 29(3 – 4): 372 – 378.

[22] Goch G, Schmitz B, Karpuschewski B, et al. Review of non-destructive measuring methods for the assessment of surface integrity: a survey of new measuring methods for coatings, layered structures and

processed surfaces[J]. Precision Engineering, 1999, 23(1): 9 – 33.

[23] Cook L M. Chemical processes in glass polishing[J]. Journal of Non-Crystalline Solids, 1990, 120(1): 152 – 171.

[24] Evans C J, Paul E, Dornfeld D, et al. Material removal mechanisms in lapping and polishing[J]. CIRP Annals-Manufacturing Technology, 2003, 52(2): 611 – 633.

[25] 查立豫,郑武城,顾秀明,等. 光学材料与辅料[M]. 北京:兵器工业出版社,1995.

[26] 蔡立,田守信. 光学元件加工技术[M]. 武汉:华中工学院出版社,1987.

[27] Mansurov G M, Mamedov R K, Sudarushkin A S, et al. Study of the nature of a polished quartz-glass surface by ellipsometric and spectroscopic methods[J]. Optics and Spectroscopy, 1982, 52: 509 – 513.

[28] Rawstron G O. The nature of polished glass surfaces[J]. Journal of the Society of Glass Technology, 1958, 42: 253 – 261.

[29] Zhou Y, Funkenbusch P D, Quesnel D J, et al. Effect of etching and imaging mode on the measurement of subsurface damage in microground optical glasses[J]. Journal of the American Ceramic Society, 1994, 77(12): 3277 – 3280.

[30] Suratwala T, Wong L, Miller P, et al. Sub-surface mechanical damage distributions during grinding of fused silica[J]. Journal of Non-Crystalline Solids, 2006, 352(52): 5601 – 5617.

[31] Randi J A, Lambropoulos J C, Jacobs S D. Subsurface damage in some single crystalline optical materials [J]. Applied optics, 2005, 44(12): 2241 – 2249.

[32] Fähnle O W, Wons T, Koch E, et al. iTIRM as a tool for qualifying polishing processes[J]. Applied optics, 2002, 41(19): 4036 – 4038.

[33] Fine K R, Garbe R, Gip T, et al. Non-destructive real-time direct measurement of subsurface damage[C]// Defense and Security, Proceedings of SPIE, 2005, 5799: 105 – 110.

[34] Goch G, Schmitz B, Karpuschewski B, et al. Review of non-destructive measuring methods for the assessment of surface integrity: a survey of new measuring methods for coatings, layered structures and processed surfaces[J]. Precision Engineering, 1999, 23(1): 9 – 33.

[35] Shen J, Liu S H, Yi K, et al. Subsurface damage in optical substrates[J]. Optik, 2005, 116(6): 288 – 294.

[36] Hed P P, Edwards D F. Optical glass fabrication technology. 2: relationship between surface roughness and subsurface damage[J]. Applied Optics, 1987, 26(21): 4677 – 4680.

[37] Lambropoulos J C, Jacobs S D, Ruckman J. Material removal mechanisms from grinding to polishing[J]. Ceramic Transactions, 1999, 102: 113 – 128.

[38] Miller P E, Suratwala T I, Wong L L, et al. The distribution of subsurface damage in fused silica[C]// Boulder Damage Symposium XXXVII: Annual Symposium on Optical Materials for High Power Lasers, Proceedings of SPIE, 2005: 599101 – 1 – 599101 – 25.

[39] Marshall D B. Geometrical effects in elastic/plastic indentation[J]. Journal of the American Ceramic Society, 1984, 67(1): 57 – 60.

[40] Lawn B R, Evans A G, Marshall D B. Elastic/plastic indentation damage in ceramics: the median/radial crack system[J]. Journal of the American Ceramic Society, 1980, 63(9 – 10): 574 – 581.

[41] Buijs M, Martens L A A G. Effect of indentation interaction on cracking[J]. Journal of the American

Ceramic Society, 1992, 75(10): 2809 - 2814.

[42] Zhang B, Howes T D. Subsurface evaluation of ground ceramics[J]. CIRP Annals—Manufacturing Technology, 1995, 44(1): 263 - 266.

[43] Carr J W, Fearon E, Summers L J, et al. Subsurface damage assessment with atomic force microscopy[R]. Lawrence Livermore National Laboratory (LLNL) Report, 1999.

[44] Wang J, Maier R L. Quasi-Brewster angle technique for evaluating the quality of optical surfaces[C]// Microlithography, Proceedings of SPIE, 2004, 5375: 1286 - 1294.

[45] Lucca D A, Shao L, Wetteland C J, et al. Subsurface damage in (100) ZnSe introduced by mechanical polishing[J]. Nuclear Instruments and Methods in Physics Research Section B: Beam Interactions with Materials and Atoms, 2006, 249(1): 907 - 910.

[46] 陈宁, 张清华, 许乔, 等. K9 基片的亚表面损伤探测及化学腐蚀处理技术研究[J]. 强激光与粒子束, 2005, 17(9): 1289 - 1293.

[47] 项震, 聂传继, 葛剑虹, 等. 光学元件亚表面缺陷结构的蚀刻消除[J]. 强激光与粒子束, 2007, 19(3): 373 - 376.

[48] Kamimura T, Akamatsu S, Horibe H, et al. Enhancement of surface-damage resistance by removing subsurface damage in fused silica and its dependence on wavelength[J]. Japanese Journal of Applied Physics, 2004, 5273: 244 - 249.